Python 工程应用系列丛书

Python 工程应用——网络信息安全

王晓东　夏靖波　张晓燕　编著

西安电子科技大学出版社

内 容 简 介

本书以信息安全基础知识点为理论依据，采用 Python 初学者易于理解的叙述方法，较为全面地介绍了基于 Python 的安全编程思路和实现技术。全书共分为 9 章：第 1 章绪论，探讨了 Python 与安全编程的关系，以及安全编程的基本思路；第 2 章介绍 Python 语言基础知识，为后续章节提供编程语言基础；第 3 章围绕古典、现代密码体制介绍了密码学编程方法；第 4 章介绍了区块链编程技术，设计了最简单的区块链系统；第 5 章从空间域和变换域两个方面介绍了数字水印编程技术；第 6 章介绍了身份认证编程，设计实现了口令、人脸、说话人识别模块；第 7 章介绍了计算机主机的安全保护编程，列举了主机安全运维管理、恶意软件分析和漏洞模糊测试编程实例；第 8 章介绍了计算机网络的安全保护编程，给出了网络嗅探、扫描、防火墙、入侵检测的实现方案；第 9 章介绍了内容安全保护的编程方法。

本书密切结合信息安全专业理论知识，同时兼顾了 Python 编程实践技术，知识点明晰，难易适中，可供计算机技术、网络工程、信息安全及相关专业技术人员学习参考。

图书在版编目(CIP)数据

Python 工程应用：网络信息安全 / 王晓东，夏靖波，张晓燕编著.
—西安：西安电子科技大学出版社，2021.12
ISBN 978-7-5606-6245-9

Ⅰ. ①P…　Ⅱ. ①王…　②夏…　③张…　Ⅲ. ①工程工具—程序设计　Ⅳ. ①TP311.561

中国版本图书馆 CIP 数据核字(2021)第 215056 号

策划编辑　戚文艳
责任编辑　张　喆　戚文艳
出版发行　西安电子科技大学出版社(西安市太白南路 2 号)
电　　话　(029)88202421　88201467　　　　　邮　编　710071
网　　址　www.xduph.com　　　　　电子邮箱　xdupfxb001@163.com
经　　销　新华书店
印刷单位　陕西博文印务有限责任公司
版　　次　2021 年 12 月第 1 版　　2021 年 12 月第 1 次印刷
开　　本　787 毫米×1092 毫米　1/16　印张　18
字　　数　424 千字
印　　数　1～2000 册
定　　价　45.00 元
ISBN 978 - 7 - 5606 - 6245 - 9 / TP

XDUP 6547001-1

如有印装问题可调换

前　　言

当前，信息安全技术在向物理域、信息域、认知域和社会域进一步深入发展，呈现出综合化、智能化、数据密集计算等新的特点。面对这些挑战，传统的编程语言已经明显暴露出种种不足，信息安全领域亟须引入新的编程语言。在此形势下，Python 语言作为一种简单易学的解释性语言，逐渐走进安全专业人员的视野。

为了帮助信息安全专业相关初学者学习专业知识，并快速掌握 Python 这门语言，本书由浅入深，对 Python 安全编程技术进行了全面介绍。相信通过本书的学习，读者将会喜欢上 Python 这种简单、优雅、明确的编程语言，体会到其能将复杂的问题变得十分简单和友好的独特魅力，也就很自然地理解了为什么 Python 会以极快的速度在系统编程、图形处理、文本处理、数据库编程、网络编程、Web 编程、多媒体等方面流行起来。特别是，Python已是当前工程上实现科学计算、数据分析、人工智能的首选工具之一，这为其迎接未来智能时代的到来增添了筹码。

实际上，Python 早就是黑客程序员的最爱，它在网络对抗、渗透测试方面潜力巨大。如果将 Python 全面引入信息安全领域，让安全技术人员掌握这门有用的编程语言，以己之矛攻己之盾，一定是一件非常有趣的事。这也恰恰从另一个角度再次印证了"网络安全的本质在对抗"这一深刻论述。

长远来看，Python 以第三方库的方式全面拥抱"让专业的人干专业的事"的开放理念，会使其具有长久的生命力。这种"兼容天下"的气度一定会让它紧跟时代潮流的发展。本书作者期望能够有幸作为诸位读者的引路人，能够以 Python 为舟，和广大 Python 语言爱好者共同遨游在信息安全编程的广阔海洋中，能够真正成为信息安全技术发展的见证人和积极参与者。

王晓东(编写第 3～9 章)担任本书主编，夏靖波(编写第 1 章)、张晓燕(编写第 2 章)担任副主编，郭江坡同学协助校对。本书的出版得到了西安电子科技大学出版社的大力支持，在此表示衷心的感谢。

由于时间和水平有限，本书不足之处在所难免，衷心希望读者能够不吝批评指正。

作　者
2021 年 8 月

目　　录

第 1 章 绪 论

信息安全是伴随人类社会文明发展永恒的话题。

在现代社会生活中，信息作为人类生存和发展的三大要素之一，发挥着至关重要的作用，而实施信息安全保护是确保信息施效的前提。实践证明，信息安全始终面临着未知的威胁和挑战，特别是随着 5G 通信、大数据、人工智能等一大批新技术的发展与成熟，黑客攻击技术不断升级、迭代，使得信息安全问题变得更加复杂，形势愈发严峻。因此，信息安全保护技术人员必须紧跟时代发展，不断为信息安全技术注入新的活力。在安全程序设计方面，Python 语言的引入就是这种与时俱进的发展的新动向之一。

近年来，由于 Python 在机器学习和数值计算方面具有显著优势，因此 Python 在编程语言领域快速崛起，引起了人们的广泛关注。截至 2020 年 10 月，Python 语言已经正式登上世界第二大语言的宝座。其实，Python 作为黑客公认的第一语言，它所展示的攻击能力早已得到安全领域业内人士的充分认可。基于"借力 Python 为安全软件赋能，以彼之道还施彼身"的双重考虑，越来越多的安全程序员开始使用 Python 进行信息安全软件设计。经过他们的不懈努力与开拓，目前 Python 安全编程已经积累了丰富的资源并形成了日臻完善的开发生态，因此将 Python 全面推向信息安全领域的时机业已成熟。

本章将从网络信息安全的概念入手，结合 Python 语言的原理与特点，介绍 Python 网络信息安全的编程思路。

1.1 网络信息安全概述

1. 信息安全的定义

信息安全是指计算机信息系统的硬件、软件、网络及其系统中的数据受到保护，不因偶然的或者恶意的原因而遭到破坏、更改、泄露，系统连续、可靠、正常地运行，确保信息服务不中断。网络信息安全是信息安全的一个子集或专门话题，泛指围绕着与通信/计算机网络相关的信息安全问题展开的防护行为。

网络信息安全问题绝非一个单纯、简单的问题，涉及网络空间的各个部位，且各个层面的侧重不同。通常将网络空间领域划分为物理域、信息域、认知域和社会域。从网络空间安全的角度来看，物理域和信息域主要关注以信息技术为核心的网络基础设施安全及网络信息通信安全，而认知域和社会域则更关注以人为核心的认知文化等精神层面以及个人与集体相互作用的社会层面。因此，要确保网络信息安全，就必须顾及以上所有层面的安全，这显然是一个复杂的系统工程。

2. 信息安全的特征

要理解网络信息安全，必须了解信息安全的基本特征。

信息安全一般应具备五个特征，即机密性、完整性、可用性、可控性和不可否认性(可审查性)，如图 1-1 所示。当信息及网络信息系统同时满足以上五个特征的安全要求时，就可以认为它们是安全的。

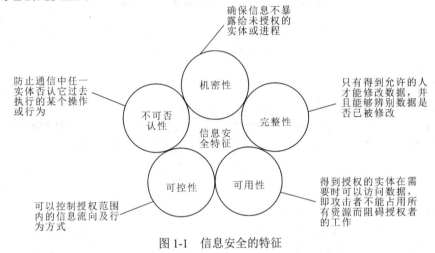

图 1-1　信息安全的特征

信息安全特征的状态并不是一成不变的，而是随着安全对抗双方的此消彼长不断转化的。

3. 信息安全技术

网络信息安全理论所涉及的领域知识非常宽泛。宏观上讲，只要是与信息安全相关的技术都属于这个范畴，除了数学、通信、计算机等自然科学外，还涉及法律、心理学等社会科学。这些科学指导下的技术是达成网络信息安全的主要手段。具体来讲，在常见的信息系统中，可以采用的信息安全技术主要包括密码技术、身份验证、访问控制、审计追踪、安全协议等。所谓信息安全程序设计技术，就是基于计算机语言实现特定安全功能的编程技术。目前，绝大多数编程语言均可以不同程度实现面向安全目的的开发，实现效果也不尽相同，1.3.2 小节将结合 Python 语言的特点介绍其安全编程的实现思路。

网络信息安全技术是一个开放的话题，随着科学技术的不断发展，还有更多、更丰富的技术加入进来，不断形成"物理"(技术组合)和"化学"(交叉产生新的技术)变化，衍生出更新的技术。

1.2　Python 语言简介

1.2.1　Python 发展回顾

Python 语言诞生于 20 世纪 90 年代初，目前已被广泛应用于计算机程序设计的各个领域。

Python 的创始人是荷兰人吉多·范·罗苏姆(Guido van Rossum)。早在 1989 年，吉多在阿姆斯特丹，为了打发圣诞节的无趣，决心开发一个新的脚本解释程序，作为 ABC 语言的一种继承。这种编程语言之所以用 Python(大蟒蛇的意思)命名，主要是取自于吉多所喜爱的英国 20 世纪 70 年代首播的电视喜剧《蒙提·派森的飞行马戏团》(Monty Python's Flying Circus)的剧名。

Python 在发展初期并未引起人们的注意，甚至到了 2000 年 10 月 16 日 Python 2 发布时，也没有引起人们的热捧，但是，自 2004 年以后这一情况开始发生逆转。当 Python 3 于 2008 年 12 月 3 日发布时，Python 语言迅速普及，并于 2011 年 1 月正式被 TIOBE 编程语言排行榜评为 2010 年度语言。正如本书开篇所述，截至 2020 年 10 月，经过三十多年的发展，Python 首次超过了 Java，成为全球第二受欢迎的编程语言，距离首位的 C 语言也仅仅只相差 4 个百分点。这也是 TIOBE 指数近 20 年的历史上首次出现 Java 和 C 语言不是两大顶级语言的情况。显而易见，现在 Python 已经步入最受欢迎的程序设计语言行列。

Python 语言的成功源于其简洁性、易读性以及可扩展性，尤其是在国外用 Python 做科学计算的研究机构日益增多，一些知名大学已经采用 Python 来教授程序设计课程，使其得以快速普及。此外，越来越多的开源科学计算软件包都提供了 Python 的调用接口，如著名的计算机视觉库 OpenCV、三维可视化库 VTK、医学图像处理库 ITK 等，这也加速了 Python 的普及。目前基于 Python 专用的科学计算扩展库更是不胜枚举，其中包括十分经典的科学计算扩展库——NumPy、SciPy 和 Matplotlib 等，它们可为 Python 提供快速数组处理、数值运算以及绘图功能。

Python 编程的前景也被认为是十分广阔的，Python 语言及其众多的扩展库所构成的开发生态十分适合工程技术、科研人员处理实验数据、制作图表，甚至开发科学计算应用程序。

1.2.2 Python 工作原理

1. Python 工作过程

Python 是一种解释型语言，依赖解释器工作。解释器工作于程序代码与计算机硬件之间的软件逻辑层。Python 解释器的工作过程如图 1-2 所示。

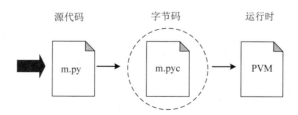

图 1-2 Python 解释器的工作过程

由图 1-2 可知，将写好的 Python 代码导入 Python 解释器后，会执行两个步骤：

第一步：把源代码编译成字节码。

编译后的字节码是特定于 Python 的一种表现形式，它不是二进制的机器码，需要进一步编译才能被机器执行，这也是 Python 代码无法运行得像 C/C++一样快的原因。如果

Python 进程在机器上拥有写入权限，那么它将把程序的字节码保存为一个以.pyc 为扩展名的文件；如果 Python 无法在机器上写入字节码，那么字节码将会在内存中生成并在程序结束时自动丢弃。在构建程序的时候，若给 Python 赋予计算机的写权限，则只要源代码没有改变，生成的.pyc 文件就可以重复利用，从而提高执行效率。

第二步：把编译好的字节码转发到 PVM 中置于运行时状态。

PVM 是 Python Virtual Machine 的简称，它是 Python 的运行引擎，因此是 Python 系统的一部分，它迭代运行上步编译形成的字节码指令，构成一个大循环，并一个接一个地完成字节码操作。在 Python 中，PVM 与解释器通常不做区分，并有多种备选项。

基于上述工作机制，就不难理解 Python 所体现出的简单、便捷的特性了。

2. Python 解释器的实现

Python 解释器的实现不止一种，常见的有 CPython、Anaconda Python、Jython、IronPython 和 PyPy 等。

1）CPython

CPython 是一种标准实现，是由 C 语言编写的，它是大多数 Linux 和 Mac OS 机器预装的 Python 解释器，也是所有 Python 解释器中运行较快、最完整、最健全的。

2）Anaconda Python

Anaconda 由 Anaconda 公司设计(原名为 Continuum Analytics)，其设计目标在于服务那些需要由商业供应商提供支持且具备企业支持服务的 Python 开发者。Anaconda Python 的主要用例包括数学、统计学、工程、数据分析、机器学习以及其他相关应用。

3）Jython

Jython 是 Python 语言的一种替代实现方式，其目的是与 Java 编程语言集成。Jython 包含了 Java 类，这些类编译 Python 源代码，形成 Java 字节码，并将得到的字节码映射到 Java 虚拟机(JVM)上。因为 Jython 要比 CPython 慢，而且也不够健壮，所以它往往被看作面向 Java 代码前端脚本语言的 Java 开发者常用的一个有趣的工具。

4）IronPython

IronPython 的设计目的是使 Python 程序可以与 Windows 平台上的.NET 框架以及与之对应的 Linux 上开源 Mono 编写的应用实现集成。

5）PyPy

PyPy 属于 CPython 解释器的替代品，其利用即时(JIT)编译来加速 Python 程序的执行。根据实际执行任务的情况，其性能提升可能非常显著。PyPy JIT 将 Python 代码编译为机器语言，其运行速度为 CPython 的 7.7 倍。在某些特定任务中，其提速效果能够达到 50 倍。PyPy 一般更适用于处理"纯"Python 应用程序。由于 PyPy 会模拟 CPython 的原生二进制接口，因此在处理包含 C 库接口的 Python 软件包时，其表现并不理想。

本书主要采用的是 CPython 和 Anaconda Python 解释器(安装详见 2.1.1 小节)。

1.2.3　Python 的特点

Python 作为工程实践的语言，在选择使用之前需要了解其优缺点。

1. Python 的优点

Python 的优点包括以下几个方面：

(1) 简单。Python 遵循简单、优雅、明确的设计哲学，并且各个版本能够始终如一地秉持这一传统。

(2) 高级。Python 是一种高级语言，相对于 C 语言，Python 牺牲了性能而提升了编程人员的效率，它使得程序员可以不用关注底层细节，把精力全部放在编程上。

(3) 面向对象。Python 既支持面向过程，也支持面向对象。

(4) 可扩展。Python 可以通过 C、C++语言为 Python 编写扩充模块。

(5) 免费和开源。Python 是 FLOSS(自由/开放源码软件)之一，允许使用者自由地发布软件的备份，阅读和修改其源代码，并将其一部分自由地用于新的自由软件中。

(6) 边编译边执行。Python 是解释型语言，支持边编译边执行。

(7) 可移植。Python 能运行在不同的平台上。

(8) 丰富的库。Python 拥有许多功能丰富的库，尤其是众多的第三方库。

(9) 可嵌入性。Python 可以嵌入 C、C++等多种其他语言中，为用户提供脚本功能。

2. Python 的缺点

除了上面提到的各种优点外，Python 的缺点也是必须正视的问题，使用时要充分考虑设计的需求趋利避害。Python 的缺点具体包括如下几方面：

(1) 速度慢。Python 程序比 Java、C、C++等程序的运行效率都要慢。

(2) 源代码加密困难。不同于编译型语言的源程序会被编译成目标程序，Python 直接运行源程序，因此对源代码加密比较困难。

(3) 不支持底层操作。Python 进行计算机底层操作的能力有限，需要借助其他语言或第三方库(Ctypes 等)。

Python 的缺点也是其设计者力求改进的重要方向，相信在未来会有很大程度的改善。

3. Python 安全编程的优势

综合评判 Python，不难发现这种语言的优缺点都很明显，但是其在安全编程的优势还是被广泛接受的，究其原因可以概括为以下几个方面：

(1) 综合能力良好。网络安全本身就是一项综合、复杂的体系性工作，涉及信息可达的几乎所有位置，因此想要全面实现信息安全，就需要一种综合性强的语言。Python 因其能够整合不同的工具而被喻为"胶水语言"，且包装能力、可组合性、可嵌入性都很好，它可以把各种复杂性包含在 Python 模块里，所以完全匹配这种需求。另外，Python 内部采用虚拟环境技术，对开发项目进行了沙箱隔离，这样就排除了相同软件不同版本间的冲突困扰。

(2) 数据分析优势显著。Python 对于密集型的信息安全数据处理大有裨益。Python 在数据分析和交互、探索性计算以及数据可视化等方面都比较活跃，这就是 Python 作为数据分析工具的原因之一。Python 拥有 NumPy、Matplotlib、Scikit-learn、Pandas、IPython 等工具，在科学计算方面十分有优势，尤其是 Pandas，在处理中型数据方面可以说是无与伦比的，已经成为数据分析工具的中流砥柱。

(3) 智能计算能力突出。面对未来信息安全涌现的新问题，诸如认证识别的模式匹配、入侵检测的特征分析、自动化漏洞挖掘的规则推理、图像文本数据的语义理解等核心问题，已经不是单纯依靠一门语言就可以解决的了，这些都需要智能技术的支持。展望智能技术的未来发展，李开复博士提出了"AI 红利三段论"，认为未来的智能必将是"大众智能"，并预测 95%甚至更多的 AI 技术人员将不具有非常专业的编程能力。正因为如此，Python 所秉持的"做到简单而严谨、易用而专业"的宗旨完全迎合了这种发展趋势。目前，人们已经可以清晰地看出 Python 作为智能技术"天选之子"的未来，因此，与其说信息安全选择 Python 语言，倒不如说是信息安全对未来智能时代的拥抱。

其实，Python 在很早以前就已经被黑客所青睐。很多知名的黑客工具、入侵系统框架都是用 Python 开发的，比如 Metasploit、Fuzzing 框架 Sulley、交互式数据包处理程序 Scapy 等，基于这些框架，黑客还可以很容易地扩展出自己的工具。鉴于"网络安全的本质在对抗"的观点，安全人员选择 Python 与黑客展开竞争对抗，也是非常容易理解的。

1.3　Python 安全编程

1.3.1　安全应用程序的分类

在进行安全编程之前，需要明确安全应用的分类。按照信息安全的特征，目前常见的安全应用程序可以划分为五类。

(1) 机密性应用，包括密码应用(加密)、数字水印(阈下通信应用)，这种应用有时处于安全体系的最内核，因此需要较高的操作权限。

(2) 完整性应用，包括密码应用(数字签名、哈希)、数字水印(易碎型)，由于这种应用会将数据暴露于开放环境，因此并不需要内核级权限。

(3) 可用性应用，包括网络扫描、渗透测试、防病毒、主机安全管理，对于确保系统核心可用性的应用，需要内核权限。

(4) 不可抵赖性应用，包括密码应用(数字签名)、网络实体识别与认证、网络安全取证、区块链，除了对核心数据的保护外，不需要内核权限。

(5) 可控性应用，包括入侵检测、防火墙、网闸、漏洞挖掘、内容安全，对于底层的保护，需要内核权限。

上述分类之间并不严格独立，存在交叉、联合的情况。

1.3.2　Python 安全编程思路

Python 安全编程涉及信息安全的信息域、认知域和社会域。图 1-3 是现有安全技术在计算机网络系统分布的示意图，包括密码技术、认证与识别、VPN、数字水印、区块链、网络扫描与流量分析、防火墙、入侵检测、漏洞挖掘、主机安全、安全审计与取证、内容安全、渗透测试等，Python 可以直接或间接地实现其中的绝大部分。

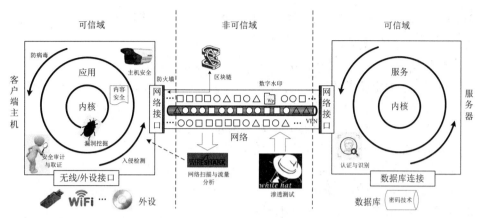

图 1-3　安全技术体系

下面介绍在 Windows 平台上这些安全应用的 Python 开发方法。

1. 密码技术

密码是信息安全系统最内核的保护。由于 Python 在数据操作方面简洁明快，且并不失强大，所以几乎所有的密码算法都可以在 Python 中得以实现。无论是古典密码算法，还是基于现代数学难题的公钥密码，都有 Python 实现方案。常见的 DES、RSA、哈希方法实现如下：

(1) 利用 pyDES 模块可以实现 DES 加密等。

(2) 利用 Crypto.PublicKey.RSA 和 RSA 模块实现生成公钥、私钥和 RSA 加密的功能。

(3) hashlib 模块可以提供常用的摘要算法，如 MD5、SHA1 等。

密码技术开发将在本书第 3 章进行介绍。由于 Python 是一种解释型语言，因此运行效率较差，虽然可以实现密码应用，但是必须对工程工作的实时性要求进行评估(如流密码)。此外，如果要实现内核层加密，还需要借助扩展和嵌入方法。

2. 区块链

区块链是近些年来新兴的信息模型和网络交易系统技术，具有可以改变人类社会结构的巨大潜力。Python 可以实现从区块、挖矿、钱包、通信到网站等所有区块链的需求，其开发方法如下：

(1) 利用 hashlib 模块的 SHA256 实现工作量证明和挖矿。

(2) 利用 JSON 和 hashlib 模块实现交易与区块的记录。

(3) 利用 rpc 模块实现网络通信和节点功能。

区块链编程将在本书第 4 章进行介绍。

3. 数字水印

版权保护是信息隐藏技术中的水印技术所试图解决的一个重要问题，这与密码学是一个完全不同的范畴。水印技术总体可以分为空间域和变换域的算法，Python 通过第三方的工具库可以实现 LSB、DCT、DWT 等图像变换处理，从而实现水印保护。典型应用开发如下：

(1) 利用 CV2 模块进行 LSB 位平面数据替换。

(2) 利用 CV2、NumPy 模块实现 DCT 算法嵌入水印。

(3) 利用 CV2、PyWt、NumPy 模块实现 DWT 算法嵌入水印。

数字水印编程将在本书第 5 章进行介绍。

4. 识别与认证

Python 可以实现密码学的许多功能，包括公钥密码的实现，因此也继承了密码认证的能力。此外，随着 Python 生物特征识别工具库的兴起，基于 Python 的人脸识别和声纹识别(或说话人识别)类技术也被广泛应用。典型应用开发如下：

(1) 利用 hashlib、random 模块实现挑战响应口令认证。

(2) 利用 Dlib 的 Face Recognition 模块实现基于人脸的识别认证。

(3) 利用 Librosa、sidekit 等语音特征分析模块实现说话人识别认证。

识别与认证技术将在本书第 6 章进行介绍。

5. 主机安全

主机系统是网络中信息和信息处理最为集中的部分，也是黑客攻击的重点之一。Python 可以实现主机运维、恶意软件分析、漏洞发现与挖掘。

(1) 主机运维。可以采用 Psutil 库、Popen、PIPE、PyWin32、paramiko、fabric 与 pexpect 库等，对主机运行状态进行监控，然后通过分析发现异常，进而执行主机的安全隔离、告警、处置等。

(2) 恶意软件分析。Python 采用静态分析、动态分析两种手段对恶意软件进行分析。静态分析利用 PEfile、IDA、clamAV 等工具在软件未运行的状态下分析程序是否存在恶意特征；动态分析利用 Volatility 开源内存取证框架、WinDbg 工具、OllyDbg 工具以及沙箱对运行的软件进行恶意行为分析。

(3) 漏洞发现与挖掘。Windows 平台上很多工具都提供对软件的动静态调试，进而实现漏洞挖掘的 Fuzzing 和代码逆向跟踪，典型挖掘包括采用 PyEmu 对恶意软件进行分析，采用 ImmuityDebugger 的 Python 脚本辅助 PoC 编写和二进制文件逆向，采用 IDAPython 插件的 Python 脚本进行自定义软件分析，采用 PyDbg 的 x86 指令仿真器 Python 脚本实现 Fuzzing 测试器等。

主机安全将在本书第 7 章进行介绍。

6. 网络安全

网络主机也是黑客攻击的重点。为了实现网络的安全防护，可以采用网络嗅探、网络扫描、防火墙、入侵检测等手段。Python 本身自带 socket 模块，可以实现 TCP 和 UDP 网络交互，并且在第三方库的支持下实现网络数据包的构造，因此支持主机活动性、端口和漏洞的扫描。网络安全的典型应用开发思路如下：

(1) 利用 pylibpcap、pycapy、pypcap、impacket、Scapy 等库对网络中的数据实施嗅探。

(2) 采用 socket 原始套接字模式或 Scapy 构造 ICMP 数据包，可以实现 ICMP 扫射主机扫描；采用 socket 流套接字或数据报套接字实现 TCP 全连接以及 UDP 的端口扫描，socket 原始套接字模式或 Scapy 实现半连接端口扫描；基于已知漏洞模板，采用 JSON 和 requests 模块实现目标主机的网络漏洞扫描。

(3) Python 由于工作的权限级别太低，无法直接完成涉及防火墙的内核操作，但可以通过修改已有的防火墙的配置表来实现防火墙的功能，如修改 iptables 以实现 Linux 防火墙操作。

(4) 与防火墙类似，可以通过修改已有的入侵检测系统(Snort、pytbull 等)的配置表来实现入侵检测功能。由于入侵检测系统更加侧重于数据分析，因此机器学习的方法非常适合于对入侵行为进行分析。可以采用 sklearn、Tensorflow 等工具实施深度入侵分析。

上述防病毒、防火墙、主机管控、网闸等方面的网络安全软件，需要内核级操作权限，因此对于扩展对象要求很高，目前这类成熟的 Python 开发平台还不多见。现有少量的 Python 在这些应用方面，发挥更多的是提高操作效率的作用。

网络安全编程将在本书第 8 章进行介绍。

7. 内容安全

内容安全能够屏蔽违规文本、图片、音频、视频等传播色情、低俗内容等不良信息(亦可用于舆情监控)。内容安全一般可以分为文本、语音、图像的内容安全。由于 Python 可以实现良好的自然语言处理功能，因此可以对基于自然语言的文本数据进行过滤，实现内容安全(如果经过语音文本转换，这种技术也可以对语音数据内容实施过滤)。开发方法如下：

(1) 基于 NLTK 工具包，进行自然语言分析。

(2) 基于 Gensim 工具包从文档中自动提取语义。

(3) 基于 Jieba 实现中文分词工具和词性标注。

(4) 联合 Keras、librosa、SciPy、sklearn、sounddevice、tensorflow 实现语音文字的转换。

图像语义理解方面，Python 内容安全也取得了很多进展，但目前还不十分成熟，本书将在第 9 章进行介绍。

8. 其他

Python 是黑客所推崇的编程语言，在网络攻击方面具有极好的先天基因。当前日渐兴起的渗透测试技术，在技术本质上与黑客攻击完全一致，因此基于 Python 的渗透测试也是其应用的一个重要方向。当前大多数渗透测试工具都提供 Python 脚本功能，尤其是形成多种工具铰链的全渗透系统。典型应用开发如下：

(1) 利用 Requests、urlib2 模块实施 Web 渗透测试。

(2) 采用 Python 脚本操作 Metasploit 渗透测试自动框架，生成 EXP 和 shellcode。

(3) 采用 PyWin32+WMI 方式实施 Windows 提权。

关于这部分内容，读者可以参考其他参考书。

Python 安全应用的开发不受限于上述基本思路，可以根据手头工具的功能来灵活实现。

1.3.3 Python 安全开发趋势

Python 安全开发极具前景，尤其是 Python 在大数据和深度学习方面的优势非常显著，因此在未来基于 Python 的安全应用开发发展方向，其一是对安全应用的数据密集型计算进行形式化描述，采用大数据和深度学习的方法提升防护能力。其二，还可利用 Python 的模块整合和跨平台的特性，形成集成、综合的安全解决方案。

总体而言，Python 语言及开发工具表现出数据逻辑处理能力强，但底层操作弱的特点。

即使如此，目前基于 Python 的安全应用开发热潮依然兴起，这与当前设备的自动化、智能化程度越来越高不无关系。作为一种先天就具备智能基因的语言，Python 的安全潜力尚待全面挖掘。由于 Python 工作层面过高，因此对于计算机内核或底层的对象不能直接操作(如防火墙、病毒查杀、主机管控)，需要借助其他工具或渠道。在这些工具没有成熟之前，单纯利用 Python 实现是不现实的。总之，Python 在安全编程方面的潜力是巨大的。本书后续章节，将围绕上述安全的典型案例编程展开介绍。

信息安全是信息系统无法回避的问题。人们总是期望花费尽量少的代价去完成更可靠的安全功能，Python 为这种想法提供了有力的支持。虽然 Python 不是万能的，但也基本涉及绝大多数安全应用领域，尤其在数字计算、智能处理、第三方库方面优势明显。

思 考 题

1. 信息安全的定义和特征是什么？
2. 简述 Python 的工作过程。
3. Python 在信息安全编程中具有哪些优势？
4. 简述 Python 安全应用设计的主要思路。

第 2 章　Python 语言基础知识

　　Python 是一种应用广泛、简单易学的编程语言，同时具有丰富的第三方库支持，功能十分强大。实践证明，Python 在信息安全方面也有突出优势。

　　本章将对 Python 的编程基础进行介绍，为后续章节的学习奠定基础。

2.1　Python 开发环境构建

2.1.1　编 辑 器 与 解 释 器

　　如前所述，Python 是一种解释型语言。一般编写 Python 程序的工作，可以分为编辑和解释两步(运行交由计算机硬件完成)。辅助程序员完成编辑和解释工作的软件，分别称为程序编辑器(Editors)和程序解释器(Interpreter)，二者联结、配合完成程序的设计与提交执行。

1. Python 编辑器

　　程序编辑器是指具有编辑功能的程序，它能把存在计算机中的源程序显示在屏幕上，然后根据需要进行代码的增加、删除、替换等操作。Python 作为一种类似于文本的语言，对于编辑器的要求非常低，甚至使用 Windows 附件中的记事本就可以完成编辑。但是，通常为了提高编辑的效率，规范程序的格式，减少出错的概率，其开发更多采用功能丰富的专用编辑器，具体可参考 Python 官方平台的推荐说明(详见 https://wiki.python.org/ moin/ PythonEditors)。

　　目前，编辑器大都被集成到开发环境(见 2.1.2 小节)中，用户也可选取自己喜欢的编辑器与解释器联结。

2. Python 解释器

　　解释器，又称为直译器，是一种服务于解释型语言的电脑程序，它能够把解释型语言程序一行一行转译成机器可以识别的代码指令，再提交计算机硬件运行。解释器不会一次把整个程序转译出来，它就像一位"中间人"，每运行一行程序时将当前行进行转译，完成转译叙述后，就立刻运行，然后转译下一行，再运行，如此不停地进行下去，因此导致解释型语言程序的运行速度都比较缓慢。类似于 Python 编辑器，用户可以获得的 Python 解释器也绝不止一种，常用的 Python 解释器在 1.2.1 小节已经进行了介绍，对于 Windows 系统，最常用的是官方 CPython 和 Anaconda Python 解释器，其安装介绍如下：

1) CPython 的安装

CPython 是 Python 的参考实现版，也是所有其他 Python 解释器衍生发行版的标准化参考，适合对 Python 标准的兼容性与一致性要求较高的用户使用。程序员可从 Python 官网(https://www.python.org/downloads/)下载最新版本安装文件，执行安装并完成后，就可使用，安装界面如图 2-1 所示。

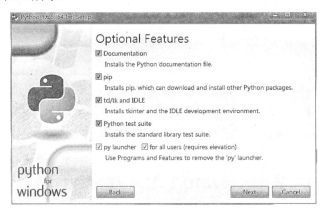

图 2-1　Python 安装界面

官方 CPython 版解释器的优点在于：具有广泛的兼容性与标准化。其缺点是：对性能未进行深度优化，不提供原生即时编译，也不提供加速数学库和提升性能的第三方附加选项。

2) Anaconda Python 的安装

Anaconda 是 Anaconda 公司(原名为 Continuum Analytics)为企业服务开发者设计的一个开源的 Python 发行版本。它不但包含 Anaconda Python 版解释器，还附带很多常见的库(见 2.1.4 节介绍)，以及包管理器 conda。由于已经包含了常用包，因此在使用过程中就无须再单独下载配置，可以省去很多安装时间。Anaconda 可以通过官网(https://www.anaconda.com/download/)或国内镜像网站下载，安装界面如图 2-2 所示。

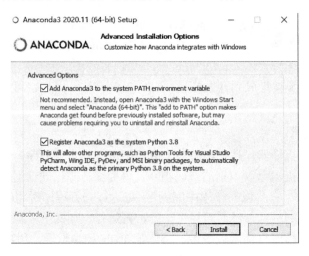

图 2-2　Anaconda 安装界面

　　Anaconda Python 集成了 Python 商业与科学使用场景常用库，包括 SciPy、NumPy 以及 Numba 等，同时通过一套定制化软件包管理系统最大限度地规避了不同版本库之间的冲突，并能够根据特定软件包的需求处理 Python 生态系统之外的组件，使得程序员可以将主要精力放在程序设计本身上。但是 Anaconda Python 的缺点是：体积庞大 (很快增长至 GB 级别)，很多本项目不必要的库也被纳入工程，对此，程序员可以采用 Miniconda (Anaconda 的简化版)解决这一突出问题。

　　因篇幅关系，其他类型的 Python 解释器不作赘述。

2.1.2　开发环境

　　程序员在开发较为复杂的 Python 工程时，通常会采用集成开发环境(Integrated Development Environment，IDE)。集成开发环境是用于提供程序开发环境的应用程序，一般包括代码编辑器、解释器、调试器和图形用户界面等工具。它是集成了代码编写功能、分析功能、编译功能、调试功能等的一体化的开发软件服务套(组)。

　　以 Python 官方提供的开发环境为参考，支持 Python 的开发环境非常丰富，可以根据操作系统、开发合作模式、开发目标设备的移动性、授权方的不同分为多种类型，下面对典型的 IDE 进行介绍。

1. IDLE

　　IDLE 是官方 CPython 版安装包安装时自带的一个集成开发环境。安装时，只要在可选特征页面(如图 2-1 所示)中勾选"tcl/tk and IDLE"组件(默认时该组件处于选中状态)，IDLE 将会被自动安装到目标系统。

　　IDLE 基于 Shell 模式，其操作界面如图 2-3 所示。IDLE 为开发人员提供了许多有用的特性，如自动缩进、语法高亮显示、单词自动完成以及命令历史等，在这些功能的帮助下，用户能够有效地提高基本 Python 开发效率，因此 IDLE 一般是 Python 初学者的首选。

图 2-3　Python IDLE 操作界面

2. PyCharm

　　PyCharm 是由 JetBrains 公司打造的一款 Python IDE。

　　PyCharm 具备一般 Python IDE 的功能，比如调试、语法高亮、项目管理、代码跳转、智能提示、自动完成、单元测试、版本控制等，其操作界面如图 2-4 所示。另外，PyCharm 还提供了一些很好的功能用于 Django(开源 Web 应用框架)开发，同时它还支持 CPython、Anaconda Python、IronPython 等多种解释器(只需在设置中指向解释器安装位置即可)，并支持 Google App Engine。目前，Anaconda+PyCharm 是 Python 社区中最受推崇的黄金组合。

图 2-4　PyCharm 操作界面

PyCharm 官方下载地址是 http://www.jetbrains.com/pycharm/download/。

3. Jupyter Notebook

Jupyter Notebook 是基于网页的用于交互计算和开发环境的笔记应用程序，可被应用于开发全过程，包括环境开发、文档编写、运行代码和展示结果。Jupyter Notebook 的 IPython 命令行比原生的 Python 命令行更加友好和高效，还可以运行 Web 版界面，支持多语言，可输出图形、音频、视频等功能。Jupyter Notebook 的主要特点包括：编程时具有语法高亮、缩进、tab 补全的功能；可直接通过浏览器运行代码，同时在代码块下方展示运行结果；以富媒体格式展示计算结果(这里富媒体格式包括 HTML、LaTeX、PNG、SVG 等)；给代码编写说明文档或语句时，支持 Markdown 语法；支持使用 LaTeX 编写数学性说明；等等。

新版的 Anaconda 已包含了 Jupyter Notebook，因此最方便的安装方法就是通过 Anaconda 安装，装好后，在".\Anaconda3\Scripts"文件夹下，以管理员身份运行 Jupyter notebook.exe 文件即可，运行效果如图 2-5 所示。

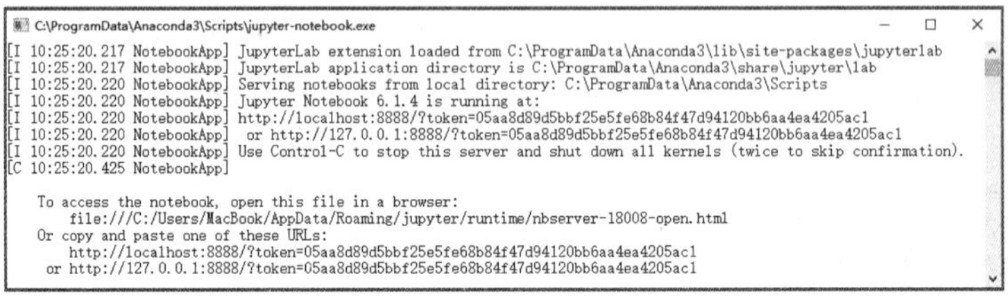

图 2-5　Jupyter Notebook 程序运行界面

不要关闭上面的命令行窗口，在浏览器中输入 http://localhost:8888/tree 就可以进入 Jupyter Notebook 的操作界面，如图 2-6 所示。

图 2-6　Jupyter Notebook 的操作界面

Jupyter Notebook 在教育、智能科学领域非常受欢迎，官方地址为 https://jupyter. readthedocs.io/en/latest/install.html。

4. Sublime Text

Sublime Text 具有友好的用户界面和强大的功能，这些功能包括代码缩略图，Python 的插件，代码段、自定义键绑定、拼写检查、书签、完整的 Python API、Goto 功能、即时项目切换、多选择、多窗口等。Sublime Text 是一个跨平台的编辑器，同时支持 Windows、Linux、Mac OS X 等操作系统。

5. Eclipse with PyDev

Eclipse 是非常流行的一款 IDE，而且历史悠久。Eclipse with PyDev 允许开发者创建有用和交互式的 Web 应用。PyDev 是 Eclipse 开发 Python 的 IDE，支持 Python、Jython 和 IronPython 的开发。

6. Vim

Vim 是一种高级文本编辑器，旨在提供实际的 Unix 的 vi 编辑器功能，支持更多、更完善的特性集。Vim 不需要花费太多的学习时间，其优势在于提供无缝的编程体验。

此外，还有其他 Python 编程工具，如 Emacs、Komodo Edit、Wing、PyScripter、Eric、IEP 等，这些编辑工具均有广泛的应用市场。

2.1.3　插件开发

如今，很多存在多年的传统且成熟的开发工具，为了汲取 Python 的开发优势，也设计了植入 Python 插件的方法，用以实现原来软件的 Python 开发。这种支持 Python 插件的复合方法，一方面增加了 Python 的适用性；另一方面也给原有的开发工具注入了 Python 带来的新活力。下面对几种典型的支持 Python 插件的开发工具进行介绍。

1. Notepad++

Notepad++是一款 Windows 下的文本编辑器，给 Notepad++安装语言插件之后，就可以使其成为 IDE 工具。为 Notepad++安装 Python 插件，使 Notepad++能够更加方便地编写和运行 Python 代码，这样就不需要安装第三方 Python 编辑器了。

2. DataNitro

DataNitro 是一款能在 Excel 中运行 Python 脚本的插件，它能帮助使用者通过 Python 库来自动处理 Excel 数据，这样就不再需要使用者手动处理，并能辅助构建实时流式仪表板和复杂的数学模型，只需要使用 DataNitro 将电子表格转换为数据库 GUI 或 Web 服务器后端，就可以实现上述功能。DataNitro 还拥有交互式 Shell、脚本以及用户定义的函数等多种功能，全面帮助使用者提升 Excel 的运行效率。

3. IDA Python

IDA Python 是 IDA(Interactive Disassembler，交互式反汇编器)的一款插件。IDA Python 结合了强大的 Python 与自动化分析 IDA 的类 C 脚本语言 IDC，利用 Python 语言就可以更加自动化地分析程序。IDA Python 由三个独立模块组成：第一个是 IDC，它是封装 IDA 的

IDC 函数的兼容性模块；第二个模块是 Idautils，它提供 IDA 的高级实用功能模块；第三个模块是 IDA API，它允许访问更加底层的数据。

此外，还有更多的编程工具正在增加 Python 插件，以适应这种应用越来越广泛的语言。

2.1.4　第三方库

1. 库资源平台

业界公认，Python 的强大之处在于它有丰富而强大的类库，开发者可以利用各种最专业的库，方便地处理工作中的各种需求。库资源的应用将 Python 的功能拓展到了极大的空间。

Python 常用的第三方库资源可以在 The Python Package Index (PyPI)软件库(官网主页为 https://pypi.org/)查询、下载和发布。

Python 常用的第三方库如表 2-1 所示。

表 2-1　Python 常用的第三方库

名　　称	作　　用
Scrapy	爬虫工具常用的库
Requests	http 库
Pillow	是 PIL(Python 图形库)的一个分支，适用于在图形领域工作的人
Matplotlib	绘制数据图的库，对于数据科学家或分析师非常有用
OpenCV	图片识别常用的库，通常在练习人脸识别时会用到
pytesseract	图片文字识别，即 OCR 识别
wxPython	Python 的一个 GUI(图形用户界面)工具
Twisted	对于网络应用开发者最重要的工具
SymPy	SymPy 可以作代数评测、差异化、扩展、复数等
SQLAlchemy	数据库的库
SciPy	Python 的算法和数学工具库
Scapy	数据包探测和分析库
PyWin32	提供与 Windows 交互的方法和类的 Python 库
PyQT	Python 的 GUI 工具，是给 Python 脚本开发用户界面时次于 wxPython 的选择
PyGtk	也是 Python GUI 库
Pyglet	3D 动画和游戏开发引擎
Pygame	在开发 2D 游戏的时候使用会有很好的效果
NumPy	为 Python 提供了很多高级的数学方法
nose	Python 的测试框架
nltk	自然语言工具包
IPython	Python 的提示信息，包括完成信息、历史信息、Shell 功能，以及其他很多方面
BeautifulSoup	xml 和 html 的解析库，对于新手非常有用

Python 的很多第三方库都是开源的，开发者能从 GitHub 或者 PyPI 下载到源码，大多数情况下得到的源码都是.zip、tar.gz、ar.zip、tar.bz2 格式的压缩包。解压这些包，进入文件夹可以看到 setup.py 的文件，用 DOs 命令执行(以 Windows 为例)就可以进行安装。

为了提高访问效率，国内也提供库资源镜像，镜像链接如表 2-2 所示。

表 2-2　国内第三方库镜像链接

镜像名称	镜像链接
清华(常用)	https://pypi.tuna.tsinghua.edu.cn/simple
阿里云	https://mirrors.aliyun.com/pypi/simple
中科大	https://pypi.mirrors.ustc.edu.cn/simple
豆瓣	https://pypi.douban.com/simple

使用国内镜像资源安装较大的第三方库时非常有用，在常规方法反复安装失败的情况下，使用国内镜像基本能够确保一次安装成功(具体方法示例见下面包管理工具中的介绍)。

2. 包管理工具

通常一个中等规模的 Python 工程使用的第三方包数量都比较多。为了方便第三方包、工具的管理，Python 还会提供包管理工具，常见的包管理工具包括 pip、Conda、distutils、distribute、setuptools、easy_install 等。

1) pip

pip 作为独立的包管理工具，现在已经被包含在 Python 中了，Python 2.7.9+或 Python 3.4+以上版本都自带 pip，因此无须进行安装。Python 安装第三方的模块时，大多使用包管理工具 pip 进行安装。pip 还提供对 Python 包的查找、下载、安装、卸载等功能。使用pip 命令安装第三方模块示例如图 2-7 所示。

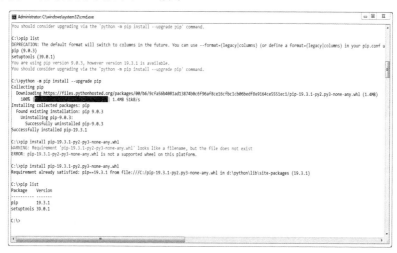

图 2-7　使用 pip 命令安装第三方模块

pip 的功能不止安装模块这么简单，还包括很多其他丰富的功能。pip 常用的命令如表2-3 所示。

表 2-3　pip 常用的命令

pip 命令	说　明
install	安装模块
download	下载模块
uninstall	卸载模块
freeze	按一定格式输出已安装模块列表
list	列出已安装模块
show	显示模块详细信息
search	搜索模块
help	帮助

执行以下命令：pip--version，可以检测系统是否安装 pip，以及版本号，如图 2-8 所示。

```
C:\Users\Administrator>pip --version
pip 9.0.3 from c:\python\python36\lib\site-packages (python 3.6)
```

图 2-8　检查 pip 版本

有时安装第三方包时需要较高的运行权限，这时可以以 Windows 管理员的方式运行 PowerShell，再执行 pip 命令来实现，如图 2-9 所示。

```
管理员: Windows PowerShell
Windows PowerShell
版权所有 (C) Microsoft Corporation。保留所有权利。

尝试新的跨平台 PowerShell https://aka.ms/pscore6

. : 无法加载文件 C:\Users\MacBook\Documents\WindowsPowerShell\profile.ps1，因为在此系统上禁止运行脚本。有关详细信息，请
参阅 https:/go.microsoft.com/fwlink/?LinkID=135170 中的 about_Execution_Policies。
所在位置 行:1 字符: 3
+ . 'C:\Users\MacBook\Documents\WindowsPowerShell\profile.ps1'
+
    + CategoryInfo          : SecurityError: (:) [], PSSecurityException
    + FullyQualifiedErrorId : UnauthorizedAccess
PS C:\Windows\system32> pip install sidekit
Collecting sidekit
  Using cached https://files.pythonhosted.org/packages/ce/8c/512b3ee5c1be020ae88a15f8e2f27b0e0f32e33d3527e1574d737360d69
5/SIDEKIT-1.3.6.9.tar.gz
Requirement already satisfied: mock>=1.0.1 in c:\python36\lib\site-packages (from sidekit)
Requirement already satisfied: nose>=1.3.4 in c:\python36\lib\site-packages (from sidekit)
Requirement already satisfied: numpy>=1.11 in c:\python36\lib\site-packages (from sidekit)
Requirement already satisfied: pyparsing>=2.0.2 in c:\python36\lib\site-packages (from sidekit)
Requirement already satisfied: python-dateutil>=2.2 in c:\python36\lib\site-packages (from sidekit)
Requirement already satisfied: scipy>=0.12.1 in c:\python36\lib\site-packages (from sidekit)
Requirement already satisfied: six in c:\python36\lib\site-packages (from sidekit)
Requirement already satisfied: matplotlib>=1.3.1 in c:\python36\lib\site-packages (from sidekit)
Collecting pyroomacoustics (from sidekit)
  Using cached https://files.pythonhosted.org/packages/92/3b/cb3c4a16b56b18158890835704a3e0aa205ee6c4dfa3efb77671c25297b
2/pyroomacoustics-0.4.2-cp36-cp36m-win_amd64.whl
Requirement already satisfied: soundfile in c:\python36\lib\site-packages (from sidekit)
Collecting torch>=1.4 (from sidekit)
  Downloading https://files.pythonhosted.org/packages/e8/41/809e807bc34e541c9da87330dc79da742fe8a6e24a130c3a62df19862f48
/torch-1.7.0-cp36-cp36m-win_amd64.whl (184.0MB)
    59% |██████████████████                | 109.0MB 85kB/s eta 0:14:38
```

图 2-9　PowerShell 运行 pip 命令安装第三方模块

还可以调用 Python 命令“python -m site”查看第三方包的安装位置(site-packages)，执行效果如图 2-10 所示。

```
Administrator: C:\windows\system32\cmd.exe
C:\Users\Administrator>python -m site
sys.path = [
    'C:\\Users\\Administrator',
    'C:\\Python\\Python36\\python36.zip',
    'C:\\Python\\Python36\\DLLs',
    'C:\\Python\\Python36\\lib',
    'C:\\Python\\Python36',
    'C:\\Python\\Python36\\lib\\site-packages',
    'C:\\Python\\Python36\\lib\\site-packages\\win32',
    'C:\\Python\\Python36\\lib\\site-packages\\win32\\lib',
    'C:\\Python\\Python36\\lib\\site-packages\\Pythonwin',
]
USER_BASE: 'C:\\Users\\Administrator\\AppData\\Roaming\\Python' (doesn't exist)
USER_SITE: 'C:\\Users\\Administrator\\AppData\\Roaming\\Python\\Python36\\site-packages' (doesn't exist)
ENABLE_USER_SITE: True
```

图 2-10　查看 Python 第三方包的安装位置

使用开关"-i"可以指定 pip 的 install 命令的第三方库镜像。例如，执行命令：

```
pipinstall -i https://pypi.mirrors.ustc.edu.cn/simple/tensorflow
```

表示指定从中国科学技术大学镜像下载安装 tensorflow 库。

2) Conda

Conda 是在 Windows、Mac OS 和 Linux 上运行的开源软件包管理系统和环境管理系统，用于快速安装、运行和更新软件包及其依赖项。Conda 可以轻松地在本地计算机上的环境中创建、保存、加载和切换。虽然，它是为 Python 程序创建的，但也可以用于打包和分发其他任何语言的软件。

Conda 既具有类似 pip 的包管理能力，同时也具有 vitualenv(详见 2.1.5 小节介绍)的环境管理功能，因此在功能上 Conda 可以看作 pip 和 vitualenv 的组合。

在默认配置下，Conda 可以安装和管理来自 repo.anaconda.com 仓库的 7500 多个软件包。

Conda 常见的命令见表 2-4。

表 2-4　Conda 常见命令列表

Conda 命令	语　义
activate	切换到 base 虚拟环境(关于虚拟环境见 2.1.5 小节)
activate learn	切换到 learn 环境(以虚拟环境 learn 为例)
conda create -n learn python=3	创建一个名为 learn 的环境并指定 Python 版本为 3
conda env list	列出 Conda 管理的所有环境
conda list	列出当前环境的所有包
conda install requests	安装 requests 包
conda remove requests	卸载 requets 包
conda remove -n learn --all	删除 learn 环境及其下属所有包
conda update requests	更新 requests 包
conda env export > environment.yaml	导出当前环境的包信息
conda env create -f environment.yaml	用配置文件创建新的虚拟环境

Conda 包和环境管理器包含在所有版本的 Anaconda 和 Miniconda 中，安装二者之一就可以获得 Conda。

3) pip 与 Conda 比较

通常情况下，pip 和 Conda 被认为几乎完全相同，执行命令也很相似，如表 2-5 所示。以 pyserial 模块管理为例做比较，就会发现二者形式上区别不大。

表 2-5　Conda 与 pip 命令比较

pip 命令	Conda 命令
pip search pyserial	conda search pyserial
pip install pyserial	conda install pyserial
pip install pyserial --upgrade	conda update python
pip list	conda list

实际上，虽然这两个工具的某些功能重叠，但它们设计用于不同的场景，其主要区别在于如下几个方面。

(1) 安装包文件不同。pip 安装打包为 wheels 或源代码分发的 Python 软件，Conda 是跨平台的包和环境管理器，可以安装和管理来自 Anaconda repository 的 Anaconda Cloud 的 Conda 包。Conda 包是二进制文件，需要使用编译器来安装它们，另外，Conda 包不仅限于 Python 软件，它还可能包含 C 或 C ++库、R 包或任何其他软件；pip 安装 Python 包，而 Conda 安装包可能包含用任何语言编写的软件包；在使用 pip 之前，必须通过系统包管理器或下载并运行安装程序来安装 Python 解释器，而 Conda 可以直接安装 Python 包以及 Python 解释器；pip 安装的 Python 包来源于 PyPI，Conda 从自己的存储库中提取资源(所使用的是 Conda 团队针对社区所打造的通用便捷库)。

(2) 内置环境支持不同。Conda 能够创建包含不同版本的 Python 或其他软件包的隔离环境，在使用数据科学工具时非常有用，因为不同的工具可能包含冲突的要求，这些要求可能会阻止它们全部安装到单个环境中。pip 没有内置的环境支持，而是依赖于 virtualenv 或 venv 等其他工具来创建隔离环境，主要是利用 pipenv、poetry、hatch wrap pip 和 virtualenv 等工具提供的统一方法来处理这些环境。

(3) pip 和 Conda 在实现环境中的依赖关系也有所不同。安装包时，pip 会在递归的串行循环中安装依赖项，不确保同时满足所有包的依赖性，如果较早安装的软件包与稍后安装的软件包具有不兼容的依赖性版本，则可能导致环境的破坏；Conda 可确保满足环境中所安装的包的所有要求，但是，此检查可能需要额外的时间，不过这有助于防止创建出被破坏的环境。

鉴于上述区别，用户可以根据自己的需求灵活选择。但是要注意，由于 pip 和 Conda 同时存在，因此在使用过程中要注意环境的设置，以免产生不必要的混乱。

2.1.5　虚拟环境

虚拟环境(virtualenv)用来建立一个虚拟的 Python 环境。一个专属的 Python 环境，对于保持干净的项目开发环境非常有意义。可以说，virtualenv 的提出与 Python 第三方包的管理有很大关系。这是因为，无论是 pip 还是 Conda 导入的包都是有版本标定的，考虑到第三方库都在不断地进行不同程度的更新，因此版本管理就是一个不可回避的问题。对于不同时间点开发的包，内部的变量和函数都在不断变化，有的甚至前后版本都有定义冲突，为此，通常情况下，安装包必须指定版本号，可以采用"=="这个双等号开关实现。例如，安装时执行如下两个命令：

```
pip install tensorflow-gpu==1.4.0
conda install tensorflow-gpu==1.4.0
```

即指定安装 1.4.0 版本的 gpu 版本的 tensorflow 包。

然而，在同一台机器上做如此操作会带来一个问题。比如说，如果 A 项目依赖 tensorflow1.4.1，B 项目依赖 tensorflow1.3.1，那到底安装哪个包呢？为了解决这个问题，Python 为每个应用各自建立一套"独立"的运行环境，从而实现项目之间的隔离。virtualenv 就是用来为每一个 Python 应用创建运行环境"隔离"的机制。每个 virtualenv 都有自己的

Python 解释器、包以及其他配套文件，这样各应用之间就不会因为版本问题相互干扰了。

1. virtualenv 创建

在 Python 编程中，不同的工具创建 virtualenv 的方式不同，下面分别介绍通过 pip、Conda 和 PyCharm 创建 virtualenv 的方法。

1) 通过 pip 创建 virtualenv

由于 pip 不自带 virtualenv 工具，因此需要进行 virtualenv 的安装。pip 创建 virtualenv 需要经过四步，即安装 virtualenv 工具，创建 virtualenv，激活 virtualenv 和退出。具体命令依次如下：

第一步：执行命令"pip install virtualenv"。

安装好后，可以使用命令"virtualenv –version"，查阅 virtualenv 版本的同时检查是否安装成功。

第二步：执行命令"virtualenv aaa"。

执行完之后，会显示在 C:\Users\MacBook\(当前路径)下创建了一个名为 aaa 的文件夹(这里以名为"aaa"的虚拟环境创建为例进行说明)，如图 2-11 所示。此处，还可以指定该虚拟环境所使用的 Python 版本，命令形如："virtualenv aaa --python=3.6.5"，以满足环境要求(指定 Python 版本时，virtualenv 要求本地已经安装有该版本方可实现，这与后面的 Conda 虚拟环境对版本的处理不一样)。

```
C:\Users\MacBook>python -m virtualenv aaa
created virtual environment CPython3.8.5.final.0-64 in 6730ms
  creator CPython3Windows(dest=C:\Users\MacBook\aaa, clear=False, no_vcs_ignore=False, global=False)
  seeder FromAppData(download=False, pip=bundle, setuptools=bundle, wheel=bundle, via=copy, app_data_dir=C:\Users\MacBook\AppData\Local\pypa\virtualenv)
    added seed packages: pip==20.3.3, setuptools==51.3.3, wheel==0.36.2
  activators BashActivator,BatchActivator,FishActivator,PowerShellActivator,PythonActivator,XonshActivator
```

图 2-11　pip 创建 virtualenv

第三步：执行命令"activate"。

进入到文件夹 aaa 的 Scripts 子文件夹中，然后执行激活命令"activate"(实际为一个批处理命令，有时为了不与后面 Conda 的 activate 冲突，"activate.bat"需写全)，则激活进入该 virtualenv，如图 2-12 所示。

```
C:\Users\MacBook\aaa>cd scripts

C:\Users\MacBook\aaa\Scripts>activate

(aaa) C:\Users\MacBook\aaa\Scripts>
```

图 2-12　pip 激活 virtualenv

在此状态下，如果利用 pip 安装第三方工具包，则不会与其他的 virtualenv 产生冲突，所安装的包将出现在 aaa 目录下的".\Lib\site-packages"目录中。

该操作新生成的 virtualenv 文件结构如图 2-13 所示。

第四步：执行命令"deactivate"。

当完成本虚拟环境的使用时，执行该命令退出当前 virtualenv 的激活状态。

通过安装 virtualenv 的扩展 virtualenvwrapper(使用命令"pip install virtualenvwrapper-win")，就可调用命令"ls virtualenv"枚举本地安装在工作目录 WORKON_HOME(可通过

环境变量设置)下的虚拟环境。virtualenvwrapper 的详细说明见 https://virtualenvwrapper. readthedocs.io/en/latest/command_ref.html。

```
C:\Users\MacBook\aaa>tree
卷 BOOTCAMP 的文件夹 PATH 列表
卷序列号为 04EA-AB9B
C:.
└─Lib
    └─site-packages
        ├─pip
        ├─pip-20.3.3.dist-info
        ├─pkg_resources
        ├─setuptools
        ├─setuptools-51.3.3.dist-info
        ├─wheel
        ├─wheel-0.36.2.dist-info
        └─_distutils_hack
    └─Scripts
```

图 2-13　virtualenv 文件结构

2) 通过 Conda 创建 virtualenv

Conda 已经集成有 virtualenv，因此不用再安装 virtualenv 工具。基于 Conda，要创建一个名字为 bbb 的虚拟环境，并指定该环境的 Python 版本号为 2.7.18，执行如下命令即可实现：

```
conda create --name bbb python=2.7.18
```

上述操作，将在…\.conda\envs 文件夹下(注意与 pip 生成的 virtualenv 位置不同)形成一个新的名为 bbb 的文件夹，即新建的 virtualenv。另外，若指定了 Python 版本，在生成虚拟环境的过程中，Conda 将从主站下载指定 Python 版本到本地，而不是直接使用本地先前安装的 Python。

激活 Conda 创建的虚拟环境 bbb，使用命令：condaactivatebbb；退出激活的命令：conda deactivate。

可以通过命令 "conda info --envs"，查询本地已有的 Conda 虚拟环境。与 pip 相比较，显然通过 Conda 使用 virtualenv 要方便很多。

3) 通过 PyCharm 创建 virtualenv

通过 PyCharm 创建 virtualenv 可直接在新建工程界面里实现，如图 2-14 所示。

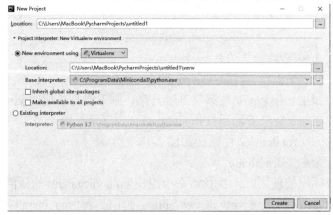

图 2-14　PyCharm 创建 virtualenv 界面

对于新生成的虚拟环境，新版 PyCharm 会自动激活，但有时候也需要手动激活，方法是：通过命令行方式进入该虚拟环境(一般自动以工程名命名)下的 venv 文件夹中的 Scripts 文件夹，运行 activate.bat 文件即可激活当前的 virtualenv。

2. virtualenv 迁移

对于一个成熟的 virtualenv 环境，有时需要被复用共享，Python 提供相应的实现方法，并且根据工具的不同其方法的实现有所区别。

1) 通过 pip 迁移

在激活环境中执行如下 pip 命令，将会把虚拟环境的依赖包关系导出到 requirements. txt 中。

```
pip freeze >requirements.txt
```

图 2-15 是导出包的 requirements.txt 示例。

图 2-15　导出包的 requirements.txt 示例

可以看见，包及包的版本号都已经清楚地记录在文件中。如果需要按照 requirements. txt 安装项目依赖的第三方包，则使用如下命令：

```
pip install -r requirements.txt
```

经过系统对数据包的序列安装，新的环境就可以复用 requirements.txt 描述的包及版本了。这种方法非常适合项目开发的协作与复用。

2) 通过 Conda 迁移

Conda 也有类似上述 pip 的命令，但执行方法稍有不同。Conda 批量导出环境中所有组件的依赖包关系到 requirements.txt 文件，需执行如下命令：

```
conda list -e > requirements.txt
```

Conda 批量安装 requirements.txt 文件中包含的组件依赖需执行如下命令：

```
conda install! --yes --file requirements.txt
```

3) 通过 PyCharm 迁移

通过 PyCharm 实现迁移的方法比较多。

方法一：如图 2-14 所示，只要在新建工程向导时，选择已有的 virtualenv 环境，就可以将其复用到现有工程中。

方法二：在终端中执行上述 pip 或 Conda 命令。

选择 PyCharm 的 View->Tool Windows->Terminal 选项，如图 2-16 所示。打开终端执

行上述 pip 环境迁移命令即可实现迁移。

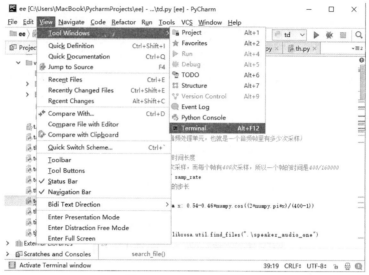

图 2-16　PyCharm 终端

2.1.6　项目克隆

在项目开发过程中，为了确保由不同人所编辑的代码文件能够同步，需要借助于版本控制来实现。进一步而言，为了让更多的程序员能有效并且更加简单地实施版本控制并管理自己的源码资产，代码托管便应运而生。在当今的软件开发行业中，主流的版本控制系统分别是 CVS(并发版本系统)、SVN(集中式版本控制系统)、Git(分布式版本控制系统)。这些系统均设有在线代码托管网站，站内包含有大量优秀的开源项目代码，为程序开发者提供了宝贵的借鉴和学习资源。其中，Git 因为具有网络依赖性较弱、原子提交方式、分支管理容易的优势，已经成为软件行业诸多公司以及开发人员实现代码托管的首选。Git 目前已经有很多的分支(如 GitHub、GitLab 等)。

进行 Python 开发，可以克隆在线代码托管网站的开源项目代码以提高开发效率。

目前，知名的在线代码托管网站有国外的 Github(https://github.com/)、Gitlab、BitBucket、SourceForge 等；国内的码云、码市、CSDN Code、百度效率云等。程序员可以在网站上搜索类似项目，将其克隆(clone)到本地。

以 GitHub 为例，克隆项目的方法有两种：

第一种：利用 git 工具(下载地址为 https://git-scm.com/downloads)的命令行进行克隆。在完成 git 安装后，依次调用 Git Bash、设置用户名(执行 git config-global user.name "name")/邮箱(执行 git config-global user.email "×××@×××.com")、申请 RSA 密钥(执行 "ssh-keygen-t rsa-C "×××@×××.com"")以及建立本地仓库后(执行 "git init")，就可以进行克隆了。

以执行克隆下面命令为例(YOLOV3_Fire_Detection 项目)：

```
git clone https://github.com/Niki173/YOLOV3_Fire_Detection.git
```

就可以把该 YOLOV3_Fire_Detection 项目克隆到本地仓库中。

通过 PyCharm 的 File->Open 打开该项目的位置，在 File->Settings 中，为该项目设置解释器就可以开始本地调试了。如果项目中有 requirements.txt，系统会自动提示安装所需库。

第二种：利用 PyCharm 进行克隆。该方法也需要安装 git 的最新版本，然后在 File->Settings->Version Control->GitHub 选项中配置 github 用户名、密码(需要提前注册)，配置 git.exe 路径，将 SSH executable 设置为 Native。PyCharm 的克隆项目 git 支持两种协议：https 和 ssh，如果要使用 ssh 协议，还得配置 ssh key。完成配置后在 VCS->Checkout from Version Control->Git 中，对 GitHub 上的项目进行测试连接(Test)，成功后就可以进行本地克隆了，如图 2-17 所示。

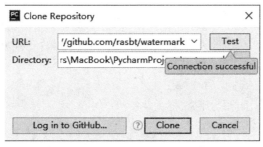

图 2-17　克隆 GitHub 工程

完成克隆后，为下载到本地的项目配置解释器，就可以进行调试了。

2.2　数据类型与变量

2.2.1　数据类型的分类

计算机程序中，不同的数据需要用不同的数据类型来表示，Python 的数据类型包括数值型和非数值型两大类，两种类型又有细分，常用的数值型包括整数(int)、浮点数(float)、布尔值(bool)，常用的非数值型包括字符串(string)、列表(list)、元组(tuple)、字典(dictionary)。定义如下：

整数：包括正整数、负整数和 0，并且 Python 中整数位数是任意的，可以是十进制、二进制、八进制、十六进制等，形如 1、− 2、0x13、0b111、0o54 等。

浮点数：用于存储小数，形如 1.1，− 2.9，44E-2(即 44×10^{-2})。

布尔值：表示逻辑描述的"是"与"非"，形如 false、true。

如有需要，数值型数据类型，可以进行相互之间的转换(但是有时会丢失一定的精度或属性)。

字符串：表示字符的序列，形如"this is string""this is anotherstring""你好"。

列表：有序数据对象集合，用来存储一组用逗号隔开的数据元素，形如['physics', 'chemistry', 1997, 2000]、[1, 3, 5, 7, 8, [9,10], 20]。

元组：与列表类似，只是不允许修改内部的元素，形如('physics', 'chemistry', 1997, 2000)、(1, 3, 5, 7, 8, 13, 20)等。

字典：无序数据对象集合，其每个元素包含"键"和"值"两部分，形如{'Alice': 2341, 'Beth': 9102, 'Cecil': 3258}。

集合：集合是一个无序不可重复的序列，形如 s1 = {1, 2, 3, 4, 5}, s2 = {'a', 'b', 'c', 'd'}。集合分为可变集合(set)和不可变集合(frozenset)两种类型。可变集合的元素是可以添加、删除的，而不可变集合的元素不可添加、不可删除。

对于不同的数据类型，Python 还提供不同的配套方法以方便对其进行操作。

2.2.2　变量的命名规范与声明

在程序设计过程中，大多数情况下数据都是被赋值到变量中，以方便引用和处理。在使用变量前需要对变量进行声明。由于 Python 支持动态数据类型，因此变量不需要预先声明其类型，Python 会在变量声明时自动判读。需要注意的是，Python 变量的命名必须符合以下规范。

(1) 只能包括字母、数字、下画线；

(2) 只能以字母或者下画线开头；

(3) 不能包括空格；

(4) 不能与关键字冲突。

以下是采用命令行模式声明的整数、浮点数、字符串、字典、元组、字典的变量示例。

```
>>> a=0o54
>>> b=-44e-2
>>> c='this is string'
>>> d=[1, 3, 5, 7, 8, [9,10], 20]
>>> e=('physics', 'chemistry', 1997, 2000)
>>> f={'Alice': '2341', 'Beth': '9102', 'Cecil': '3258'}
>>> print(a,b,c,d,e,f)
```

在声明变量后就可以对变量进行引用了，上述代码调用 print 函数将 a、b、c、d、e、f 这六个变量值打印在屏幕上。

2.3　控　制　语　句

和其他计算机语言一样，Python 语言的控制语句主要有分支语句和循环语句两种。

2.3.1　if 语句

Python 分支语句采用 if 和 else 作为条件选择语句的关键字，其语法如下：

```
if 条件表达式:
        程序段 1
else:
        程序段 2
```

Python 采用缩进四个空格或一个 Tab 键来区分代码的层级(下面相同)。另外需要注意的是，Python 条件比较不区分大小写，可以使用 and 和 or 判断多个条件，当存在多条分支时可以使用 elif 形成多分支。

if 语句示例如下：

```
a=5
if a%2==1:
    print("a 为奇数！")
else:
    print("a 为偶数！")
```

上述代码用于判断 a 的奇偶性。

2.3.2　for 循环

Python 的循环可以采用 for 循环。for 循环的语法如下：

```
if 循环变量 in range (循环初值,循环终值,步长值):
    循环体语句块
```

其中，range 是 Python 的内置函数(见 2.4.3 小节)，它可以生成某个范围内的数字列表。例如，range(1,5)就会生成[1,2,3,4]这样一个列表，循环变量就会在这个列表中依次取值。

for 循环示例如下：

```
s=0
for i in range(1, 100, 2):
    s = s + i
    print('i=',i,'    s=',s)
```

上述代码用于完成 100 以内奇数的累加。

2.3.3　while 循环

Python 的循环也可以采用 while 循环。while 循环的语法如下：

```
while 循环条件:
    循环体语句块
```

与 for 循环不同，while 循环不是通过变量来控制循环，而是通过判断设定的循环条件是否满足来决定是否执行循环体语句块内容。

while 循环示例如下：

```
s=0
i=1
while i<100:
    s = s + i
    print('i=',i,'    s=',s)
    i+=2
```

上述代码用于完成 100 以内奇数的累加。实际上，有时通过对 while 循环条件进行类似 in range 条件的描述(反之亦然)，while 循环与 for 循环可以进行相互转换。

Python 循环使用 break 立即退出循环，使用 continue 跳到开头继续判断执行。

for 循环和 while 循环都支持嵌套，即在一个循环体内包含另一个完整的循环。循环嵌套运行时，外循环每执行一次，内层循环要执行一个周期。示例如下：

```
for i in range(1,10):
    for j in range(1,i+1):
        print(i,'*',j,'=',i*j, end='')
    print('')
```

上述嵌套程序用于完成九九乘法表的打印，执行效果如图 2-18 所示。

```
1 * 1 = 1
2 * 1 = 22 * 2 = 4
3 * 1 = 33 * 2 = 63 * 3 = 9
4 * 1 = 44 * 2 = 84 * 3 = 124 * 4 = 16
5 * 1 = 55 * 2 = 105 * 3 = 155 * 4 = 205 * 5 = 25
6 * 1 = 66 * 2 = 126 * 3 = 186 * 4 = 246 * 5 = 306 * 6 = 36
7 * 1 = 77 * 2 = 147 * 3 = 217 * 4 = 287 * 5 = 357 * 6 = 427 * 7 = 49
8 * 1 = 88 * 2 = 168 * 3 = 248 * 4 = 328 * 5 = 408 * 6 = 488 * 7 = 568 * 8 = 64
9 * 1 = 99 * 2 = 189 * 3 = 279 * 4 = 369 * 5 = 459 * 6 = 549 * 7 = 639 * 8 = 729 * 9 = 81
```

图 2-18　循环嵌套打印九九乘法表

2.4　函　数

2.4.1　函数的定义

函数是具有一定功能的代码段模块，它提高了代码的复用度。Python 的函数定义一般形式如下：

```
def 函数名(参数列表):
    函数体
return(返回值)
```

其中，def 和 return 分别是函数名和返回值的关键词。

在 Python 中，直接使用函数名调用函数。下述代码示例实现了计算 n 以内的整数之和的函数的定义及调用。

```
def sum(n):
s=0
for i in range(1, n+1):
    s = s + i
 return s


# 函数调用举例
m=sum(10)
```

如果定义的函数包含有参数，则调用函数时也必须使用参数。当然，函数还可以设定默认参数，则其定义如下：

```
def 函数名(..., 形参名, 形参名=默认值):
    代码块
```

Python 允许为参数设置默认值，即在定义函数时，直接给形式参数指定一个默认值。这样的话，即便调用函数时没有给拥有默认值的形参传递参数，该参数也可以直接使用定义函数时设置的默认值。但是要注意，在使用此格式定义函数时，指定有默认值的形式参数必须在所有没默认值参数的最后，否则会产生语法错误。

具有默认参数函数的举例如下：

```
def dis_str(str1,str2 = 'b'):
        print("str1:",str1)
        print("str2:",str2)


dis_str("a")
dis_str("a","c")
```

输出结果依次是 "a(回车)b"、"a(回车)c"。

2.4.2　局部变量与全局变量

函数的调用，会使得变量的作用范围发生变化，在函数体内部定义的变量或函数参数称为局部变量，该变量只在该函数内部有效。在函数体外部定义的变量称为全局变量，在变量定义后所有的代码中都有效。当全局变量与局部变量同名时，则在定义局部变量的函数中，全局变量被屏蔽，只有局部变量有效。

全局变量在使用前要先用关键字 global 声明，示例如下：

```
global x
x=10
def fun():
    x=30
    print("局部变量 x=", x)

fun()
print("全局变量 x=", x)
```

输出结果如下：

```
局部变量 x= 30
全局变量 x= 10
```

2.4.3　内置函数

Python 提供一些内置函数，是 Python 系统内部创建的，在 Python 的程序开发过程中，可以随时调用这些函数，不需要另外定义，常用函数如表 2-6 所示。

表 2-6　Python 常用内置函数

函　　数	说　　明
abs(x)	求绝对值
divmod(a,b)	返回商和余数的元组(a/b,a%b)
eval(s)	把字符串 s 转换为数值
float([x])	将一个字符串或数转换为浮点数，如果无参数返回 0.0
int([x[,base]])	将一个字符转换为 int 类型，base 表示进制
long([x[,base]])	将一个字符串转换为 long 类型
print()	输出对象，在屏幕上显示
input()	输入对象，接收从键盘输入
range([start],stop[,step])	产生一个序列，默认从 0 开始
pow(x,y[,z])	返回 x 的 y 次幂
round(x[,n])	四舍五入

参看内置函数可以打开 Python 自带的集成开发环境 IDLE，然后直接输入"dir(__builtins__)"，回车之后就可以看到 Python 所有的内置函数，具体如图 2-19 所示。

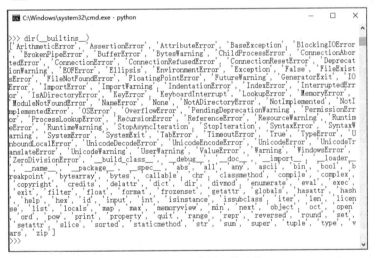

图 2-19　Python 内置函数查询

关于更多的内置函数说明可以参考相关资料。

2.4.4　匿名函数

在 Python 中可以使用匿名函数，匿名函数即没有函数名的函数，通常用关键字 lambda 声明匿名函数，定义如下：

> lambda [参数 1 [,参数 2, ... 参数 N]]：表达式

之所以使用匿名函数是因为它有以下优点：不用取名称，在函数比较多的时候不会引起混淆；可以直接在使用的地方定义，如果需要修改，直接找到定义地方修改即可，方便以后代码的维护工作；语法结构简单。

表 2.7 中左侧是匿名函数示例，右侧是相同功能的常规函数示例。

表 2.7　匿名函数和常规函数示例

匿名函数形式	常规函数
func = lambda x,y:x*y	def f(x,y):
	return x*y
func(2,3)　#调用	f(2,3)　　　#调用

从上面示例可以看到，把匿名函数对象赋给一个变量，只要直接调用该对象就可以使用匿名函数，lambda 表达式(此处为 x*y)的计算结果相当于函数的返回值。

2.5　模　块

在 Python 中，每个包含有函数的 Python 文件都可以作为一个模块来被其他文件调用，其模块名就是文件名。模块导入用关键字 import 来实现，Python 导入模块的形式有以下多种。

1. 标准导入模块

用 import 导入模块的一般形式为

```
import　模块名
```

当需要调用 import 导入模块的函数时，须用以下形式来实现调用：

```
模块名.函数名
```

2. 用 from/import 形式导入模块

用 from ... import ...导入模块的一般形式为

```
from　模块名　import　函数名或变量名
```

在使用 from ... import ...调用导入模块的函数时，可直接使用函数名来调用模块中的函数，而不需要在函数的前面加上模块名。

3. 使用 as 指定别名

为了方便引用，导入模块、函数可以使用别名，具体如下：

```
# 使用 as 给模块 pizza 指定别名
import pizza as p
p.make_pizza(16, 'pepperoni')
p.make_pizza(12, 'mushrooms', 'green peppers', 'extra cheese'

# 使用 as 给函数 make_pizza 指定别名
from pizza import make_pizza as mp
mp(16, 'pepperoni')
mp(12, 'mushrooms', 'green peppers', 'extra cheese')
```

4. 导入模块所有函数

为了方便引用，也可以一次导入模块的所有函数，具体如下：

```
from pizza import *
make_pizza(16, 'pepperoni')
make_pizza(12, 'mushrooms', 'green peppers', 'extra cheese')
```

当需要导入多个模块时，应按照下面的顺序依次导入模块：

(1) 导入 Python 系统的标准库模块，如 os、sys 等；

(2) 导入的第三方扩展库模块，如 pygame、mp3play 等；

(3) 导入自己定义和开发的本地模块。

示例如下：

```
import    os,sys,py,pygame
```

第三方的模块导入前还需要提前进行安装，即调用 pip 或 Conda 命令执行安装(见 2.1.4 小节介绍)。

2.6 文 件 操 作

Python 的 os 模块提供对文件的操作函数，常用操作函数如表 2-8 所示。

表 2-8　文件操作函数

函　数	说　明
os.rmdir(path)	创建一个文件夹
os.mknod("test.txt")	创建空文件
open("test.txt",w)	以 w 模式打开一个文件，如果文件不存在则创建文件
os.rename("oldfile","newfile")	文件重命名
os.remove("file")	删除文件
os.path.exists("goal")	判断文件是否存在

使用 os 打开文件的时候可以选择不同的操作模式，如表 2-9 所示。

表 2-9　文件操作模式

访问模式	处理方式	功 能 说 明	
		文件存在时	文件不存在时
r	只读	以只读方式打开文本文件	返回 NULL
w	只写	以只读方式打开或创建文本文件，并将源文件内容清空	创建新文件
a	追加	以追加方式打开文本文件，允许在文件末尾写入数据	创建新文件
rb	只读	以只读方式打开二进制文件	返回 NULL
wb	只写	以只读方式打开或创建二进制文件，并将源文件内容清空	创建新文件
ab	追加	以追加方式打开二进制文件，允许在文件末尾写入数据	创建新文件
r+	读/写	以读/写方式打开文本文件	返回 NULL
w+	读/写	以读/写方式打开或创建文本文件，并将源文件内容清空	创建新文件
a+	读/写	以读/写方式打开文本文件，允许在文件末尾写入数据	创建新文件

文件操作的示例如下：

```
import os

f1 = open("ex.txt", "a+")
f1.write("\n 我对学习 Python 很痴迷！ ")
f1.close()
f2 = open("ex.txt", "r")
str = f2.read()
print(str)
```

上述代码用于对文件写入字符串，并以 "r" 方式读取内容。此外，Python 还有许多其他的库也提供文件操作函数，这里不再一一介绍。

2.7　异 常 处 理

2.7.1　异 常 的 类 型

当程序员认为一段程序可能发生错误时，可编写一个 try-except 代码块来处理可能出现的异常和错误，以增加文件的鲁棒性。Python 中常见的异常如表 2-10 所示。

表 2-10　常见异常的类型

异常的类型	说　　明
BaseException	所有异常的基类
KeyboardInterrupt	用户中断执行
Exception	常规错误的基类
StandardError	所有内建标准异常的基类
FloatingPointError	浮点计算错误
OverflowError	数值运算超出最大限制
ZeroDivisionError	除(或取模)零(所有数据类型)
AttributeError	对象没有这个属性
IOError	输入输出操作失败
WindowsError	系统调用失败
ImportError	导入模块/对象失败
UnboudLoacalError	访问未初始化的本地变量
SyntacError	语法错误
IndentationError	缩进错误

2.7.2　异 常 的 捕 捉 与 处 理

Python 提供了多种语法来实现异常的捕捉与处理。

1. 使用 try...except 语句

try...except 语句的语法格式如下：

```
try:
        <被检测的语句块>
except <异常类型名称>:
        <处理异常的语句块>
```

示例如下：

```
s=[1,2,3,4,5]
try:
        print(s[5])
except IndexError:
        print("发生异常原因：索引出界")
```

上述代码用于捕捉处理元组下标越界引发的异常。

2. 使用 try...except...else 语句

try...except...else 语句的语法格式如下：

```
try:
        <被检测的语句块>
except <异常类型名称>:
        <处理异常的语句块>
    else:
        <无异常时执行的语句块>
```

示例如下：

```
try:
        fh = open("testfile.txt", "w")
        fh.write("这是一个测试文件，用于测试异常!!")
except IOError:
        print("Error: 没有找到文件或读取文件失败")
else:
        print("内容写入文件成功")
        fh.close()
```

上述代码用于捕捉处理文件读写错误引发的异常。

3. 带有多个 except 子句的 try 语句

带有多个 except 子句的 try 语句的语法格式如下：

```
try:
        <被检测的语句块>
except <异常类型名称 1>:
```

```
        <处理异常的语句块 1>
        …
except <异常类型名称 n>：
        <处理异常的语句块 n>
   else：
        <无异常时执行的语句块>
```

示例如下：

```
s=[1,2,3,4,5]
while True：
try：
     i=eval(input('input:'))
     print(s[i])
except IndexError：
     print('发生异常原因：索引出界')
     break
except NameError：
     print('发生异常原因：非数字')
     break
except KeyboardInterrupt：
     print('发生异常原因：用户中断输入')
     break
else：
     pass
```

上述代码用于捕捉输入引发的异常。

4. 带有 finally 子句的 try 语句

带有 finally 子句的 try 语句的语法格式如下：

```
try：
     <被检测的语句块>
except <异常类型名称>：
     <处理异常的语句块>
finally：
     <有无异常均被执行的语句块>
```

不管有没有发生异常，在程序离开 try 后 finally 子句都一定会被执行，一般实施清场处理。示例如下：

```
file = open("/tmp/foo.txt")
try：
     data = file.read()
```

```
finally:
    file.close()
```

上述代码用于需要获取一个文件句柄，从文件中读取数据，然后关闭文件句柄的场景。该操作在读写过程中可能会出现疏漏，一是可能忘记关闭文件句柄；二是文件读取数据发生异常，这两种情况下都需要关闭文件进行清场处理。

对于上述读写文件的异常处理，还可以用 with…as 语句进行简化。对上文示例利用 with…as 语句进行简化，代码如下：

```
with open("/tmp/foo.txt") as file:
    data = file.read()
```

with 还可以很好地处理上下文环境产生的异常，并进行类似 finally 的现场清理。

2.8　面向对象编程

2.8.1　类与对象的创建

Python 支持面向对象的编程。在类声明中，class 是声明类的关键字，表示类声明的开始，类声明后面跟着类名，按习惯类名要用大写字母开头，并且类名不能用阿拉伯数字开头。

类的定义如下：

```
class 类名:
    成员变量
    def 成员方法名(self)
```

类定义中的 self 在调用时代表类的实例，与 C++或 Java 中的 this 作用类似(甚至换成 this 也对)。

类在使用时，必须创建类的对象，再通过类的对象来操作类中的成员变量和成员方法，创建类对象的格式如下：

```
对象名= 类名( )
```

调用类的方法时，需要通过类的对象调用，其调用格式如下：

```
对象名.方法名(参数 1,参数 2,…)
```

下面代码是面向对象编程的示例：

```
class people:
    name = 'jack'
    age = 12

    def getName(self):
        return self.name
    def getAge(self):
```

```
            return self.age

    p = people()
    print(p.getName(),p.getAge())
```

由于很多第三方库提供的工具都是用面向对象的方法实现的，因此对于类的定义和使用需要熟练掌握。

2.8.2 类的公有成员和私有成员

在 Python 程序中定义的成员变量和成员方法默认都是公有成员，类之外的任何代码都可以随意访问这些成员。如果在成员变量和成员方法之前加上两个短下画线"＿＿"作前缀，则该变量或方法就是类的私有成员。私有成员只能在类的内部调用，类外的任何代码都无法访问这些成员。

下面代码是公有成员和私有成员的示例：

```
    class people:
        name = 'jack'
        __age = 12

        def getName(self):
            return self.name
        def getAge(self):
            return self.__age

    p = people()
    print(p.getName(),p.getAge())
    print(p.name)
```

上述代码"＿＿age"就是私有成员，外部不能调用。

2.8.3 类的构造方法与析构方法

1. 类的构造方法

在 Python 中，类的构造方法为＿＿init＿＿( )，方法名开始和结束的下画线是双下画线。构造方法面向对象，每个对象都有自己的构造方法。如果一个类在程序中没有定义＿＿init＿＿( )方法，则系统会自动建立一个方法体为空的＿＿init＿＿( )方法。如果一个类的构造方法带有参数，则在创建类对象时需要赋实参给对象。

在程序运行时，构造方法在创建对象时由系统自动调用，不需要用调用方法的语句显式调用，一般是进行初始变量的准备。

2. 类的析构方法

在 Python 中，析构方法为＿＿del＿＿( )，其中开始和结束的下画线是双下画线。

析构方法用于释放对象所占用的资源，在 Python 系统销毁对象之前自动执行。析构方法属于对象，每个对象都有自己的析构方法。如果类中没有定义_ _del_ _( )方法，则系统会自动提供默认的析构方法。析构方法一般执行清场工作。

2.8.4 类的继承

与其他支持面向对象的编程语言一样，Python 的类也支持从现有类中继承，继承分为单继承和多继承两种方式。类的单继承的一般形式如下：

```
class 子类名(父类名):
        子类的类体语句
```

Python 支持多继承，多继承的一般形式如下：

```
class  子类名(父类名 1，父类名 2, ..., 父类 n):
        子类的类体语句
```

Python 在多继承时，如果这些父类中有相同的方法名，而在子类中使用时没有指定父类名，则 Python 系统将从左往右按顺序搜索。

Python 多继承的示例代码如下：

```
class A:
    def __init__(self):
        self.one="第一个父类"
class B:
    def __init__(self):
        self.two="第二个父类"


class C(A,B):
    def __init__(self):
        A.__init__(self)
        B.__init__(self)
    def prn(self):
        print(self.one, '\n', self.two)
c=C()
c.prn()
```

上述代码实现类 C 通过多类继承的方式，继承了 A、B 两个类。

2.9 正则表达式

2.9.1 通用语法

正则表达式是一个特殊的字符序列，也是一种可以用于模式匹配和替换的逻辑公式。通过正则表达式，可以用事先定义好的一些特定字符以及这些特定字符的组合，组成一个

"规则字符串"。这个"规则字符串"用来表达对字符串的一种过滤逻辑，它能帮助程序员快捷地检查一个字符串是否与某种模式匹配，这在后续的编程过程中非常有用。

一个正则表达式是由普通字符(例如字符'a'～'z')以及特殊字符(称为"元字符")组成的文字模式。该模式用以描述在查找文字主体时待匹配的一个或多个字符串。因此可以说，正则表达式本身也是一种语言。例如下面的正则表达式示例：

> ^[0-9]+abc$

该表达式表示：需要匹配以数字开头并以"abc"结尾的字符串。其中，^ 匹配字符串的开始位置；[0-9]+ 匹配多个数字，[0-9]匹配单个数字，+匹配一个或者多个；abc$ 匹配字母 abc 并以"abc"结尾，'$' 匹配输入字符串的结束位置。

在正则表达式中，普通字符的字母和数字表示其自身，特殊字符则按照约定规则进行解释，表 2-11 列出了常见的正则表达式中通用字符匹配规则。

表 2-11　正则表达式中通用字符匹配规则

特殊字符	含　　义
^	匹配字符串的开头
$	匹配字符串的末尾
.	匹配任意字符，除了换行符，当 re.DOTALL 标记被指定时，则可匹配包括换行符的任意字符
[...]	用来表示一组字符单独列出。例如，[amk] 匹配 'a'、'm'或'k'
[^...]	不在[]中的字符。例如，[^abc] 匹配除了 a、b、c 之外的字符
*	匹配 0 个或多个的表达式
+	匹配 1 个或多个的表达式
?	匹配 0 个或 1 个由前面的正则表达式定义的片段，非贪婪方式
{n}	精确匹配 n 个前面表达式
{n,m}	匹配 n 到 m 次由前面的正则表达式定义的片段，贪婪方式
|	或关系。例如，a|b 匹配 a 或 b
(...)	对正则表达式分组并记住匹配的文本
(?P<num>\d*)	将\d*匹配的数据，取一个组名 num(这个组名必须是唯一的，不重复的，没有特殊符号)

此外，在正则表达式中，包含"\"的特殊序列也有规定意义，如表 2-12 所示。

表 2-12　正则表达式中包含"\"的特殊序列

特殊表达式序	含　　义
\A	表示从字符串的开始处匹配
\Z	表示从字符串的结束处匹配，如果存在换行，只匹配到换行前的结束字符串
\b	匹配一个单词边界，也就是指单词和空格间的位置
\B	匹配非单词边界
\d	匹配任意数字，等价于 [0-9]
\D	匹配任意非数字字符，等价于 [^\d]
\s	匹配任意空白字符，等价于 [\t\n\r\f]

特殊表达式序	含 义
\S	匹配任意非空白字符，等价于 [^\s]
\w	匹配任意字母数字及下画线，等价于[a-zA-Z0-9_]
\W	匹配任意非字母数字及下画线，等价于[^\w]
\\	匹配原义的反斜杠\

正则表达式中还有一些通用的标记(flag)，常用的如下：

re.I 表示忽略大小写；

re.L 表示特殊字符集 \w, \W, \b, \B, \s, \S 依赖于当前环境；

re.A 表示\w, \W, \b, \B, \d, \D, \s 和 \S 只匹配 ASCII，而不匹配 Unicode；

re.M 表示多行模式；

re.S 即为 . 并且包括换行符在内的任意字符(. 不包括换行符)；

re.U 表示特殊字符集 \w, \W, \b, \B, \d, \D, \s, \S 依赖于 Unicode 字符属性数据库；

re.X 表示为了增加可读性，忽略空格和#后面的注释。

使用正则表达式，可以通过简单的办法来实现强大的功能。

2.9.2 re 模块

Python 自 1.5 版本起增加了 re 模块，re 模块使 Python 语言拥有全部的正则表达式功能。re 模块定义了一系列函数、常量以及异常，下面介绍几个常用的函数。

1. re.match

re.match 尝试从字符串的起始位置匹配一个模式，如果不是起始位置匹配成功的话，match()就返回 none，函数语法如下：

```
re.match(pattern, string, flags=0)
```

其中，pattern 为匹配的正则表达式；string 为要匹配的字符串；flags 为标志位，用于控制正则表达式的匹配方式，如是否区分大小写，多行匹配等。

2. re.search

re.search 扫描整个字符串并返回第一个成功的匹配，函数语法如下：

```
re.search(pattern, string, flags=0)
```

其中，pattern 为匹配的正则表达式；string 为要匹配的字符串；flags 为标志位，用于控制正则表达式的匹配方式，如是否区分大小写，多行匹配等。

re.match 与 re.search 的区别在于：re.match 只匹配字符串的开始，如果字符串开始不符合正则表达式，则匹配失败，函数返回 None；而 re.search 匹配整个字符串，直到找到一个匹配为止。

3．re.sub

re.sub 用于替换字符串中的匹配项，函数语法如下：

```
re.sub(pattern, repl, string, count=0, flags=0)
```

其中，pattern 为正则表达式中的模式字符串；repl 为替换的字符串，也可为一个函数；string

匹配要被查找替换的原始字符串；count 为模式匹配后替换的最大次数，默认 0 表示替换所有的匹配。

4. re.compile

compile 函数用于编译正则表达式，生成一个正则表达式(pattern)对象，供 match()和 search()这两个函数使用，函数语法如下：

```
re.compile(pattern[, flags])
```

其中，pattern 为一个字符串形式的正则表达式；flags 可选，表示匹配模式。compile 函数非必须调用，其作用是提高运行速度，因为使用预编译的代码对象比直接使用字符串要快，而解释器在执行字符串形式的代码前都必须把字符串编译成代码对象。

5. findall

在字符串中找到正则表达式所匹配的所有子串，并返回一个列表，如果没有找到匹配的，则返回空列表，函数语法如下：

```
findall(string[, pos[, endpos]])
```

其中，string 为待匹配的字符串；pos 为可选参数，指定字符串的起始位置，默认为 0；endpos 为可选参数，指定字符串的结束位置，默认为字符串的长度。

6. re.split

split 方法按照能够匹配的子串将字符串分割后返回列表，函数语法如下：

```
re.split(pattern, string[, maxsplit=0, flags=0])
```

其中，pttern 为匹配的正则表达式；string 为要匹配的字符串；maxsplit 为分隔次数，maxsplit=1 表示分隔一次，默认为 0，表示不限制次数；flags 为标志位，用于控制正则表达式的匹配方式，如是否区分大小写，多行匹配等。

正则表达式的示例如下：

```
import re

s = '1102231990xxxxxxxx'
res = re.search('(?P<province>\d{3})(?P<city>\d{3})(?P<born_year>\d{4})',s)
print(res.groupdict())
```

上述代码对身份证号字符串 s 进行分析，将前三位数字解析为 province，后三位数字解析为 city，再后四位数字解析为 born_year，并将匹配结果直接转为字典模式，输出为 {'province': '110', 'city': '223', 'born_year': '1990'}。

2.10　张　量　计　算

2.10.1　张量的定义

在利用 Python 进行数据处理或智能计算过程中，经常会使用到张量(tensor)。张量是一个数据容器，它包含的数据几乎总是数值数据，因此它是数字的容器，在 Python 中非常适合用于向量、矩阵的计算。

1. 张量的类型

对于不同类型的张量，通常用维度(dimension)，也叫作轴(axis)来进行区分。张量的维度与向量的维度概念不同，数学中常见的量分别属于不同维度的张量。

1) 标量

仅包含一个数字的张量叫作标量(scalar，也叫标量张量、零维张量、0D 张量)。一个 float32 或 float64 的数字就是一个标量张量(或标量数组)，标量张量有 0 个轴，如 2、2.54 等。

2) 向量

数字组成的数组叫作向量(vector)或一维张量(1D 张量)，一维张量只有一个轴，如 [1,2,3,4]、[5,6,7]。

3) 矩阵

向量组成的数组叫作矩阵(matrix)或二维张量(2D 张量)。矩阵有 2 个轴(通常叫作行和列)，可以将矩阵直观地理解为数字组成的矩形网格，例如：

$$\begin{bmatrix} 1 & 2 \\ 3 & 4 \\ 5 & 6 \end{bmatrix}$$

4) 更高维

将多个矩阵组合成一个新的数组，就得到一个 3D 张量，可以将其直观地理解为数字组成的立方体。将多个 3D 张量组合成一个数组，就可以创建一个 4D 张量，更高维的张量组成以此类推。

张量在进行统计计算时非常有用，不同的数据样本都可以用张量来表示。

我们可以用词频来描述一篇文档的内容。例如，1 维张量(也就是向量) [2,0,3,5,8,…] 表示文档 t，那么对于包含 3 篇文档的文档集，就可以用一个 2 维张量来表示：

$$\begin{bmatrix} 2 & 0 & 3 & 5 & 8 & \cdots \\ 3 & 1 & 2 & 0 & 9 & \cdots \\ 5 & 3 & 5 & 8 & 1 & \cdots \end{bmatrix}$$

再比如一副灰度数字图像，对图中每个像素点进行量化描述，就形成了图像的矩阵描述，可以视为一个 2 维张量。那么，对于一幅彩色图像，为了表示颜色，每个像素点分别要取 RGB 三种颜色值，这就需要有三张上述的矩阵，这就是一个 3 维张量，如图 2-20 所示。

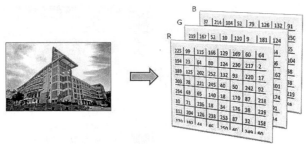

图 2-20　彩色图像 3 维张量

　　由此，我们也很容易理解，对于视频图像而言，一个视频图像是多张图片串接起来的，因此将每帧图片的 3 维张量组合起来形成一个时间维度，就是一个 4 维张量。对于多个视频组成的视频集合，由于每个视频是一个 4 维张量，集合的数量又构成一维，因而对整个视频集的描述就形成了一个 5 维张量。

2. 张量的属性

张量有以下三个关键属性：

(1) 轴的个数(阶)。例如，2D 张量(矩阵)有 2 个轴，3D 张量有 3 个轴。

(2) 形状(shape)。表示张量沿每个轴的维度大小(元素个数)。在 Python 中可以用一个整数元组表示。例如，标量的形状为空，即()，向量的形状只包含一个元素，如(5,)，那么前面矩阵示例的形状为(3, 2)。

(3) 数据类型(dtype)。这是张量中所包含数据的类型。例如，张量的类型可以是 float32、uint8、float64 等。

2.10.2　张量的声明

　　在 Python 中，使用 NumPy(Numerical Python)库对张量进行表示。NumPy 是 Python 的一种开源的数值计算扩展。这种工具可用来存储和处理大型矩阵，比 Python 自身的嵌套列表(nested list structure)结构要高效得多(该结构也可以用来表示矩阵(matrix))，支持大量的维度数组与矩阵运算，此外也针对数组运算提供大量的数学函数库。NumPy 是一个第三方库，因此需要单独安装(Anaconda 已经包含)。

　　声明张量使用 NumPy 的 narray 函数，示例如下：

```
import numpy as np

x_0D = np.array(2.54)
x_1D = np.array([1,2,3,4])
x_2D = np.array([[1,2],
                 [3,4],
                 [5,6]])
x_3D = np.array([[[5, 78, 2, 34, 0],
                  [6, 79, 3, 35, 1],
                  [7, 80, 4, 36, 2]],
                 [[5, 78, 2, 34, 0],
                  [6, 79, 3, 35, 1],
                  [7, 80, 4, 36, 2]],
                 [[5, 78, 2, 34, 0],
                  [6, 79, 3, 35, 1],
                  [7, 80, 4, 36, 2]]])
```

上述代码分别声明了 0D、1D、2D、3D 各一个张量。

可以使用 NumPy 张量的 ndim、shape、dtype 参数查看张量的三个属性，示例如下：

```
print("阶：",x_3D.ndim,"\n 形状：",x_3D.shape,"\n 数据类型：",x_3D.dtype)
```

输出结果如下：

阶：3。

形状：(3, 3, 5)。

数据类型：int32。

有时对于一个张量，并不需要所有的元素都参与计算，可以指定其中部分参与计算，这就需要采用张量切片技术。示例如下：

```
x=np.random.randint(128,size=(3,10,10))
z=x[0:2,0:4,1:8]
print(x)
print(z)
```

其实切片就是部分引用，需要使用“[”“]”与“:”来指明各轴上数据的范围。例如，“0:2”就是该轴的第 0 位取到第 2 位(不包含)。上述代码张量 z 就是 x 的一个切片。

2.10.3 张量的运算

在 Python 中，可以对张量变量执行计算。下面介绍几种常用的张量运算。

1. 逐元素运算

逐元素运算独立地应用于张量中的每个元素，也就是说，这些运算非常适合大规模并行实现。在 NumPy 中可以直接进行下列逐元素运算，速度非常快。

示例如下：

```
y=np.random.randint(255,size=(8,))
z=np.random.randint(255,size=(8,))
print(y+z)
```

逐元素运算需要形状相同的张量。此处利用了 random.randint 随机填充形状为 size 的张量。

2. 广播运算

将两个形状不同的张量相加需要采用广播方式。较小的张量会被广播(broadcast)，以匹配较大张量的形状。广播包含以下两步。

(1) 向较小的张量添加轴(叫作广播轴)，使其 ndim 与较大的张量相同。

(2) 将较小的张量沿着新轴重复，使其形状与较大的张量相同。

示例如下：

```
x = np.random.random((64, 3, 32, 10))
y = np.random.random((32, 10))
```

```
z = np.maximum(x, y)
print(z)
```

上面代码实现 y 对 x 的广播操作。

3. 点积运算

点积运算，也叫张量积，是最常见也最有用的张量运算。与逐元素的运算不同，它将输入张量的元素合并在一起。点积可以推广到具有任意个轴的张量。最常见的应用可能就是两个矩阵之间的点积。进行矩阵点积时前张量的列数应该等于后张量的行数。例如，有两个 2 维张量 x、y，x.shape[1] == y.shape[0]，此处 x.shape[1]为 2 维张量 x 的列数，y.shape[0]为 2 维张量 y 的行数。

示例如下：

```
x=np.random.randint(128,size=(32, 10))
y=np.random.randint(128,size=(10,8))
z=np.dot(x,y)
print(z.shape)
```

上述代码实现了一个(32,10)的张量与另外一个(10,8)的 2 维张量的点积，得到一个(32,8)的二维张量。更一般地说，可以对更高维的张量做点积，只要其形状匹配遵循与前面 2D 张量相同的原则。例如：

(a, b, c, d) . (d,) -> (a, b, c) (a, b, c, d)

(d, e) -> (a, b, c, e)

4. 变形

张量变形是指改变张量的行和列，以得到想要的形状。变形后的张量的元素总个数与初始张量相同。经常遇到的一种特殊的张量变形是转置(transposition)，对矩阵做转置也就是指将行和列互换。NumPy 分别使用 reshape 函数和 transpose 函数实现张量的变形与转置。

示例如下：

```
x = np.array([[0., 1.],
              [2., 3.],
              [4., 5.]])
y= x.reshape((6, 1))
z=np.transpose(x)
print("x 的形状：",x.shape,"y 的形状：",y.shape,"z 的形状：",z.shape)
```

有了以上运算功能，就可以利用 Python 进行矩阵计算了。

思 考 题

1. 介绍编译器与解释器的主要区别。

2. 列举主要的 Python 解释器，并比较各自的优缺点。

3. 简述 Python 虚拟环境的构建作用与构建方法。

4. Python 有哪些数据类型？分别给出声明实例。

5. 解释什么是张量，分析数学中常见的量对应的张量维度。

第 3 章　密码学编程

通常密码是信息安全的核心保护措施。无论是存储器中的数据还是信道中的数据，都可以用密码进行保护。密码在早期仅用于对文字或数码进行保护，随着通信技术的发展，密码也可以应用于语音、图像、数据等的保护。在现代信息安全领域，密码学/技术进一步发展，衍生出一系列新的保密应用。这些应用除了机密性保护之外，还包括对信息的完整性、不可否认性的保护。

密码技术(Cryptography)包含了密码学(Cryptography)和密码分析学(Cryptanalysis)两大分支，两者互为矛盾，对抗发展。本章对密码学典型加密算法的 Python 程序实现进行介绍。

3.1　密码学基础

3.1.1　密码学基础

1. 定义

密码学是研究如何隐秘地传递信息的学科，是数学和计算机科学的分支。密码学和信息论密切相关，往往也是信息安全相关议题的核心。与信息隐藏不同，密码学的首要目的是隐藏信息的含义，并不隐藏信息的存在。

当前，除了产生密码学的通信领域外，密码学也被应用在日常生活中信息安全的方方面面。

2. 要素

一套完整的密码学实现规则、实例方案称为密码体制。密码体制的设计围绕着明文、密文、密钥、加密、解密几个要素展开，其相互关系可以用图 3-1 来概括描述。

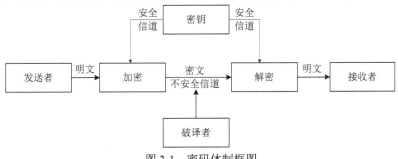

图 3-1　密码体制框图

　　明文：是指没有进行变换，能够直接代表原文含义的数据，用 m 表示。全体明文 m 的集合构成明文空间，记为 M。

　　密文：是指明文经过变换后，隐藏了原文含义的数据，用 c 表示。全体密文 c 的集合构成密文空间，记为 C。

　　加密：是指将明文转换成密文的实施过程。

　　解密：是指将密文转换成明文的实施过程。

　　加密和解密互为反变换。随着基于数学的密码技术的发展，加、解密方法一般用数学算法实现，因此分别称为加密算法和解密算法。其中，加密算法记为 E，解密算法记为 D。

　　密钥：是指控制加密和解密的关键要素，分为加密密钥和解密密钥。通常每个密码体制的密钥 k 都由加密密钥 k_e 和解密密钥 k_d 组成。全体密钥的集合构成密钥空间，记为 K。密钥空间中不同密钥的个数称为密钥量，它是衡量密码体制安全性的一个重要指标。

　　因此，加、解密过程通常可以形式化地表示为

$$c = E_{k_e}(m) \in C$$

$$m = E_{k_d}(c) \in M$$

3. 发展

　　密码技术自古有之，密码学的发展历史基本可以划分为三个阶段。

　　第一个阶段，是从古代到 19 世纪末，长达数千年。这个时期，由于生产力低下，产生的许多密码体制都是用纸、笔或者简单机械实现加解密的，所以称这个时期产生的密码体制为"古典密码体制"。古典密码体制主要有两大类：一类是单表代换体制，另一类是多表代换体制。在这个阶段，用"手工作业"进行加解密，密码分析亦是"手工作业"。这个阶段产生出来的所有密码体制几乎已全部被破译了。

　　第二个阶段，是从 20 世纪初到 20 世纪 50 年代末。在这半个世纪期间，莫尔斯发明了电报，实现了电报通信。为了适应电报通信，密码设计者设计出了一些采用复杂机械和电动机械设备实现加解密的体制。这个时期产生出的密码体制为"近代密码体制"。近代密码体制中应用了像转轮机那样的机械和电动机械设备。这些密码体制基本上已被证明是不保密的，只是要想破译它们往往需要很大的计算量。

　　第三个阶段，是从 1949 年 Shannon 发表划时代论文《保密通信系统理论》(Communication Theory of Secrecy System)开始的，这篇论文证明了密码编码需要坚实的数学基础。在这一时期，微电子技术的发展使电子密码走上了历史舞台，共同催生了"现代密码体制"。特别是 20 世纪 70 年代中期，DES 密码算法的公开发表，以及公开密钥思想的提出，更是促进了当代密码学的蓬勃发展。到了 20 世纪 80 年代，随着大规模集成电路技术和计算机技术的迅速发展，现代密码学得到了更加广泛的应用。

　　当前，随着量子等新兴技术的不断出现与发展，密码技术进入了一个全新的发展期。量子密码术与传统的密码系统不同，它依赖于物理学作为安全模式的关键方面而不是数学，这也预示着密码学新时代的到来。

3.1.2　密码体制的分类

　　密码体制划分方法大致分为三种：换位与代替密码体制、分组与序列密码体制、对

称与非对称密钥密码体制。

1. 换位与代替密码体制

在对明文进行加密变换时，通常可以采用替代和换位两种方法。替代是将明文中的一个字母用密文字母表中的其他字母替代，换位是对数据的位置进行置换。

2. 分组与序列密码体制

分组密码是对定长的数据块进行加解密操作。序列密码的加密变换只改变一位明文，故它可以看成是块长度为 1 的分组密码。

3. 对称与非对称密钥密码体制

对称密码体制(或单密钥密码体制)的加密密钥与解密密钥相同。非对称密钥密码体制(或双密钥密码体制)的加密密钥与解密密钥不相同。进一步而言，如果在一个双密钥密码体制中，加密密钥 k_e 计算解密密钥 k_d 是困难的，公开 k_e 不会损害 k_d 的安全性，则可以将加密密钥 k_e 公开，这样的密码体制称为公钥密码体制。公钥密码体制设计的核心问题在于寻找单向(陷门)函数。这种函数虽然不能直接用于加密，但是在口令保护、消息摘要方面具有重要的应用价值，因此也十分有必要单独进行设计实现。

密码体制还可以按照加密对象、软硬件等进行划分，在此不再赘述。

3.1.3　密码体制的安全性

密码体制的设计目标在于追求安全性，安全性高的密码体制具有更高的应用价值，安全性低的密码体制会带来更大的安全风险。

一个好的密码体制至少应该满足以下两个条件：

(1) 在已知明文 m 和加密密钥 k_e 时，计算 $c = E_{k_e}(m)$ 容易，在已知密文 c 和解密密钥 k_d 时，计算 $m = E_{kd}(c)$ 容易。

(2) 在不知解密密钥 k_d 时，不能由密文 c 推知明文 m。

对一个密码体制，如果能够根据密文确定明文或密钥，或者能够根据明文和相应的密文确定密钥，则称这个密码体制是可破译的；否则，称其为不可破译的。论文《保密通信系统理论》中，香农证明，如果密钥是一个完全随机数，并且只使用一次，那么用该密钥加密的信息就是绝对安全，且不可破译的，该加密方法称为"一次一密"方法。传统的密码由于密钥分发的问题，难以实现"一次一密"，但是量子密钥分发技术的出现使得这种理论上的安全性可以实现。

下面将介绍几种具有代表性的密码算法的 Python 编程实现。

3.2　古　典　密　码

3.2.1　古典密码思想

古典密码编码方法主要有两种：移位和代换。

把明文中的字符重新排列，字母本身不变，但其位置改变了，这样编成的密码称为移位密码。最简单的移位密码是把明文中的字母顺序倒过来，然后截成固定长度的字母组作为密文。

代换密码则是将明文中的字符替代成其他字符。在进行代换时，可以采用一张代换表，称为单表代换。单表代替的缺点是明文字符相同，则密文字符也相同，这样就无法隐藏明文的字符统计特性，因此安全性较差(字母统计特性如图 3-2 所示)。为了克服这一缺点，人们采用周期性顺次使用多张代换表的方法实现加密，这种方法就是多表代换。

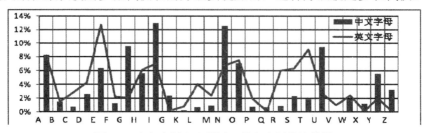

图 3-2　中文字母(汉语拼音)/英文字母统计特性

比较移位密码和代换密码的特点可知，移位密码位置变但形态不变，代换密码形态变但位置不变。将代换密码和移位密码交叠使用，就可以发挥各自的长处，克服对方的缺点，这也是现代密码可借鉴的设计思想。

3.2.2　移位密码

移位密码将明文中的字母顺序重新排列以形成密文。比如，纯文本中的每个字符都是水平写入的，且具有指定的字母宽度，而密文垂直写入，则可创建完全不同于明文的密文。

例如，纯文本 hello world 的柱状转置技术如图 3-3 所示。

h	e	l	l
o	w	o	r
l	d		

图 3-3　柱状转置技术

明文字符串水平放置，密文以垂直格式创建 "holewdlo lr"。接收方必须使用相同的表，才能将密文解密为明文。

以下是移位密码的 Python 实现代码(transposition.py)：

```python
# 移位密码
import math

def encryptMessage(key, message):
    ciphertext = [''] * key                      # ❶每个元素代表密文中的一列
    nRow = math.ceil(len(message)/key)           # 矩阵行数，消息长度除以列数(key)向上取整
    message_filled=message.ljust(nRow*key)       # ❷向左对齐，在右边补空格

    for col in range(key):
```

```
                pointer = col                              #❸以列为跨度提取字符
            while pointer < nRow*key:
                    ciphertext[col] += message_filled[pointer]
                    pointer += key
    return ''.join(ciphertext)


def decryptMessage(key, ciphertext):
    nRow = math.ceil(len(ciphertext) / key)
    plaintext = [''] * nRow
    ciphertext_filled = ciphertext.ljust(nRow * key)


    for col in range(key):
            pointer = col * nRow#❹以行数为跨度提取字符
            for raw in range(nRow):
                    plaintext[raw] += ciphertext_filled[pointer + raw]
    return ''.join(plaintext)


if __name__ == '__main__':
            myMessage = 'Common sense is not so common.'
            myKey = 8
            ciphertext = encryptMessage(myKey, myMessage)
            print("[",myMessage,"] encrypted to (",ciphertext,")")
            plaintext = decryptMessage(myKey, ciphertext)
            print("[",ciphertext,"] decrpted to (",plaintext,")")
```

在上述代码中，首先，加密函数 encryptMessage 创建一个有 key 个元素的空列表，每个元素用来存储一列❶；为了形成一个完整的方阵，需要使用函数对输入的消息补齐长度，长度为行数乘列数(key) ❷；将当前列号作为指针❸，顺序读取该列的明文(相邻两个字符相互间隔 key 个字符)内容并存储到对应列中，具体过程如图 3-4 所示。解密函数 decryptMessage 的工作方式与 encryptMessage 函数的类似，只是按照行数的跨度提取字符❹，最后将解密明文分别填充到各行组成的列表中。

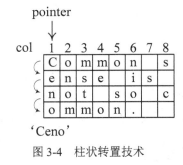

图 3-4 柱状转置技术

3.2.3　代换密码

代换密码利用代换表对明文进行替换，替换的方法可以采用加法、乘法、仿射、密钥短语等。

1. 加法密码

加法密码是用明文字母将字母表中后面的第 k 个字母代换,得到的就是密文字母。k=3时的加法密码就是密码学中广为人知的凯撒密码。

恺撒密码是古罗马恺撒大帝时期在西塞罗战役时用来保护重要军情的加密系统，记载于《高卢战记》。作为一种最古老的对称加密体制，它的加密原理是通过移动指定位数的字母来实现加密和解密。所有字母都在字母表上向后(或者向前)，按照固定数字进行偏移，通过替换形成密文。明文字母进行偏移所参照的固定数字称为偏移量。例如，所有的字母A 都被替换成了 C，而 B 变成 D，到了字母表末尾，Y 被替换成 A，Z 被替换成 B，则它们的偏移量是 2。当偏移量为 3 时，明密文对照关系如图 3-5 所示。

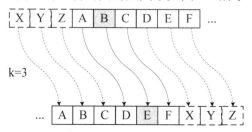

图 3-5　偏移量为 3 时的明密文对照关系

由此可见，恺撒密码加解密的密钥就是偏移的位数。

以下是加法密码的 Python 实现代码：

```python
#加法密码
WIDTH=26

def encrypt(key, message):
    translated=""
    message = message.upper()#❶消息全部转换为大写
    for ch in message:
        if ord(ch)<ord('A') or ord(ch)>ord('Z'):
            translated=translated+ch#❷如果为非字母字符，忽略处理
            continue
        offset = ord(ch)-ord('A')
        translated = translated +chr(((offset+key)%WIDTH)+ord('A'))#❸偏移
    return translated

def decrypt(key, message):
    translated=""
```

```
message = message.upper()
for ch in message:
        if ord(ch)<ord('A') or ord(ch)>ord('Z'):
                translated=translated+ch
                continue
        offset = ord(ch)-ord('A')
        translated = translated +chr(((26+offset-key)%WIDTH)+ord('A'))
return translated
```

上述代码中，encrypt 为加密函数，该函数首先将待加密的消息全部转换为大写字母
❶，然后进行处理；对于非字母的字符，忽略不处理❷；进行移位时，在原字母序号的
基础上加上密钥值，然后以 WIDTH 为除数求余数，以"A"的 ASIIC 码为基址计算密文
字符❸。上述程序中，函数 ord(c)的参数是长度为 1 的字符串(即字符)，当参数为统一对
象(unicode object) 时，返回能代表该字符的统一编码，当参数为 8 bit 的字符串时，返回
该字符的值。例如，ord('a')返回整型数值 97，ord(u'\u2020')返回 8224。函数 chr(i)返回一
个字符，字符的 ASCII 码等于参数中的整型数值。例如，chr(97)返回字符"a"，该方法
是 ord()的反方法。这里参数必须是 0～255 的整型数值，否则会抛出 valueError 错误。解
密函数 decrypt 操作与 encrypt 相反。

通过对加法密码的算法分析可知，加法密码的密钥空间仅为 25。

2. 乘法密码

在使用恺撒密码技术时，加密和解密使用简单的加法或减法，其基本过程将值转换为
数字。如果使用乘法，也可实现密文的转换。

乘法密码的加解密公式如下：

$$c = (m \cdot k) \bmod q$$

$$m = (c \cdot k^{-1}) \bmod q$$

注意：k^{-1} 不是 k 的倒数，而是 k 模 q 的逆元。

以密钥为 7 为例，进行加密的明密文对应关系如图 3-6 所示。

原字母	a	b	c	d	e	f	g	h	i	j	k	l	m	n	o	p	q	r	s	t	u	v	w	x	y	z
原字母的值	0	1	2	3	4	5	6	7	8	9	10	11	12	13	14	15	16	17	18	19	20	21	22	23	24	25
代换字母的值	0	9	18	1	10	19	2	11	20	3	12	21	4	13	22	5	14	23	6	15	24	7	16	25	8	17
代换字母	A	J	S	B	K	T	C	L	U	D	M	V	E	N	W	F	O	X	G	P	Y	H	Q	Z	I	R

图 3-6　密钥为 7 的乘法密码

由于并不是每个整数都可以作为乘法密码的密钥，很多数字会破坏明密文的映射关系，
因此乘法密码的密码空间大小是 $\Phi(n)$。$\Phi(n)$ 是欧拉函数(小于 n 且与 n 互素的数的个数)。当 n
为 26 时，与 26 互素的数是 1、3、5、7、9、11、15、17、19、21、23、25，共有 12 个，即
$\Phi(n)=12$，因此乘法密码的密钥空间为 12。注意，k=1 时加密变换为恒等变换。

乘法密码的解密密钥不是原密钥，而是前面所述的密钥对于 26 的逆元。若同余方程
满足 $ax \equiv 1(\bmod b)$，则称 x 为 a 关于模 b 的乘法逆元。计算逆元的常见方法有扩展欧几里
得算法(见 3.5.2 小节介绍)、费马小定理/欧拉定理、递推求逆元等。

以下是乘法密码的 Python 实现代码(Multiplicative Cipher.py)：

```python
from math import floor


WIDTH=26
def encrypt(key, message):
    translated=""
    message = message.upper()
    for ch in message:
            if ord(ch)<ord('A') or ord(ch)>ord('Z'):
                    translated=translated+ch
                    continue
            offset = ord(ch)-ord('A')
            translated = translated +chr(((key * offset)%WIDTH)+ord('A'))#❶
    return translated


def decrypt(key, message):
    translated=""
    message = message.upper()
    nkey=inverseElement(key, Z=26)#❷求 key 模 26 的逆元
    for ch in message:
            if ord(ch)<ord('A') or ord(ch)>ord('Z'):
                    translated=translated+ch
                    continue
            offset = ord(ch)-ord('A')
            translated = translated +chr(((nkey * offset)%WIDTH)+ord('A'))
    return translated


#求密钥 k 对于 26 的逆元
def inverseElement(k, Z=26):
    a = [Z, 1, 0]
    b = [k, 0, 1]
    while(1):
        if b[0] == 1:
            break
        temp = b
        q = floor(a[0] / b[0])
        b = [i * q for i in b]
        b = [a[i] - b[i] for i in range(len(b))]
        a = temp
```

```
        return b[-1] % Z

ciphertext=encrypt(9,"a man liberal in his views")
print(ciphertext)
plaintext=decrypt(9, ciphertext)
print(plaintext)
```

上述代码中，encrypt 函数在进行移位时，在原字母序号的基础上乘密钥值，然后以
WIDTH 为除数求余数，以"A"的 ASIIC 码为基址计算密文字符❶；进行解密的函数 decrypt
使用的密钥是 key 的模 26 逆元，通过 inverseElement 函数计算得出❷。

3. 仿射密码

仿射密码是乘法密码和加法密码算法的组合，其加解密公式如下：

$$c = (k_1 m + k_2) \bmod q$$
$$m = k_1^{-1}(c - k_2) \bmod q$$

以下是仿射密码的 Python 实现代码(Affine Cipher.py)：

```
def encrypt(key1,key2,message):
    translated=""
    message = message.upper()
    for ch in message:
            if ord(ch)<ord('A') or ord(ch)>ord('Z'):
                    translated=translated+ch
                    continue
            offset = ord(ch)-ord('A')
            translated = translated +chr(((key1 * offset+key2)%WIDTH)+ord('A'))#❶
    return translated


def decrypt(key1,key2, message):
    translated=""
    message = message.upper()
    nkey=inverseElement(key1, Z=26)
    for ch in message:
            if ord(ch)<ord('A') or ord(ch)>ord('Z'):
                    translated=translated+ch
                    continue
            offset = ord(ch)-ord('A')
            translated = translated +chr(((nkey * (26+offset-key2))%WIDTH)+ord('A'))
    return translated
```

由上述代码可以看出，仿射密码就是加法密码和乘法密码的结合❶，通过这样的结合，

密钥空间可以扩展为 12×26=312，但依然很有限。

3.2.4 维吉尼亚密码

如前所述，单表代替的密码使用一张表进行代替，安全性很差，因此人们提出了采用多张表进行周期使用的方法。在多表代替密码中，代替表的使用次序由密钥来决定，维吉尼亚密码就是这种方法的典型代表。维吉尼亚密码与恺撒算法类似，二者只有一个主要区别：恺撒密码只包含一个字符移位的表；而维吉尼亚密码包含多个字母移位的表，全部的密码表如图 3-7 所示。

	a	b	c	d	e	f	g	h	i	j	k	l	m	n	o	p	q	r	s	t	u	v	w	x	y	z
a	A	B	C	D	E	F	G	H	I	J	K	L	M	N	O	P	Q	R	S	T	U	V	W	X	Y	Z
b	B	C	D	E	F	G	H	I	J	K	L	M	N	O	P	Q	R	S	T	U	V	W	X	Y	Z	A
c	C	D	E	F	G	H	I	J	K	L	M	N	O	P	Q	R	S	T	U	V	W	X	Y	Z	A	B
d	D	E	F	G	H	I	J	K	L	M	N	O	P	Q	R	S	T	U	V	W	X	Y	Z	A	B	C
e	E	F	G	H	I	J	K	L	M	N	O	P	Q	R	S	T	U	V	W	X	Y	Z	A	B	C	D
f	F	G	H	I	J	K	L	M	N	O	P	Q	R	S	T	U	V	W	X	Y	Z	A	B	C	D	E
g	G	H	I	J	K	L	M	N	O	P	Q	R	S	T	U	V	W	X	Y	Z	A	B	C	D	E	F
h	H	I	J	K	L	M	N	O	P	Q	R	S	T	U	V	W	X	Y	Z	A	B	C	D	E	F	G
i	I	J	K	L	M	N	O	P	Q	R	S	T	U	V	W	X	Y	Z	A	B	C	D	E	F	G	H
j	J	K	L	M	N	O	P	Q	R	S	T	U	V	W	X	Y	Z	A	B	C	D	E	F	G	H	I
k	K	L	M	N	O	P	Q	R	S	T	U	V	W	X	Y	Z	A	B	C	D	E	F	G	H	I	J
l	L	M	N	O	P	Q	R	S	T	U	V	W	X	Y	Z	A	B	C	D	E	F	G	H	I	J	K
m	M	N	O	P	Q	R	S	T	U	V	W	X	Y	Z	A	B	C	D	E	F	G	H	I	J	K	L
n	N	O	P	Q	R	S	T	U	V	W	X	Y	Z	A	B	C	D	E	F	G	H	I	J	K	L	M
o	O	P	Q	R	S	T	U	V	W	X	Y	Z	A	B	C	D	E	F	G	H	I	J	K	L	M	N
p	P	Q	R	S	T	U	V	W	X	Y	Z	A	B	C	D	E	F	G	H	I	J	K	L	M	N	O
q	Q	R	S	T	U	V	W	X	Y	Z	A	B	C	D	E	F	G	H	I	J	K	L	M	N	O	P
r	R	S	T	U	V	W	X	Y	Z	A	B	C	D	E	F	G	H	I	J	K	L	M	N	O	P	Q
s	S	T	U	V	W	X	Y	Z	A	B	C	D	E	F	G	H	I	J	K	L	M	N	O	P	Q	R
t	T	U	V	W	X	Y	Z	A	B	C	D	E	F	G	H	I	J	K	L	M	N	O	P	Q	R	S
u	U	V	W	X	Y	Z	A	B	C	D	E	F	G	H	I	J	K	L	M	N	O	P	Q	R	S	T
v	V	W	X	Y	Z	A	B	C	D	E	F	G	H	I	J	K	L	M	N	O	P	Q	R	S	T	U
w	W	X	Y	Z	A	B	C	D	E	F	G	H	I	J	K	L	M	N	O	P	Q	R	S	T	U	V
x	X	Y	Z	A	B	C	D	E	F	G	H	I	J	K	L	M	N	O	P	Q	R	S	T	U	V	W
y	Y	Z	A	B	C	D	E	F	G	H	I	J	K	L	M	N	O	P	Q	R	S	T	U	V	W	X
z	Z	A	B	C	D	E	F	G	H	I	J	K	L	M	N	O	P	Q	R	S	T	U	V	W	X	Y

图 3-7　维吉尼亚方阵

图 3-7 中，横排第一行为明文，左侧第一列为密钥字母，中间区域是密文。例如，依据图中明密对照规则，密钥字母为 d，明文字母为 b 时查表得密文字母为 E。因此，可以设定一个周期，循环使用维吉尼亚密码表的不同列，就形成了多表加密。

以下是维吉尼亚密码的 Python 实现代码(Vigenere.py)：

```
# 维吉尼亚密码加密函数
LETTERS = 'ABCDEFGHIJKLMNOPQRSTUVWXYZ'

def translateMessage(key, message, mode):
    translated = []
    keyIndex = 0
    key = key.upper()
    for symbol in message:
        num = LETTERS.find(symbol.upper())   #❶计算当前待处理字母在LETTERS中的位置
        if num != -1: # -1 为未找到
            if mode == 'encrypt':
                num += LETTERS.find(key[keyIndex]) #❷加密时加运算，计算 key 在
# LETTER 中的位置，该位置对应移位数，对字母进行加法移位操作
            elif mode == 'decrypt':
                num -= LETTERS.find(key[keyIndex]) #❸解密时，进行减法移位操作
            num %= len(LETTERS)
            if symbol.isupper():
                translated.append(LETTERS[num])
            elif symbol.islower():
                translated.append(LETTERS[num].lower())
            keyIndex += 1
            if keyIndex == len(key):#❹依据密钥短语对多表进行循环使用
                keyIndex = 0
        else:
            translated.append(symbol)
    return ''.join(translated)
```

上述代码中，函数 translateMessage 可以工作于加密(encrypt)和解密(decrypt)两种模式。首先计算待处理(加密或解密)字母在 LETTERS 表中的位置❶(通过字符串函数 find 查找)；加密时，根据密钥 k 的每个字母在 LETTERS 表中的序号，得到移位数，利用移位数执行加法密码❷，最终对所有明文加密。解密方法反之❸。密钥将被循环使用，从而形成多表的密码替代❹。显然，对于"ASIMOV"，上述代码会依次使用 A、S、I、M、O、V 对应的 6 张表。

近代密码学实际是古典密码学多表替代方法的机械化，图 3-8 即为著名的恩尼格玛机键盘与转子结构。该结构由至少 1 个键盘、1 个转子和显示器构成。按下键盘中的字符按

钮将接通电源，电流经导线和转子上的连接线触发显示器显示，形成明密映射。键盘每按下一次，转子会发生转动，则明密映射关系也发生变化，就形成了多表密码替代。由于实际的恩尼格玛机有多个转子和反射器，因此可以形成 1 亿余种可能。

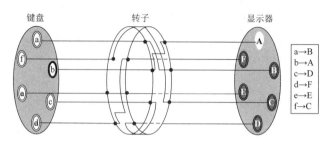

图 3-8　恩尼格玛机键盘与转子结构

在 20 世纪上半叶，人们很难对这种密码机进行破译。恩尼格玛机的优势还在于：如此复杂的替换过程完全由机械来完成，加密人员只需要设定好转子的初始位置，连接好接线板，然后像打字员一样正常输入字母即可，密文将随之自动生成。

3.3　分　组　密　码

3.3.1　分组密码基础

1. 分组密码的提出

分组密码(Block Cipher)又称块密码，它将明文消息编码后的数字序列划分成固定长度的分组，各分组作为一个整体在密钥控制下变换成等长度的密文组。

分组密码算法的设计是由香农(C. E. Shannon)提出的。为了确保分组密码的安全性，香农充分利用了扩散(diffusion)和扰乱(confusion)的思想。所谓扩散，其目的是让明文中的单个数字影响密文中的多个数字，从而使明文的统计特征在密文中消失，相当于明文的统计结构被扩散；而扰乱是指让密钥与密文之间统计信息的关系变得复杂，从而增加通过统计方法进行攻击的难度。

由于分组密码的思想与现代通信的分组交换不谋而合，因此具有很好的应用价值。在现代通信系统中广泛应用的分组密码包括 DES、IDEA、SAFER、Blowfish 和 Skipjack 等。

2. Feistel 网络

在设计安全的分组加密算法时，应最大限度地抵抗现有密码分析，如差分分析、线性分析等，还需要考虑密码安全强度的稳定性。此外，用软件实现的分组加密要保证每个组的长度适合软件编程(二进制 2^n)，并尽量避免位的置换操作，以及尽可能地使用加法、乘法、移位等处理器提供的标准指令。从硬件实现的角度，加密和解密要在同一个器件上都可以实现，即加密、解密的硬件实现具有相似性。基于这些考虑，大部分的分组密码都是基于 Feistel 网络这种经典结构。

Feistel 网络是由密码学家 Feistel 提出的，具体结构如图 3-9 所示。

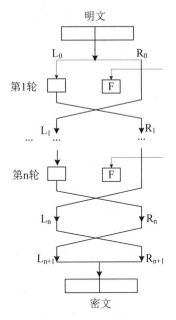

图 3-9　Festiel 网络

Feistel 提出：利用乘积密码可获得简单的代换密码。乘积密码指依次地执行两个或多个基本密码系统，使得最后的密码强度高于每个基本密码系统产生的结果。其思想实际上是 Shannon 提出的利用乘积密码实现混淆和扩散思想的具体应用。

Feistel 加密算法的输入是分组长为 2w 的明文和一个密钥 k，将每组明文分成左右两半 L 和 R，在进行完 n 轮迭代后，左右两半再合并到一起产生密文分组。第 i 轮迭代的前一轮输出的函数公式如下：

$$L_i = R_{i-1}$$
$$R_i = L_{i-1} \text{ xor } F(R_{i-1}, k_i)$$

Feistel 解密过程本质上和加密过程是一样的，算法使用密文作为输入，但使用子密钥 K_i 的次序与加密过程相反。这一特征保证了解密和加密可采用同一算法。

影响 Feistel 结构安全的因素主要包括分组大小、密钥大小、轮数、子密钥生成算法和轮函数。

3.3.2　DES 算法

Feistel 结构最著名的实例就是 DES 密码。DES 是 1976 年由美国国家标准(NBS)颁布，由 IBM 公司研制的一种算法。作为美国的商用加密标准算法 DES(Data Encryption Standard)得到了广泛的支持和应用，极大地促进了分组密码发展。DES 以 64 位为分组(64 位一组的明文从算法一端输入，64 位密文从另一端输出)，加密和解密用同一密钥，有效密钥长度为 56 位(密钥通常表示为 64 位数，但每个第 8 位用作奇偶校验，可以忽略)。

1. DES 加密过程

DES 加密过程分为三个阶段，具体描述如下(以输入 64 bit 明文为例)：

第一阶段：用一个初始置换 IP 重新排列明文分组的 64 bit 数据，如图 3-10 所示。

初始置换IP　　　　　　初始置换IP⁻¹

58	50	42	34	26	18	10	2	40	8	48	16	56	24	64	32
60	52	44	36	28	20	12	4	39	7	47	15	55	23	63	31
62	54	46	38	30	22	14	6	38	6	46	14	54	22	62	30
64	56	48	40	32	24	16	8	37	5	45	13	53	21	61	29
57	49	41	33	25	17	9	1	36	4	44	12	52	20	60	28
59	51	43	35	27	19	11	3	35	3	43	11	51	19	59	27
61	53	45	37	29	21	13	5	34	2	42	10	50	18	58	26
63	55	47	39	31	23	15	7	33	1	41	9	49	17	57	25

图 3-10　初始置换 IP 阵与其逆阵

图中数字为二进制数的脚标序号。

第二阶段：进行具有相同功能的 16 轮循环变换，每轮变换中都含置换和代换运算，如图 3-11 所示。图 3-11 相当于图 3-9 中的一轮，具体操作过程将结合后续编程再进行介绍。

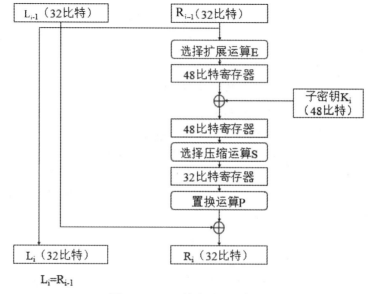

图 3-11　DES 单次循环示意图

第三阶段：最后，再经过一个逆初始置换逆 IP⁻¹ 从而产生 64 bit 密文。

这里需要注意的是，无论是初始置换还是最终的逆初始置换，都不能增减 DES 的安全性。其设计的初衷并不被人所知，但是看起来其目的是将明文重新排列，使之适应 8bit 寄存器，其映射规则如下：矩阵为 8×8 矩阵，自左至右，自上至下依次排位，矩阵中的某次位数目即为明文中该次位的比特值映射到 buffer 的偏移量。

2. DES 加解密的实现

下面按照 DES 的加密顺序对 DES 加密的 python 程序进行介绍。

1) 初始置换 IP 与 IP 逆变换

由于上述第一阶段初始置换 IP 与第三阶段 IP 逆变换效果相反，原理类似，因此这里一并进行介绍。

代码如下：

```
ip = [ 58, 50, 42, 34, 26, 18, 10, 2, 60, 52, 44, 36, 28, 20, 12, 4,
```

```
        62, 54, 46, 38, 30, 22, 14, 6, 64, 56, 48, 40, 32, 24, 16, 8,
        57, 49, 41, 33, 25, 17,   9, 1, 59, 51, 43, 35, 27, 19, 11, 3,
        61, 53, 45, 37, 29, 21, 13, 5, 63, 55, 47, 39, 31, 23, 15, 7 ]


_ip = [ 40, 8, 48, 16, 56, 24, 64, 32, 39, 7,47, 15, 55, 23, 63, 31,
        38, 6, 46, 14, 54, 22, 62, 30, 37, 5, 45,13, 53, 21, 61, 29,
        36, 4, 44, 12, 52, 20, 60, 28, 35, 3, 43, 11,51, 19, 59, 27,
        34, 2, 42, 10, 50, 18, 58, 26, 33, 1, 41, 9, 49, 17, 57, 25 ]


# IP 初始置换
def changeIP(source):
    dest= [0]*64
    global ip
    for i in range(64):
            dest[i] = source[ip[i]-1]#由于 IP 矩阵内的元素从 1 开始计，所以减 1
    return dest

# IP-1 逆置换
def changeInverseIP(source):
        dest = [0]*64
        global _ip
        for i in range(64):
            dest[i] = source[_ip[i] - 1]
        return dest
```

上述代码通过查表的方法实现对输入字符串的位置变换。

2) 16 轮循环变换

本部分对应上述 DES 加密过程的第二阶段。假设输入的 64 bit 明文已经被等分为左右两部分，即 L_{i-1} 和 R_{i-1}。

(1) 扩充/置换(E 表)。32 位的 R_{i-1} 按 E 表扩展为 48 位的 E_{i-1}，置换示意图如图 3-12 所示。

32	1	2	3	4	5
4	5	6	7	8	9
8	9	10	11	12	13
12	13	14	15	16	17
16	17	18	19	20	21
20	21	22	23	24	25
24	25	26	27	28	29
28	29	30	31	32	1

图 3-12　初始置换 IP 阵与其逆阵

图 3-12 中的数字为二进制数的脚标序号。

实现扩充/置换的代码如下:

```python
# 32 位扩展成 48 位
def expend(source):
ret = [0]*48
temp = [32, 1, 2, 3, 4, 5, 4, 5, 6, 7, 8, 9, 8, 9, 10, 11, 12,
        13, 12, 13, 14, 15, 16, 17, 16, 17, 18, 19, 20, 21, 20, 21, 22,
        23, 24, 25, 24, 25, 26, 27, 28, 29, 28, 29, 30, 31, 32, 1 ]
for i in range(48):
    ret[i] = source[temp[i] - 1]#查表移位
return ret
```

上述 expend 函数通过查表方法,对内容 source 进行扩展,可以看出有 16 个数重复出现 2 次。

(2) 与子密钥进行混合。

等长的数据与子密钥数组作异或,代码如下:

```python
# 等长数组作异或
def diffOr( source1, source2):
        le = len(source1)
        dest = [0]*le
        for i in range(le):
        dest[i] = source1[i] ^ source2[i]#❶异或操作
        return dest
```

上述代码中,数据与子密钥按位作异或操作❶。

(3) 置换选择。置换过程利用了 S 盒(Substitution-box)。在密码学中,S 盒是对称密钥算法执行置换计算的基本结构。S 盒用在分组密码算法中,也是唯一的非线性结构,其 S 盒指标的好坏直接决定了密码算法的好坏。DES 的置换选择如图 3-13 所示,图中 R_{i-1} 为输入,E 为 E 表,K_1 为子密钥,S_1~S_8 为 8 个 S 盒,经 S 盒的置换选择,48 bit 的输入变为 32 bit 的输出。

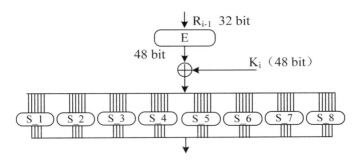

图 3-13　S 盒结构

图 3-13 中 S_1~S_8 中每个 S 盒都有不同的定义,以 S_6 为例说明,如图 3-14 所示。

```
        0  1  2  3  4   5 6  7  8  9 10  11 12 13 14 15
    0 │12,  1,10,15,  9,  2,  6,  8,  0,13,  3,  4,14,  7,  5,11,
    1 │10,15,  4,  2,  7,12,  9,  5,  6,  1,13,14,  0,11,  3,  8,
    2 │ 9,14,15,  5,  2,  8,12,  3,  7,  0,  4,10,  1,13,11,  6,
    3 │ 4,  3,  2,12,  9,  5,15,10,11,14,  1,  7,  6,  0,  8,13│
```

图 3-14　S_6 盒定义

图 3-14 中，S_6 的输入是 6 位二进制数，取该数中间的四位(2、3、4、5 位)二进制数作为列号，首位和末尾(1、6 位)二进制数作为行号，可以定位图 3-14 中的任意一个元素，元素值即为输出。

置换选择的实现代码如下：

```
#置换选择
S_1 = [[ 14, 4, 13, 1, 2, 15, 11, 8, 3, 10, 6, 12, 5, 9, 0, 7 ],        #❶诸 S 盒定义
       [ 0, 15, 7, 4, 14, 2, 13, 1, 10, 6, 12, 11, 9, 5, 3, 8 ],
       [ 4, 1, 14, 8, 13, 6, 2, 11, 15, 12, 9, 7, 3, 10, 5, 0 ],
       [ 15, 12, 8, 2, 4, 9, 1, 7, 5, 11, 3, 14, 10, 0, 6, 13 ]]

S_2 = [[ 15, 1, 8, 14, 6, 11, 3, 4, 9, 7, 2, 13, 12, 0, 5, 10 ],
       [ 3, 13, 4, 7, 15, 2, 8, 14, 12, 0, 1, 10, 6, 9, 11, 5 ],
       [ 0, 14, 7, 11, 10, 4, 13, 1, 5, 8, 12, 6, 9, 3, 2, 15 ],
       [ 13, 8, 10, 1, 3, 15, 4, 2, 11, 6, 7, 12, 0, 5, 14, 9 ]]

S_3 = [[ 10, 0, 9, 14, 6, 3, 15, 5, 1, 13, 12, 7, 11, 4, 2, 8 ],
       [ 13, 7, 0, 9, 3, 4, 6, 10, 2, 8, 5, 14, 12, 11, 15, 1 ],
       [ 13, 6, 4, 9, 8, 15, 3, 0, 11, 1, 2, 12, 5, 10, 14, 7 ],
       [ 1, 10, 13, 0, 6, 9, 8, 7, 4, 15, 14, 3, 11, 5, 2, 12 ]]

S_4 = [[ 7, 13, 14, 3, 0, 6, 9, 10, 1, 2, 8, 5, 11, 12, 4, 15 ],
       [ 13, 8, 11, 5, 6, 15, 0, 3, 4, 7, 2, 12, 1, 10, 14, 9 ],
       [ 10, 6, 9, 0, 12, 11, 7, 13, 15, 1, 3, 14, 5, 2, 8, 4 ],
       [ 3, 15, 0, 6, 10, 1, 13, 8, 9, 4, 5, 11, 12, 7, 2, 14 ]]

S_5 = [[ 2, 12, 4, 1, 7, 10, 11, 6, 8, 5, 3, 15, 13, 0, 14, 9 ],
       [ 14, 11, 2, 12, 4, 7, 13, 1, 5, 0, 15, 10, 3, 9, 8, 6 ],
       [ 4, 2, 1, 11, 10, 13, 7, 8, 15, 9, 12, 5, 6, 3, 0, 14 ],
       [ 11, 8, 12, 7, 1, 14, 2, 13, 6, 15, 0, 9, 10, 4, 5, 3 ]]

S_6 = [[ 12, 1, 10, 15, 9, 2, 6, 8, 0, 13, 3, 4, 14, 7, 5, 11 ],
       [ 10, 15, 4, 2, 7, 12, 9, 5, 6, 1, 13, 14, 0, 11, 3, 8 ],
       [ 9, 14, 15, 5, 2, 8, 12, 3, 7, 0, 4, 10, 1, 13, 11, 6 ],
       [ 4, 3, 2, 12, 9, 5, 15, 10, 11, 14, 1, 7, 6, 0, 8, 13 ]]

S_7 = [[ 4, 11, 2, 14, 15, 0, 8, 13, 3, 12, 9, 7, 5, 10, 6, 1 ],
       [ 13, 0, 11, 7, 4, 9, 1, 10, 14, 3, 5, 12, 2, 15, 8, 6 ],
       [ 1, 4, 11, 13, 12, 3, 7, 14, 10, 15, 6, 8, 0, 5, 9, 2 ],
       [ 6, 11, 13, 8, 1, 4, 10, 7, 9, 5, 0, 15, 14, 2, 3, 12 ]]
```

```
S_8 = [[ 13, 2, 8, 4, 6, 15, 11, 1, 10, 9, 3, 14, 5, 0, 12, 7 ],
       [ 1, 15, 13, 8, 10, 3, 7, 4, 12, 5, 6, 11, 0, 14, 9, 2 ],
       [ 7, 11, 4, 1, 9, 12, 14, 2, 0, 6, 10, 13, 15, 3, 5, 8 ],
       [ 2, 1, 14, 7, 4, 10, 8, 13, 15, 12, 9, 0, 3, 5, 6, 11 ] ]


# 48 位压缩成 32 位
def press(source) :
    ret = [0]*32
    temp =   [([0] * 6) for i in range(8)]
    S=[S_1,S_2,S_3,S_4,S_5,S_6,S_7,S_8]
    st=[]
    for i in range(8):                       #❷将 48 位输入分成 8 个组
        for j in range(6):
            temp[i][j] = source[i * 6 + j]
    print(temp)
    for i in range(8):
        x = temp[i][0] * 2 + temp[i][5]      #❸最高位和最低位组成二进制数作为 x
        y = temp[i][1] * 8 + temp[i][2] * 4 + temp[i][3] * 2+ temp[i][4]#❹2345 组成
                                             #二进制数作为 y

        val = S[i][x][y]
        ch = dec2hex(str(val))
        st.append(ch)
    ret = string2Binary(st)
    ret = dataP(ret)# ❺置换 P
    return ret
```

上述代码首先给出各 S 盒的定义❶；然后将输入的数据分成 8 个 6 bit 分组❷；接下来将每个分组的最高位和最低位组成二进制数作为 x❸；再将 2345 组成二进制数作为 y❹，最后，用 x、y 在 S 盒表中查出输出值。上述代码还调用了函数 dataP 完成 P 盒置换❺，P 盒的定义如图 3-15 所示。

图中数字为二进制数的脚标序号。

```
16   7  20 21
29  12  28 17
 1  15  23 26
 5  18  31 10
 2   8  24 14
32  27   3  9
19  13  30  6
22  11   4 25
```

图 3-15   P 盒定义

P 盒置换的实现代码如下：

```
# P 盒
def dataP( source):
    dest = [0]*32
    temp = [ 16, 7, 20, 21, 29, 12, 28, 17, 1, 15, 23, 26, 5, 18, 31,
            10, 2, 8, 24, 14, 32, 27, 3, 9, 19, 13, 30, 6, 22, 11, 4, 25 ]
    le = len(source)
    for i in range(le):
        dest[i] = source[temp[i] - 1]
    return dest
```

P 盒置换与 IP 置换类似，也是进行了位置变换。

(4) 与左半部分混合。与左半部分进行异或操作后交换输出，与上面步骤 3)操作类似，不再赘述。

3. DES 子密钥的生成

在进行各轮循环时，使用的密钥是不同的子密钥，要生成子密钥首先将输入 DES 的 64bit 密钥经过一个置换运算(其置换规则与上文 IP 矩阵类似)；然后将 64 bit 分成 8 组，每组 8bit，仅取每组前 7 bit 组成 56 bit 密钥，则每个子密钥为 48 bit；再进行如图 3-16 所示的移位操作，就生成了子密钥。

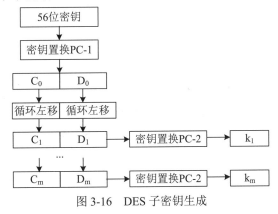

图 3-16 DES 子密钥生成

1) 密钥置换 PC-1

为了生成 48 bit 子密钥，需要进行子置换，其输入数据为旋转后得到的密钥舍去其中 8 bit(8、16、24、32、40、48、56、64 位)，而后再用一个 6×8 的矩阵进行置换，代码如下：

```
# 密钥第一次置换，64 位变 56 位(8 的倍数脚标都没有引用)，并进行一次密钥置换
def keyPC_1(source):
    dest = [0]*56
    temp = [ 57, 49, 41, 33, 25, 17,  9,
             1, 58, 50, 42, 34, 26, 18,
            10,  2, 59, 51, 43, 35, 27,
            19, 11,  3, 60, 52, 44, 36,
```

```
                    63, 55, 47, 39, 31, 23, 15,

                    7, 62, 54, 46, 38, 30, 22,

                    14,   6, 61, 53, 45, 37, 29,

                    21, 13,   5, 28, 20, 12,   4 ]
        for i in range(56):

            dest[i] = source[temp[i] - 1]

        return dest
```

2）循环左移

56 bit 密钥首先被分成两部分，这两部分将会各自循环移位。其移位规则为在第 1、2、9、16 轮时，两个子部密钥向左循环移位 1 bit，在其他轮时，两个子部密钥向左循环移位 2 bit。可以发现，16 轮过后，两个子部密钥正好旋转了 28 bit，即旋转一周。

实现代码如下：

```
# 每次密钥循环左移位数
LS = [ 1, 1, 2, 2, 2, 2, 2, 2, 1, 2, 2, 2, 2, 2,2, 1 ]


# 密钥左移操作
def keyLeftMove( source, i):
    temp = 0
    global LS
    le = len(source)
    ls = LS[i]#❶得到左移位数
    for k in range(ls):
        temp = source[0]#❷每次循环时将最左侧位数值记录下来
        for j in range(le-1):
            source[j] = source[j + 1]#❸左移一位
            source[le - 1] = temp#❹把最左侧一位补到右侧
    return source
```

上述代码中，根据轮次 i 获得当前轮次移位数 ls❶；每次循环时将最左侧(0 位)位数值记录下来❷；然后❸左移一位；❹最后把最左侧一位补到右侧，每完成一次移位操作就可以得到一个子密钥。

3）密钥置换 PC-2

子密钥的置换 PC-2 实现代码如下：

```
# 密钥第二次置换，56 位变 48 位(9、18、22、25、35、38、43、54 都没有引用)，# 并进行一
次密钥置换
def keyPC_2(source):
    dest = [0]*48
    temp = [ 14, 17, 11, 24, 1,   5,
             3, 28, 15,   6, 21, 10,
```

```
                23, 19, 12,  4, 26,  8,
                16,  7, 27, 20, 13,  2,
                41, 52, 31, 37, 47, 55,
                30, 40, 51, 45, 33, 48,
                44, 49, 39, 56, 34, 53,
                46, 42, 50, 36, 29, 32 ]
    for i in range(48):
        dest[i] = source[temp[i] - 1]
    return dest
```

DES 加解密算法相同，解密子密钥使用顺序与加密子密钥相反。

此外，直接对各数据独立进行 DES 加密的模式称为 ECB(电子电报密码本 Electronic Code Book)，其缺点是：可能遭受对明文的主动攻击，信息块可被替换、重排、删除或重放。为了抵御这种密码本的攻击风险，DES 通过初始化向量(IV)和分组密码块之间的相互链接，实现了多种改进模式，其中，CBC(密码分组链接 Cipher Block Chaining)加密将前分组加密结果作为输入与后一分组进行混合，如图 3-17 所示，其安全性好于 ECB，适合传输长度大于 64 位的报文，还可以进行用户鉴别，是大多系统的标准加密算法，如 SSL、IPSec；CFB(密码反馈方式 Cipher Feed Back)特别适于用户对数据格式的需要，它能隐蔽明文数据图样，也能检测出对手对于密文的篡改；OFB(输出反馈方式 Out Feed Back)用于高速同步系统。以上这些 DES 的工作模式，本文将不再赘述。

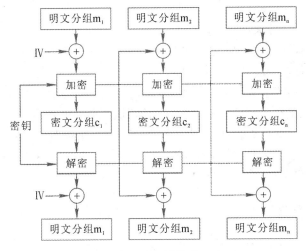

图 3-17　密码分组链接 CBC 加密

3.4　序　列　密　码

3.4.1　序列密码原理

序列一般指二进制数据流，而序列密码则是针对二进制数据流的加密。序列密码的加密变换只改变一位明文，故它可以看成是块长度为 1 的分组密码。序列密码是各国军事和外交等领域使用的主要密码体制，其主要问题是生成密钥流周期长、复杂度高，但是它的密钥随机特性足够好，从而使之可以尽可能地接近一次一密的密码体制。

序列密码的工作流程如图 3-18 所示。一方面将种子密钥 k 导入密钥序列生成器，生成的密钥流与明文流 m_i 进行加密，从而生成密文流，然后在公开信道中传输；另一方面通过安全信道将种子密钥 k 传给接收方，接收方亦将种子密钥 k 导入密钥序列生成器(注意要与发送方严格同步)，生成密钥流，并与密文流进行解密，进而恢复出明文流 m_i。

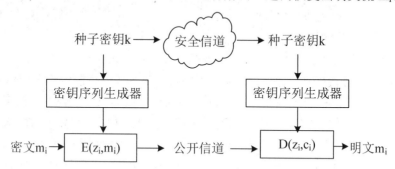

图 3-18　序列密码工作流程

对于二进制的明文流，E 和 D 的操作，一般是异或操作。

序列密码的关键在于获得良好的伪随机序列。这个序列应尽量满足以下条件：

(1) 0、1 分布均匀；

(2) 0、1 游程分布平衡；

(3) 所有异相自相关函数值相等；

(4) 序列的周期足够大，如大于 1050；

(5) 序列易于高速生成；

(6) 序列的不可预测性足够大。

目前通信用的伪随机序列密钥流，都是由伪随机序列发生器的硬件设备产生的。发生器一般包括驱动部分和非线性组合部分，其中驱动部分用一个或多个长周期线性反馈移位寄存器构成，它将控制生成器的周期和统计特性；非线性组合部分对驱动器各输出序列进行非线性组合，控制和提高生成器输出序列的统计特性、线性复杂度和不可预测性等。

3.4.2　随机序列密码

本节介绍序列密码编程技术，分为程序设计和序列生成两部分。

1. 序列密码程序设计

以下是序列密码的 Python 实现代码(Stream.py)：

```
# Stream Ciphers
import random


before = input('输入待加密明文！\n')
after = ""
```

```
seq=[random.randrange(63, 68) for i in range(0,len(before))]#❶与消息 before 等长的随机序列
print("\n","产生随机序列： ",seq,"\n")


for i in range (len(before)):                              #❷加密过程
    after += chr(ord(before[i])^seq[i])


print('明文: ',before,'\n')
print('密文: ',after,'\n')


revert = ""
for i in range (len(before)):
    revert += chr(ord(after[i])^seq[i])                    #❸解密过程


print('恢复后的明文: ',revert,'\n')
```

上述代码生成一个与消息等长的随机序列❶；序列与消息按位异或❷；接收端将密文与随机序列再次异或就可以恢复出明文(注意收发双方进行异或操作一定要保证严格同步)❸。

2. 伪随机序列生成

序列密码的关键在于伪随机序列的生成。伪随机序列又称为伪噪声序列，二进制伪随机序列在信号同步、扩频通信和多址通信等领域得到了广泛的应用。例如，在扩频通信中，使用伪噪声序列作为扩频信号，可使得扩频后的信号具有很宽的频谱，因此具有频谱密度很小的特性。实际应用中通常采用的是 M 序列。所谓 M 序列，就是最长线性移位寄存器序列的简称。

下面是 Python 实现代码(M.py)：

```
#生成伪随机序列
def real_calculate_prbs(value, expression):             #❶real_calculate_prbs 生成伪随机序列
    value_list = [int(i) for i in list(value)]          #❷将字符串 value 转化为列表
    pseudo_random_length = (2 << (len(value) - 1))-1    #计算伪随机序列周期长度
    sequence = []


    for i in range(pseudo_random_length):               #❸产生规定长度的伪随机序列
        mod_two_add = sum([value_list[t-1] for t in expression])
        xor = mod_two_add % 2
        #计算并得到伪随机序列的状态值
        value_list.insert(0, xor)
        sequence.append(value_list[-1])
        del value_list[-1]
```

```
        return sequence

if __name__ == '__main__':
    result_data = real_calculate_prbs("1111", [4, 1])
    print(result_data)
```

上述代码利用函数 real_calculate_prbs 生成伪随机序列，其中 value 是二进制表示的生成序列的位数，expression 表示从 value 中提取的数，该函数将 value 转化为列表，作为初始种子❷；接着，采用将提取的两位相加对 2 求模的方法得到新的一位二进制数，插入序列的最前面，如此反复，直到序列达到 value 要求的长度❸。

随机数生成的方法还有很多，在此就不一一介绍了。

3.5 公 钥 密 码

3.5.1 公钥密码思想

公钥密码将加、解密分开，采用两个不同密钥，其中一个密钥公开，称为公钥，另一个密钥为用户私有，称为私钥。公私钥之间相互关联，但利用公钥求私钥在计算上不可能实现。

公钥加密具有很多对称密码体制所共有的特点，具体可以概括如下：

(1) 密钥分发简单，存储量小；

(2) 不仅能加密，还能完成数字签名、密钥协商等；

(3) 适用于网络，实现不相识用户间保密安全通信。

上述这些特点也是公钥密码的优势所在。公钥密码使密码应用发生了革命性变化，为密码学的发展开辟了新的方向。然而公钥密码的设计需要更复杂的数理基础，其对设计的要求更加严格，应至少满足以下要求：

(1) 密钥对的产生在计算上容易；

(2) 加解密计算在计算上容易；

(3) 由公钥求私钥在计算上不可行；

(4) 由密文和接收者的公钥恢复明文在计算上不可行。

基于上述要求，密码学家一般是围绕着一个具有单向性的数学难题而设计，常见的此类数学难题有大整数因子分解、多项式求解、椭圆曲线、离散对数等，因篇幅所限，本书无法对这些密码算法进行一一介绍，下面主要介绍 RSA 算法及其编程实现。

3.5.2 RSA 算法

1. RSA 算法基础

RSA 算法是 1978 年由 R.Rivest、A.Shamir 和 L.Adleman 提出的一种用数论构造的、也是迄今为止理论上最为成熟和完善的公钥密码体制，该体制已得到广泛的应用。它是建立在大数分解难题上的，既可用于加密，也可用于数字签名。大数分解难题就是：若已知两个大素数 p 和 q，求 n=p×q 只需一次乘法，但若已知 n，求 p 和 q，则是一个要攻克的难题。

RSA 的核心算法利用了欧拉公式的下面性质(推导略)：

$$(m^e)^d \bmod n=c$$
$$(c^d)^e \bmod n=m$$

其中，关键就是找到 n、e、d。三者的关系是：d 为 e 的模 φ(n) 逆元。如果三个数足够大，就极难由其中一部分猜到另外部分，这就是 RSA 的安全基础和加解密基本思想。

2. RSA 算法编程

1) 密钥生成

RSA 通过下面步骤生成密钥，并将其中的公钥与用户身份绑定，再加上发布者(通常是 CA)的数字签名，构成证书，密钥生成的过程如下：

(1) 随机选取 1 个素数对(p，q)，并保密；

(2) 计算公共模数 n=p×q，计算欧拉数 φ(n)=(p-1)(q-1) ；

(3) 计算加密指数，选一整数 e，满足 1<e<φ(n)，且 gcd(φ(n),e)=1；

(4) 计算模 φ(n) 的逆元 d，满足 de≡1 mod φ(n) ；

(5) 生成公钥、私钥，以 {e, n} 为公钥，{d, p, q} 为私钥。

上述过程如图 3-19 所示。

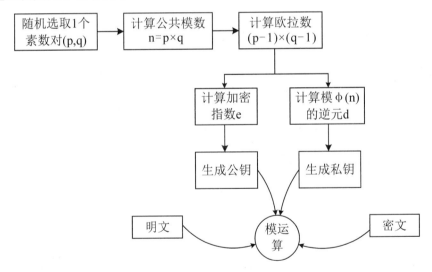

图 3-19　RSA 加密算法流程及加密过程

基于上述计算，对于 RSA 的公钥与私钥的生成，Python 可以采用以下两种方法实现。

方法一：采用 RSA 的算法数值逐步计算实现(RSA_Key_Generator_no_module.py)。

这种方法严格按照上述五步计算步骤，从素数选取直至生成公钥和私钥对，具体代码设计如下所示。

第一步，产生一个大素数：

素数是 RSA 的基础，为了取得足够的安全性，所选的素数应该足够大。目前找到素数的方法主要是采用筛选的方法，包括埃氏筛法、欧拉筛法等，下面代码采用拉宾米勒方法获得素数。

```python
#产生一个拉宾米勒方法素数
import random, sys, os
def generateLargePrime(keysize=1024):
    while True:
        num = random.randrange(2**(keysize-1), 2**(keysize)) #❶生成随机数
        if isPrime(num):
            return num


def isPrime(num):
    if (num < 2):
        return False
    lowPrimes = [2, 3, 5, 7, 11, 13, 17, 19, 23, 29, 31, 37, 41, 43, 47,
                53, 59, 61, 67, 71, 73, 79, 83, 89, 97, 101, 103, 107,
                109, 113, 127, 131, 137, 139, 149, 151, 157, 163, 167,
                173, 179, 181, 191, 193, 197, 199, 211, 223, 227, 229,
                233, 239, 241, 251, 257, 263, 269, 271, 277, 281, 283,
                293, 307, 311, 313, 317, 331, 337, 347, 349, 353, 359,
                367, 373, 379, 383, 389, 397, 401, 409, 419, 421, 431,
                433, 439, 443, 449, 457, 461, 463, 467, 479, 487, 491,
                499, 503, 509, 521, 523, 541, 547, 557, 563, 569, 571,
                577, 587, 593, 599, 601, 607, 613, 617, 619, 631, 641,
                643, 647, 653, 659, 661, 673, 677, 683, 691, 701, 709,
                719, 727, 733, 739, 743, 751, 757, 761, 769, 773, 787,
                797, 809, 811, 821, 823, 827, 829, 839, 853, 857, 859,
                863, 877, 881, 883, 887, 907, 911, 919, 929, 937, 941,
                947, 953, 967, 971, 977, 983, 991, 997]
    if num in lowPrimes:
        return True
    for prime in lowPrimes:                    #❷用 1000 以内的素数检验
        if (num % prime == 0):
            return False
    return rabinMiller(num)


def rabinMiller(num):
    s = num - 1
    t = 0
    while s % 2 == 0:
```

```
            s = s // 2
            t += 1
    d=s
    for trials in range(5): # ❸随机找 5 个 a，进行测试
        a = random.randrange(2, num - 1)
        v = pow(a, d, num)              # a 的 s 次方，对 num 求余
        if v != 1:
            i = 0
            while v != (num - 1):
                if i == t - 1:
                    return False
                else:
                    i = i + 1
                    v = (v ** 2) % num
    return True
```

迄今为止，素数的寻找始终是一个数学界的难题，卡内基梅隆大学的计算机系教授 Gary Lee Miller 首先提出了基于广义黎曼猜想的确定性算法，由于广义黎曼猜想并没有被证明，其后由以色列耶路撒冷希伯来大学的 Michael O. Rabin(米勒-拉宾)教授作出修改，提出了不依赖于该假设的随机化算法，即米勒-拉宾素性检验。米勒-拉宾素性检验是一种素数判定法则，利用随机化算法判断一个数是合数还是素数，具体定义如下所述。

假设 n 是一个奇素数，且 n>2，于是 n − 1 是一个偶数，所以必能被表示为 $2^s \times d$ 的形式，s 和 d 都是正整数且 d 是奇数。对任意在 2 到 n − 1 范围内的 a 和 $1 \leqslant r \leqslant s - 1$，必满足以下两种形式的一种：

$$a^d \equiv 1 \bmod n$$

$$a^{2^r d} \equiv 1 \bmod n$$

上述代码中，首先调用 randrange 函数返回 2^{key-1} 到 2^{key} 范围内随机选择的一个随机数 ❶；然后用 1000 以内的素数与该随机数作除法，检验是否可以整除❷；如果通过 5 次检验，且满足 $a^d \equiv 1 \bmod n$ 则认定该随机数为素数❸。

第二步，计算 n 与 Φ(n)。

利用第一步方法选取两个素数 p 和 q，则 n 很容易计算，将第一步 p 和 q 相乘即可。由于 n 是两个素数的积，所以根据欧拉函数的性质，n 的欧拉数即为 Φ(n)=(p-1)(q-1)。

第三步，选取满足 1<e< Φ(n)，且 gcd(Φ(n),e)=1 的 e。

为了简便，不妨再次使用第一步方法，找到一个小于 Φ(n)的素数即可满足 e 的要求(互素才存在逆元)。

第四步，计算 d。

逆元的定义是：设整数 a、b 不同时为零且互素，则存在一对整数 m、n，使得 gcd(a，b)=am+bn=1，a 为 m 的模 n 的逆元，b 为 n 模 m 的逆元。以 1848 与 701 为例，29

就是 701 的模 1848 逆元，计算过程如图 3-20 所示。在计算中先使用扩展欧几里得算法(左侧求最大公约数)，利用计算过程对结果采用扩展欧几里得算法(右侧求逆元)反向推导，得到表达式：

$$1848×(-11)+701×29=1$$

该式即为上述 gcd(a,b) = am+bn=1 表达式，从中很容易得出逆元。

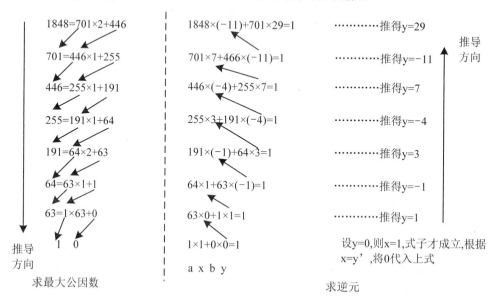

图 3-20　逆元计算过程

此处，d 即为 e 的模 φ(n)逆元，根据上述逆元的计算方法可以采用欧几里得扩展算法求模逆，实现代码如下：

```
#求逆元 a 的模 m 逆元
def ext_gcd(m,a): #扩展欧几里得算法
    if a== 0:
        return 1, 0
    else:
        x,y = ext_gcd(a, m%a)      #❶递归直至余数等于 0(需多递归一层用来判断)
        x,y = y,(x-(m//a)*y)       #❷辗转相除法反向推导每层 a、b 的因子使得：
                                   #gcd(a,b)=ax+by 成立
    return x,y
```

上述代码递归直至余数等于 0❶；然后用辗转相除法反向推导每层 a、b 的因子使得 gcd(a,b)=ax+by 成立，则 x、y 为所求逆元。

第五步，生成公钥私钥对。

如前所述，{e, n}为公钥，{d, p, q}为私钥。

方法二：利用第三方库工具实现。

这种方法基于 RSA 库生成公钥和私钥，RSA 库安装很简单(pip install rsa)，如图 3-21 所示。

图 3-21　安装 RSA 库

安装后，生成公钥(pubkey)和私钥(privkey)的代码如下：

```python
import rsa


# 512 这个数字表示可以加密的字符串长度，可以是 1024、4096 等
(pubkey, privkey) = rsa.newkeys(512)
(pubkey, privkey) = rsa.newkeys(512, poolsize=8)   # 使用多进程加速生成
```

上述代码利用 rsa 模块生成指定长度的(公钥,私钥)元组。注意，生成密钥的时间可能较长。通常生成的公钥和私钥需要以文件的方式保存起来，下面代码用于公钥、私钥的文件保存与装入的实现。

```python
# -----------------------------生成公钥、私钥并保存到文件---------------------------
f, e = rsa.newkeys(512)
e = e.save_pkcs1()   # 保存为 .pem 格式
with open("e.pem", "wb") as x:   # 保存私钥
    x.write(e)
f = f.save_pkcs1()   # 保存为 .pem 格式
with open("f.pem", "wb") as x:   # 保存公钥
    x.write(f)


# -------------------------------从文件中导出并装入公钥、私钥-------------------------
with open("e.pem", "rb") as x:
    e = x.read()
    e = rsa.PrivateKey.load_pkcs1(e)     # load 私钥

with open("f.pem", "rb") as x:
    f = x.read()
    f = rsa.PublicKey.load_pkcs1(f)
```

公钥与私钥的文件存储格式为.pem 格式，如图 3-22 所示。

图 3-22　公钥(上图)与私钥(下图)的.pem 存储格式

在读取.pem 格式文件后，需要使用 rsa.PrivateKey.load_pkcs1、rsa.PublicKey.load_ pkcs1 将私钥与公钥装入才能进行使用。装入后的密钥格式(与 rsa.newkeys 产生时的格式相同)，形如：

b'i\xcd\xbeV!\x1f\xdf\xe2a\xd5\xae\x8a\xa7!\xb4\xb3T\x12\x8d\xfaX\xbbWwg\xcc\xdd\x94\xa2\r*\x80\xabu\xec|\xa6\xacO\xa0d\xb0\'8J\x01\xd2\x9au"k\x99\xab>\xd8\xf7\x1d7\xd4\xc9P\xe4T\xce'

上述密钥是以字节为单元的格式表示。

2) RSA 加密模式

公钥密码体制利用公钥加密，私钥解密的加密模式。公钥可以从公开渠道获取，因此就免去了一对一的密钥分发问题。经过公钥加密的明文，只能被拥有对应私钥的用户解密，因此确保了数据安全。

RSA 的加密代码如下(使用方法二自行生成的公钥和私钥)。

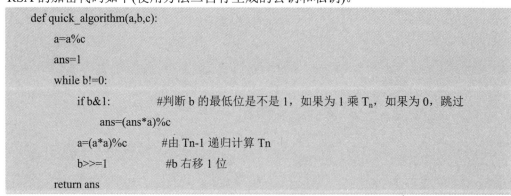

```
def quick_algorithm(a,b,c):
    a=a%c
    ans=1
    while b!=0:
        if b&1:          #判断 b 的最低位是不是 1，如果为 1 乘 Tn，如果为 0，跳过
            ans=(ans*a)%c
        a=(a*a)%c        #由 Tn-1 递归计算 Tn
        b>>=1            #b 右移 1 位
    return ans
```

上述代码在求解过程中，采用了 Python 的快速幂模算法，其核心思想在于：将大数的幂运算拆解成了相对应的乘法运算，利用下式：

$$(a \times b)\%c = (a\%c) \times (b\%c)\%c$$

以求解 $a^b\%c$ 为例，并有 a,b<c。

由于数 b 可以表示为二进制形式：$b = b_0 + b_1 \cdot 2^1 + b_2 \cdot 2^2 + \cdots + b_n \cdot 2^n$，所以有：

$$a^b\%c = [(a^{b_0}\%c) \cdot (a^{b_1 \cdot 2^1}\%c) \cdot (\cdots) \cdot (a^{b_n \cdot 2^n}\%c)]\%c$$

对上式进行讨论，b 的二进制系数 b_n 的取值是 0 或 1，取 0 时，项 $a^{b_n \cdot 2^n}\%c = a^0\%c = 1$；取 1 时，$a^{b_n \cdot 2^n}\%c = a^{2n}\%c = a^{(2^{n-1}+2^{n-1})}\%c = [(a^{2^{n-1}}\%c) \cdot (a^{2^{n-1}}\%c)]\%c$，即

$$T_n = a^{2n}\%c = [T_{n-1} \cdot T_{n-1}]\%c$$

形成递归，则 $T_0 = a\%c$，$T_1 = [T_0 \cdot T_0]\%c$，$T_2 = [T_1 \cdot T_1]\%c$，以此类推。

由此可见，上述代码可以快速计算 $a^b\%c$，并从右向左逐位判断 b 的各位，如果是 0 跳过，如果是 1 乘 T_n，循环直到右移 b 变成 0 为止，然后输出求余结果。每次循环通过递归，计算 T_n。如此反复，运算始终会将数据量控制在 c 的范围以下，这样就可以克服朴素模式算法的缺点，极大地压缩了计算的数据量，当指数非常大的时候这个优化更加显著。

RSA 的加解密代码如下：

```
cipher=quick_algorithm(plain,pu,n)

plain=quick_algorithm(cipher,pr,n)
```

3) RSA 认证模式

公钥密码体制实现过程中，如果利用私钥加密，公钥解密，则将这种实现称为认证模式。因为只有拥有私钥的用户，才能加密出所声明身份对应公钥(数字证书中包含，由 CA 颁发)可以解密的密文，从而进行身份验证。

RSA 的签名代码如下(采用方法二 RSA 模块提供的函数工具)：

```
sign = rsa.sign(raw_data, e, "MD5") # 使用私钥进行'MD5'签名，e 为私钥
```

RSA 的验证代码如下：

```
verify = rsa.verify(raw_data, sign, f)  # 使用公钥验证签名，f 为公钥
```

raw_data 为签名前的数据，sign 为经过私钥签名(加密)的输出值。

可见，认证模式与加密模式相比，只是使用公钥、私钥的顺序不同。

3.5.3　DH 算法

1. DH 算法基础

现代密码学，秘密全部寓于密钥中，所以密钥分发就成为一个重要问题。虽然，公钥密码体制一定程度上解决了该问题，但是在现代信息系统中，对称密码还占据着很大的应用领域，如何进行对称密钥分发的难题依然无法回避。进一步而言，由于任何密钥都有使用期限，因此密钥的定期(或不定期)更换是密钥管理的一个基本任务。为了尽量减少人为参与，密钥的分配需要尽可能地自动进行。

1976 年，W.Diffie 和 M.E.Hellman 提出，让 A 和 B 两个陌生人之间建立共享秘密密钥的公开密钥算法，称为 Diffie-Hellman 算法(简称 DH 算法)。DH 算法利用了原根的性质，即

$$Y_A^y = Y_B^x = g^{xy} \bmod p$$

利用该性质，用户双方可以在不公开自己秘密的情况下，与对方交换混合，就可以得到相同的计算值，作为后续对称加密时的密钥，也就是完成了密钥协商，具体过程如图 3-23 所示。

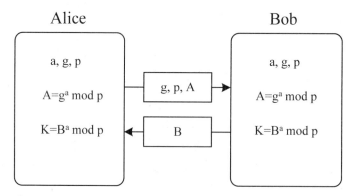

$$K=A^b \bmod p==（g^a \bmod p)^b \bmod p=g^{ab} \bmod p=(g^b \bmod p)^a \bmod p=B^a \bmod p$$

图 3-23   DH 算法

在 DH 密钥交换算法中，选择的单向函数是模指数运算。由于它的逆过程是离散对数问题，根据公钥密码的理论可知，它具有很高的安全性。

2. DH 算法编程

DH 算法的工作顺序如下：

(1) Alice 选一个素数 p；

(2) 找到这个素数的原根，从众多原根中选择其中一个 g；

(3) 选一个小于已选定的素数 p 的随机整数(私钥)a，并计算 $g^a \bmod p$ 得到公钥 A，形成公钥私钥对，并将 g、p、A 通过公开信道发送给对方 Bob；

(4) Bob 接收到 g、p、A 后，选定一个小于 p 的素数作为自己的私钥 b，一方面计算 $g^b \bmod p$ 得到公钥 B，将 B 发送给 Alice，另一方面通过计算 $A^b \bmod p$ 得到会话密钥 K；

(5) Alice 收到 B 后，通过计算 $B^a \bmod p$ 亦可得到会话密钥 K。

DH 算法的 Python 实现代码如下：

```
# 随机找一个大于 n 的素数
def prime_num(n):
    r=list()                      #❶创建一个空 list
    r.append(2)                   #添加元素 2

    for i in range(3,n*10):       #❷从 3 开始挨个筛选
                                  #为了增加导出 n 位素数的成功率，找到 n 的 10 倍
        b=False
        for j in r:               #用 a 除以小于 a 的质数 b
            if i%j==0:
                b=False
                break
            else:
                b=True
```

```
            if b==True:
                r.append(i)


    output=r[0]
    while output<n:
        random.shuffle(r)          #❸打乱列表顺序
        output=r[0]                # 把第一个数输出作为选定素数
    return output
```

上述代码给出了一种不同于前面的素数寻找方法。首先创建一个放置素数的空列表 list❶；然后通过除以已知素数(list 中存储)的方法，依次找出 2 到 10×n 内的所有素数❷；接下来，对 list 进行随机排序，找出第一个素数作为输出❸。

下面代码用于找到素数的原根。

```
def euler(a):                      # ❶欧拉函数-暴力循环，计算 a 的欧拉数
    count=0
    for i in range(1,a):
        if gcd(a,i)==1:
            count+=1
    return count


def gcd(a,b):                      # ❷用辗转相除求最大公因子
    r=a%b


    while(r!=0):
        a=b
        b=r
        r=a%b
    return b


def order(a,n,b):                  # ❸当且仅当 i 为 n 的时候 $b^i \equiv 1 \bmod a$ 成立
    p=1
    while(p<=n and (b**p%a!=1)):
        p+=1
    if p<=n:
        return p
    else:
        return -1


def primitive_root(a):             # 求任意数原根
```

```
        n=euler(a)
        prim=[]
        for b in range(2,a):
            if order(a,n,b)==n:
                    prim.append(b)
    return prim
```

上述代码采用欧拉函数-暴力循环方法求 a 的原根。该方法利用欧拉函数-暴力循环获得 a 的欧拉数 n，即 $\Phi(a)$❶；然后采用辗转相除求最大公因子，判断最大公约数是否为 1 从而判断是否与 a 互质❷；接着利用原根性质依次判断 b 是否为 a 的原根；判断的方法是，依据原根性质：如果 b 是 a 的原根，则，$b^i \equiv 1 \bmod a$，$2 \leqslant i \leqslant \Phi(a)$，当且仅当 i 为 $\Phi(a)$的时候成立❸。

Alice 在完成素数 g 和原根 p 的计算后，通过调用函数 dhAlgorith，选择一个随机素数作为私钥 a，并通过计算 $g^a \bmod p$ 得到其公钥 A，函数 dhAlgorith 代码如下：

```
#------------------------------生成公钥私钥------------------------------
#双方都要调用一次 dhAlgorith,在得到对方密文后都要调用一次 dhSessionKey
#P 是输入的素数，G 是输入的 P 的一个原根
def dhAlgorithm(P,G):
    #生成随机数 a
    random.seed(time.time())
    a= random.randint(1,P-2)
    #生成用户一公钥
    A=(G**a)%P
    #返回公钥和私钥对
    return (a,A)
```

Alice 将 g、p、A 发送给 Bob，Bob 再次调用函数 dhAlgorith，选择一个随机素数作为私钥 b，并通过计算 $g^b \bmod p$ 得到其公钥 B，并将 B 发送给 Alice。

双方都知道 g、p 和对方的公钥，各方还拥有自己的私钥。利用计算可以分别得到会话密钥，且会话密钥完全一致。

计算会话密钥 K 的函数代码如下：

```
#------------------------------生成会话密钥------------------------------
#c 为对方用户的公钥，P 为输入的素数,b 为当前用户的私钥
def dhSessionKey(P,b,c):
    #会话密钥 k
    k=(c**b)%P
    return k
```

DH 算法是为交换密钥而设计的，它确保两个用户可以安全地交换，使双方获得一个共同的密钥，以便使用该密钥进行后续的报文加密。DH 算法广泛应用在许多商用产品上。

3.6　单　向　函　数

3.6.1　单向函数算法基础

杂凑(Hash)函数也叫散列函数，它是密码学的一个重要分支，是一种将任意长度的输入变换为固定长度输出的、不可逆的单向密码体制。它在数字签名和消息完整性检测等方面有广泛的应用。

单向函数需要具有以下特点：

(1) 计算的单向性；

(2) 由散列值寻找等价明文的困难性；

(3) 寻找等价明文对的困难性。

单向函数不能直接用作密码体制，这是因为它的求逆过程困难，用它加密的信息无法解密。但是，单向函数在密码学领域里却发挥着非常重要的作用，其中一个最简单的应用就是口令保护。我们熟知的口令保护方法是用对称加密算法进行加密，然而，对称加密算法一是必须有密钥，二是该密钥对验证口令的系统必须是可知的，因此意味着验证口令的系统总是可以获取口令的明文。这样在口令的使用者与验证口令的系统之间存在严重的信息不对称，姑且不说系统提供者非法获取用户口令的情况，一旦系统被攻破，可能造成所有用户口令的泄露。使用单向函数对口令进行保护则可以很好地解决这一问题，系统方只存放口令经单向函数运算过的函数值，验证时将用户口令重新计算的函数值与系统中存放的值进行比对。动态口令认证机制多是基于单向函数的应用来设计的(详见 6.2 节介绍)。

单向函数的另一个应用，是大家熟知的用于数字签名时产生信息摘要的单向散列函数。由于公钥密码体制的运算量往往比较大，为了避免对待签文件进行全文签名，一般在签名运算前使用单向散列算法对签名文件进行摘要处理，将待签文件压缩成一个分组之内的定长位串，以提高签名的效率。MD5 和 SHA-1 就是两个被广泛使用的、具有单向函数性质的摘要算法。

H_{MD5} 的算法计算过程如下：

$CV_0=IV$；

$CV_{q+1}=CV_q+RF_I[Y_q,RF_H[Y_q,RF_G[Y_q,RF_F[Y_q,CV_q]]]]$；

$MD=CV_L$；

完整的 MD5 操作过程如图 3-24 所示。

图 3-24 中，任意长的消息被分成 512 bit 长的分组(末尾不足的补 0)，各分组依次经过上述 H_{MD5} 算法处理输出 128 bit 的结果，其中第一组需要与初始向量 IV 混合，后续分组的计算与前一组的 H_{MD5} 输出值混合，最终输出 128bit 的摘要。

常见的单项函数有 MD4(Message-Digest Algorithm4)、 MD5(1991 年输出 128 位)、SHA-1、SHA-2(包括 SHA-224、SHA-256、SHA-384 和 SHA-512，分别输出 224、256、384、512 位)等。

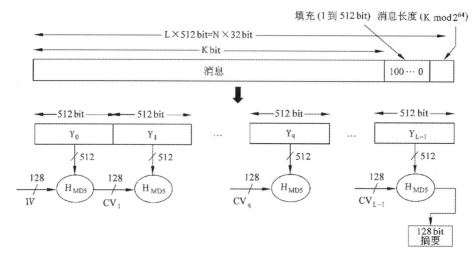

图 3-24　MD5 算法操作过程

3.6.2　单向函数的常用算法

Python 的第三方库 hashlib 提供常见的 hash 方法，直接调用相应的方法就可以实现。hashlib 的安装方法也是利用 pip 工具，使用 pip install hashlib 命令，安装过程略。

hashlib 单向函数编程代码如下：

```python
from hashlib import md5
from hashlib import sha256
from hashlib import sha1


def encrypt_sha1(s):                                    # ❶ sha1 算法
    new_sha1 = sha1()
    new_sha1.update("this sha1 ".encode("utf-8"))
    return new_sha1.hexdigest()


def encrypt_sha256(s):                                  # ❷ sha256 算法
    ## 创建 sha256 对象
    new_hash = sha256(s.encode('utf8'))
    ## 传入 bytes 类型
    new_hash.update('alvin'.encode('utf8'))
    ## 产出 hash 值
    return new_hash.hexdigest()


def encrypt_md5(s):                                      # ❸ md5 算法
    # 创建 md5 对象
    new_md5 = md5()                        # 使用 encode()函数对字符串进行编码
```

```
                                        # 否则导致 TypeError 错误
        new_md5.update(s.encode(encoding='utf-8'))
        return new_md5.hexdigest()          # 加密


    def encrypt_file(f):                    # ❹对文件进行哈希
        m = md5()
        for line in f:
                    m.update(line)
        return m.hexdigest()


    def encrypt_password(psw):
        m=md5()
        # 对密码进行加盐(暗号)----------进一步加强密码的安全性
        m.update('This is salt！'.encode('utf-8'))        #❺对密码加盐
        m.update(psw.encode('utf-8'))
        return m.hexdigest()
```

　　hashlib 可以实现多种哈希算法，并且可以对任意长度的对象进行单项计算。上述代码分别实现了 sha1❶、sha256❷、和 md5 算法❸，以及对文件进行哈希算法❹。为了增加哈希安全性，还可以对密码实施"加盐"(标记暗号)的措施❺。

　　密码学在信息安全中占据举足轻重的地位，是保护信息安全的核心屏障。由于密码技术的博大精深，本章只介绍了具有代表性的密码编码方法的编程，关于更多的密码设计以及密码分析虽然没有涉及，但是已经基本展示了 Python 密码编程的基本思想。

思 考 题

1. 什么是密码学，密码体制有哪些要素？
2. 讨论古典密码学的思想和局限有哪些。
3. 绘图并解释 Festiel 网络。
4. 介绍序列密码原理，并解释序列密码的 Python 编程思想。
5. 叙述 RSA 的工作过程。
6. 什么是单向函数，单向函数具有怎样的应用价值？

第 4 章　区块链编程

区块链是近些年兴起的去中心化信任基础平台，它不仅为网络金融活动奠定了坚实的信任基础，还为互联网创造了新的、可靠的合作机制，具有广阔的应用前景。区块链技术对于未来信息安全，乃至各类电子通信系统，甚至人类社会活动都有深远的影响。

本章将详细介绍区块链的 Python 编程方法。

4.1　区块链概述

4.1.1　区块链的概念

1. 区块链的定义

区块链就是一个分布式账本，是一种通过去中心化信任的方式集体维护一个可靠数据库的技术方案。从本质上讲，它是一个共享数据库，存储于其中的数据或信息具有不可伪造、全程留痕、可以追溯、公开透明、集体维护等特征。区块链的实现涉及数学、密码学、互联网和计算机编程等很多科学技术。

区块链可以从不同的角度来理解。从数据的角度来看，区块链是一种几乎不可能被更改的分布式数据库。这里的"分布式"不仅体现为数据的分布式存储，也体现为数据的分布式记录(即由系统参与者共同维护)；从技术的角度来看，区块链并不是一种单一的技术，而是多种技术整合的结果。这些技术以新的结构组合在一起，形成了区块链这种新的数据记录、存储和表达的方式。

2. 区块链的应用

区块链不仅具有广泛的应用空间，甚至被认为对人类未来社会的发展都有着非凡的影响力。从不同的视角观察，区块链对各种网络应用的变革作用都是前所未有的。

从需求端来看，金融、医疗、公证、通信、供应链、域名、投票等领域都开始意识到区块链的重要性，并开始尝试将这种技术与现实社会对接。

从投资端来看，区块链的投资资金供给逐步上升，风投的投资热情也不断高涨，投资密度越来越大，供给端的资金有望推动其进一步发展。

从市场应用来看，区块链能成为一种市场工具，帮助社会削减平台成本，让中间机构成为过去，并且区块链还将促使公司现有业务模式重心的转移，有望加速公司的发展。

从底层技术来看，区块链有望促进数据记录、数据传播及数据存储管理方式的转型。

区块链本身更像一种互联网底层的开源式协议，在不远的将来定会撬动甚至最后彻底取代现有互联网的底层基础协议。

从社会结构来看，区块链技术有望将法律与经济融为一体，彻底颠覆原有社会的监管模式。组织形态会因其而发生改变，区块链也许最终会带领人们走向分布式自治的社会。

4.1.2 区块链的分类

区块链可以分为私有、共有和联合三种。

1. 私有区块链

私有区块链(Private Block Chains)：是指仅仅使用区块链的总账技术进行记账，可以是一个公司，也可以是一个人，独享该区块链的写入权限，这种区块链与其他分布式存储方案没有太大区别。

2. 公有区块链

公有区块链(Public Block Chains)：是指世界上任何个体或者团体都可以发送交易，且交易能够获得该区块链的有效确认，任何人都可以参与其共识过程。公有区块链是最早，也是应用最广泛的区块链。

3. 联合(行业)区块链

行业区块链(Consortium Block Chains)：是指由某个群体内部指定多个预选的节点为记账人，每个块的生成由所有的预选节点共同决定(预选节点参与共识过程)，其他接入节点可以参与交易，但不过问记账过程(本质上还是托管记账，只是变成分布式记账，而预选节点的多少以及如何决定每个块的记账者成为该区块链的主要风险点)，其他任何人可以通过该区块链开放的 API 进行限定查询。

4.1.3 区块链的发展

区块链技术的发展与密码学具有密切联系，它是基于密码技术逐步发展起来的，其发展历程如下：

1976 年，Bailey W. Diffie、Martin E. Hellman 两位密码学大师发表了论文《密码学的新方向》。该论文覆盖了未来几十年密码学所有新的进展领域，包括非对称加密、椭圆曲线算法、哈希等一些手段，奠定了迄今为止整个密码学的发展方向，也对区块链的技术和比特币的诞生起到决定性作用。同年，哈耶克出版了经济学专著《货币的非国家化》，提出了非主权货币、竞争发行货币等理念，成为去中心化货币的精神指南。

1980 年，Merkle Ralf 提出了 Merkle-Tree 这种数据结构和相应的算法，后来其主要用途之一就是分布式网络中数据同步正确性的校验，这也是后来比特币中所引入的，用来做区块同步校验的重要手段之一。

1982 年，Lamport 提出拜占庭将军问题，标志着分布式计算的可靠性理论和实践进入到了实质性阶段。同年，大卫·乔姆提出了密码学支付系统 ECash。人们开始尝试将密码学运用到货币、支付相关的领域。ECash 可以说是密码学货币最早的先驱之一。

1985 年，Koblitz 和 Miller 各自独立提出了著名的椭圆曲线加密(ECC)算法。而此前已发明的 RSA 算法由于计算量过大很难实用，ECC 的提出才真正使得非对称加密体系产生了实用的可能。公钥密码自此开始被应用到数字货币中。

1997 年，第一代基于 PoW(Proof of Work)算法的 HashCash 出现(当时发明出来主要用于反垃圾邮件)。在随后发表的各种论文中，具体的算法设计和实现已经完全覆盖了后来比特币所使用的 PoW 机制。

1998 年，密码学货币的完整思想已成熟，戴伟(Wei Dai)、尼克·萨博同时提出密码学货币的概念。其中戴伟的 B-Money 被称为比特币的精神先驱，而尼克·萨博的 Bitgold 提纲和后续中本聪提出的比特币已经非常接近。

2001 年，NSA 发布了 SHA-2 系列算法，其中就包括目前应用最广的 SHA-256 算法，这也是比特币最终采用的哈希算法。至此，比特币或者区块链技术诞生的所有技术基础无论在理论上还是在实践上都被解决了。

2008 年 11 月 1 日，中本聪(Satoshi Nakamoto)发表了《比特币：一种点对点的电子现金系统》一文，文中阐述了基于 P2P 网络技术、加密技术、时间戳技术、区块链技术等的电子现金系统的构架理念，这标志着比特币的诞生。两个月后该理论步入实践，2009 年 1 月 3 日第一个序号为 0 的创世纪区块诞生，几天后 2009 年 1 月 9 日出现序号为 1 的区块，并与序号为 0 的创世纪区块相连接形成了链，这标志着区块链的正式诞生。

在随后的发展过程中，又出现了许多标志性的事件，具体如图 4-1 所示。

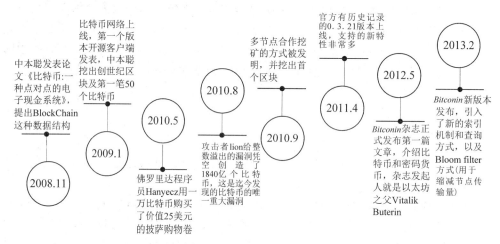

图 4-1　区块链发展里程碑

从 2008 年比特币诞生开始，区块链经历了可编程货币、可编程金融与可编程社会三大应用时代，现在，其应用范围已经逐步扩展到社会生活的方方面面了。

4.2　区块链原理

4.2.1　区块链的结构组成

一般来说，从逻辑上划分，区块链基础架构模型由数据层、网络层、共识层、激励层、合约层和应用层组成，如图 4-2 所示。

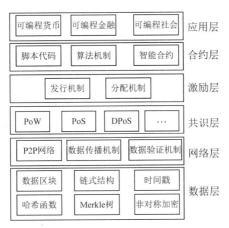

图 4-2　区块链基础架构模型

图 4-2 中，数据层封装了底层数据区块以及相关的数据加密和时间戳等基础数据和基本算法；网络层则包括分布式组网机制(P2P 网络)、数据传播机制和数据验证机制等；共识层主要封装网络节点的各类共识算法(包括 PoW、PoS、DPoS 等)；激励层将经济因素集成到区块链技术体系中，主要包括经济激励的发行机制和分配机制等；合约层主要封装各类脚本代码、算法机制和智能合约，是区块链可编程特性的基础；应用层则封装了区块链的各种应用场景和案例。从模型中不难看出，基于时间戳的链式区块结构、分布式节点的共识机制、基于共识算法的经济激励和灵活可编程的智能合约是区块链技术最具代表性的创新点，这是以前的任何系统都不具有的特点。

在具体实现上，区块链网络由区块链节点组网构成，区块链网络如图 4-3 所示。整个网络由若干区块链节点互连而成，任何计算机都可以通过安装区块链软件成为一个比特币节点。一个完整的比特币节点具有如下功能：

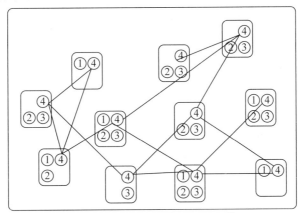

①钱包功能；②完整区块链；③挖矿功能；④路由功能；

图 4-3　区块链网络

(1) 钱包：允许用户在区块链网络上进行交易。

(2) 完整区块链：记录了所有交易历史，通过特殊的结构保证历史交易的安全性，并且用来验证新交易的合法性。

(3) 矿工：通过记录交易及解密数学题来生成新区块，如果成功则可以赚取奖励。

(4) 路由功能：把其他节点传送过来的交易数据等信息再传送给更多的节点。

以上几项，除了路由功能以外，其他功能都不是必需的。

4.2.2　区块链的关键技术

如前所述，区块链是多种技术的综合体，这些技术很多都与密码学有着千丝万缕的联系，本节主要介绍以下五点。

1. 区块

区块链以区块为单位组织数据。

全网所有的交易记录都以交易单的形式存储在全网唯一的区块链中。区块是一种记录交易的数据结构。每个区块由区块头和区块主体组成，区块结构如图 4-4 所示。其中，区块主体只负责记录前一段时间内的所有交易信息。

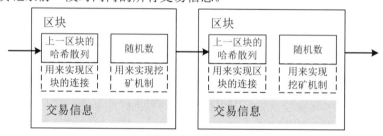

图 4-4　区块结构

区块链的大部分功能都由区块头实现。区块头的结构包括以下几个部分。

(1) 版本号：标示软件及协议的相关版本信息。

(2) 父区块哈希值：引用的区块链中父区块头的哈希值。通过这个值每个区块才首尾相连组成了区块链，并且这个值对区块链的安全性起到了至关重要的作用。

(3) Merkle 根：这个值是由区块主体中所有交易的哈希值逐级进行两两哈希计算得出的一个数值，主要用于检验一笔交易是否存在于这个区块中。

(4) 时间戳：记录该区块产生的时间，精确到秒。

(5) 难度值：获取该区块数据记录时相关数学题的难度目标。

(6) 随机数(Nonce)：记录解密该区块相关数学题的答案的值。

2. 数字签名

区块链中的操作需要进行数据签名，以保障合法性。

发送报文时，发送方用一个哈希函数从报文文本中生成报文摘要，然后用自己的私钥对摘要进行加密，加密后的摘要将作为报文的数字签名和报文一起发送给接收方，接收方首先用与发送方一样的哈希函数从接收到的原始报文中计算出报文摘要，接着用发送方的公钥来对报文附加的数字签名进行解密，如果这两个摘要相同，那么接收方就能确认该数字签名是发送方的。

3. Merkle 树

当经过多重操作后，为了检测所有数据的完整性，需要采用一个统一、全局的记录手段，通常采用的就是 Merkle 树。

　　Merkle 树是一种哈希二叉树，使用它可以快速校验大规模数据的完整性。在比特币网络中，Merkle 树被用来归纳一个区块中的所有交易信息，最终生成这个区块所有交易信息的一个统一的哈希值，区块中任何一笔交易信息的细微改变都会使 Merkle 树改变(与 3.5.2 小节介绍的 RSA 认证模式机理类似)。

　　非叶子节点 value 的计算方法是将该节点的所有子节点进行组合，然后对组合结果进行 Hash 计算，得出哈希值，如图 4-5 所示。图中，交易 1、交易 2、交易 3、交易 4 各自通过 Hash 计算得到摘要 Hash1、Hash2、Hash3、Hash4，然后 Hash1 与 Hash2、Hash3 与 Hash4 组合经 Hash 计算得到 Hash12、Hash34，然后 Hash12、Hash34 组合经 Hash 计算得到 Hash1234，最终得到 Merkle 根值。通过这样的方法形成一个树状结构，树叶上的任何一个交易发生变化，都会影响 Merkle 根值的变化，从而监测所有交易。

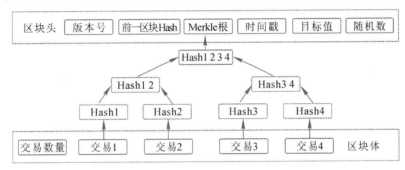

图 4-5　Merkle 树

4. 时间戳服务器

　　区块链的一致性评判依据是基于时间的，大多比对以及验证处理是根据时间先后来决断的。

　　提供时间的时间戳服务器，是一款基于 PKI(公钥密码基础设施)技术的时间戳权威系统，对外提供精确可信的时间戳服务。它采用精确的时间源、高强度高标准的安全机制，以确认系统处理数据在某一时间的存在性和相关操作的相对时间顺序，为信息系统中的时间防抵赖提供基础服务。

5. 挖矿

　　区块链组织者为了鼓励大家记录的积极性，会提供相应的奖励。因为区块节点都有记账的权利，而由谁来记录则需要经过竞争，这种竞争在区块链中就叫作挖矿。区块链中挖矿的具体方法就是：获得能够让随机散列值出现指定个数 0 的输入(例如，要求找出能够生成前 20 位都是 0 的散列输入)。正如前面 3.6.1 小节介绍，由于散列函数的单向性，不可能从输出推知输入，因此，唯一的办法就是利用不同的输入去蛮力测试，俗称挖矿。一方面，挖矿对于竞争者而言，是相对公平的解决方案；另一方面，为了提高成功概率，挖矿需要投入大量的硬件来增加算力，甚至出现了专门用于挖矿的机器，这就是比特币挖矿机，也就是用于赚取比特币的电脑。这类电脑一般有专业的挖矿芯片，多采用"烧"显卡的方式工作，耗电量较大。

　　上述技术是构成区块链的基础。

4.2.3　区块链的工作过程

实际的区块链工作过程可以概括为如下五步，具体如图 4-6 所示。

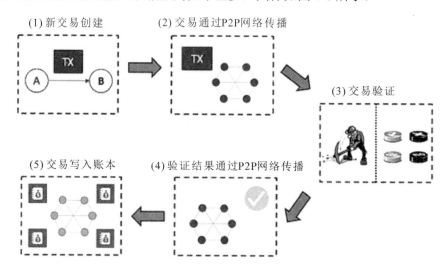

图 4-6　区块链工作过程

(1) 新交易创建。当用户 A 与 B 发生一笔交易时，A 向 B 支付货币，货币所有者 A 利用自己的私钥对前一次交易(比特币来源)和下一位所有者 B 的身份信息签署一个数字签名，并将这个签名附加在这枚货币的末尾，制作成交易单。

(2) 交易通过 P2P 网络传播。A 将交易单广播至全网后，比特币就发送给了 B，每个节点都将收到的交易信息纳入一个区块中。对 B 而言，该枚比特币会即时显示在比特币钱包中，但直到区块确认成功后才可用(目前的规定是：一笔比特币从支付到最终确认成功，必须得到最少 6 个区块确认之后才能真正确认到账)。

(3) 交易验证。每个节点可以通过解一道数学难题，从而获得创建新区块的权力(记录新的交易)，并争取得到比特币的奖励(新比特币会在此过程中产生)。

(4) 验证结果通过 P2P 网络传播。当一个节点找到解时，它就向全网广播该盖有时间戳的记录交易区块，并由全网其他节点核对。时间戳用来证实特定区块是真实存在的。比特币网络从 5 个以上节点获取时间，然后取中间值作为时间戳，最终确定验证结果。

(5) 交易写入账本。全网其他节点核对该区块记账的正确性，确认无误后准许挖矿成功的节点记录上述 A 与 B 的交易形成区块并记录到区块链中，至此 A 与 B 的交易全部完成。之后，诸节点将在该合法区块之后竞争下一个区块，依此方法形成了一个合法记账的区块链。

区块的生成速度是可以调节的。一般每个区块的创建时间大约在 10 分钟。随着全网算力的不断变化，每个区块的产生时间会随算力增强而缩短，随算力减弱而延长。为了平衡区块的生成速度，可以通过参数对其进行调节，其原理是根据最近产生的 2016 年区块的时间差(约两周时间)，自动调整每个区块的生成难度(比如减少或增加目标值中 0 的个数)，使得每个区块的生成时间保持在 10 分钟。

4.2.4　区块链共识的达成

区块链运行过程中可能会产生纠纷，为了消除这些纠纷，就需要有达成共识的方案。

1. 工作量证明

如前面 4.2.2 小节所述，区块头包含一个随机数，它使得区块的随机散列值出现了指定个 0。为了获取该随机数，节点需以时间为代价反复尝试来搜索，这样就构建了一个工作量证明机制。

工作量证明机制的本质是一 CPU 一票，"大多数"的决定表达为最长的链，因为最长的链包含了最大的工作量。如果大多数的 CPU 为诚实的节点控制，那么诚实的链条将以最快的速度延长，并超越其他竞争链条。如果想要修改已出现的区块，攻击者必须重新完成该区块的工作量外加该区块之后所有区块的工作量，并最终赶上和超越诚实节点的工作量。

工作量证明机制是比特币交易实现去中心化的技术基础，其目的是在区块链的交易验证中进行工作量的认证，从而达到阻止服务器攻击和其他服务器滥用的经济对策。通过对工作的结果进行认证来证明完成了相应的工作量，相较于对整个工作过程进行监测，极大地提高了工作效率。在区块链网络中，如果想获取创造新区块的机会就必须进行挖矿，也就是必须解出基于工作量证明机制的数学难题。该数学难题具体如下：

$$\text{SHA256 (SHA256 (version + pre\_hash + merkle\_root + mime + nbits + x))} < \text{difficulty} \qquad (4\text{-}1)$$

式中，difficulty 所代表的是计算的难度值，难度值决定了矿工挖矿的难度，即运算次数，难度值也是挖矿过程的主要考量指标。计算出最优解之后，挖矿成功的节点会向整个比特币网络广播该数据，发布验证成功后，最后由该节点将新的区块衔接在原区块链的尾部。

2. 分叉

同一时间段内，全网不止一个节点能计算出满足挖矿条件的随机数，即会有多个节点在网络中广播它们各自打包好的临时区块(都是合法的)，如图 4-7 所示。也就是说，某一节点若收到多个针对同一前续区块的后续临时区块，则该节点会在本地区块链上产生分叉。

对于该问题，解决方案就是：等到下一个工作量证明被发现，而其中的一条链条被证实为是较长的一条，那么在另一条分支链条上工作的节点将转换阵营，开始在较长的链条上工作。其他分叉的分支将会被网络彻底抛弃。

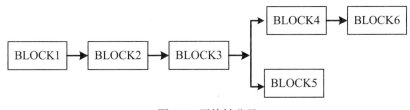

图 4-7　区块链分叉

3. 双花

双花，即二重支付，指攻击者几乎同时将同一笔钱用作不同交易，企图利用记账的时间差实现重复消费。对于这个问题，区块链在每当节点把新收到的交易单加入区块之前，会顺着交易发起方的公钥向前遍历检查，检查当前交易所用的币是否确实属于当前交易发起方，此检查可遍历到该币的最初诞生点(即产生它的那块区块源)。虽然多份交易单可以任意顺序广播，但是它们最终被加入区块时必定呈现一定的时间顺序。区块之间以 Hash 值作为时间戳，完全可以信赖，因此任意一笔交易资金来源都可以被确定地回溯到准确的时间点。发生双花时，只要比较两笔交易的时间先后，就能进行裁决。

基于上述方案，区块链所面临的主要问题都得到了解决。

4.3 区块链设计

4.3.1 区块链类

1. 区块结构定义

首先介绍区块链程序的关键数据定义。

1) 区块数据

典型的区块(含区块头和区块体)包括索引号、时间戳、工作量证明值、前一个块的哈希值、交易信息(发送者、接收者、数量等)、版本号、附加信息等。

下面的代码就是以字典方式定义的一个简化的区块结构，但仅包括索引号❶、时间戳❷、交易信息❸、工作量证明值❹和前一个块的哈希值❺。

```
#区块定义
block = {
        'index': len(self.chain) + 1,   #❶
        'timestamp': datetime.datetime.now().strftime("%Y-%m-%d %H:%M:%S")[:-3],#❷
        'transactions':transactions,   #❸
        'proof_nonce': proof,   #❹
        'previous_hash': previous_hash or self.hash(self.chain[-1]),   #❺
        }
```

代码❷中"[:-3]"表示时间值精确到毫秒。

2) 交易记录数据

对于每笔交易，需要记录并记入区块。交易的数据主要包括发送者、接收者、交易数和签名。对于每笔交易，还需要使用公钥检验其签名。

所使用的公钥是进行验证的关键，其结构需满足标准化要求。下面是一个公钥的数据实例。

```
#区块定义
prv_key=b'-----BEGIN  RSA  PRIVATE  KEY-----\nMIIBPAIBAAJBAK+Zg84G6ABx3ROa5bUpzp9Ra
TW8\
```

vBrAwTlVW9nh7KrnAwqo901j\ne25QmJ5NhtonZ5ibn21KYtBMSCPQa873AQ0CAwEAAQJAOk
WDS\

7dW/e7LIlpgqAG7\no3rsovyCn44fkNsWo/MoxRzMuCnW1nrBwmvx6enyBda144SpiJSqHOoS09\

　　c4s7Nc\nsQIjANER1mQBI8xHrGVpmwaGXH4RGwRh5oTAKP33LiOH+ubag18CHwDXBFPXZE
eZ\nZ\

　　BMYPwhQi9WwvYIOvOMXqLFMM5FhXxMCIwDFID12I4D+XuIU6MMMHunc0AIaWrjA\nmH
LOKx7sz4\

　　zp2ESfAh5nn05In6th4TjSlo4LQ1jYtHvZXm6TGFlZwABwTMECIj6U\nPHM9DHT1+CwzRT5Uwcb\

　　wUYkyoaQ2pTj+SnS/jXMW/cc=\n-----END RSA PRIVATE KEY-----\n'

上述公钥采用的是.pem 格式，在导入时，标记开始符"-----BEGIN RSA PUBLIC
KEY-----"及结束符"-----END RSA PUBLIC KEY-----"中间不要换行，否则在装入时无法
识别。

区块中的'transactions'即为交易数据，其结构定义代码如下：

```
transaction = OrderedDict({ 'sender_address': sender_address, #❶
                            'recipient_address': recipient_address,#❷
                            'value': value})#❸
```

交易数包含三项，即发送者❶、接收者❷、交易数❸，签名是在填写完交易信息后，
通过依次哈希和私钥签署后追加上去的。为了确保签名的一致性，需要对交易数据先使用
OrderedDic 进行排序。

3) 表数据

区块链程序记录了节点、区块、交易三类表数据。代码如下：

```
self.transactions = []
self.chain = []
self.nodes = set()
```

transactions 列表记录了每笔交易，chain 列表记录了诸区块，nodes 记录了区块链节点
(这里采用的是集合格式数据，用于消除重复记录，见 2.2.1 小节集合的定义)。

4) 其他数据

区块链程序还使用到了挖矿难度值 MINING_DIFFICULTY，即挖矿得到的声明值(nonce)，
需能够满足与交易联合输入 hash 计算，所得到的输出值后位有 MINING_DIFFICULTY 个 0。

另外，还要求输入的节点地址应为形如'192.168.0.5:5000 的格式，以方便网络访问。

2. 区块链类

为了完成区块链的功能，定义区块链类 Blockchain，本区块链类包含以下成员函数。

1) 构造函数

Blockchain 的构造函数代码如下：

```
def __init__(self):
    self.transactions = []#❶
```

```
        self.chain = []#❷
        self.nodes = set()      #❸使用集合，确保节点不重复，用于注册邻居节点
        self.node_id = str(uuid4()).replace('-', '')#❹用随机数命名 node_id
        self.create_Genesis_Block()#❺
```

该成员函数进行类创建的准备工作，分别建立交易❶、区块链❷和节点记录❸数据，并利用随机数命名创建的节点❹，然后创建创世纪区块❺。

2) 节点注册成员函数

区块链节点需要完成注册，由节点注册成员函数实现，代码如下：

```
    defregister_node(self, IP_address):
            #注册一个区块链网络节点
            #接受的地址格式形如：'192.168.0.5:5000'.
            self.nodes.add(IP_address)
```

区块链节点工作前需要将自身注册为区块链节点，将自身的工作地址与端口号记录到 node 集合中。

3) 区块创建相关的成员函数

区块创建相关的成员函数有三个，分别是 create_Genesis_Block、next_block 和 hash。

在区块链的所有区块中，创建的第一个区块叫作创世纪区块(Genesis Block)。区块在创世纪区块的基础上，不断地记录、生长，就形成了区块链。

create_Genesis_Block 完成创世纪区块的建立，代码如下：

```
    defcreate_Genesis_Block(self):
            block = {
                'index':1,
                'timestamp':datetime.datetime.now().strftime("%Y-%m-%d %H:%M:%S")[:-3],
                #❶将时间转换为字符串以支持 json 格式
                'transactions':"Genesis Block",
                'proof_nonce': 0,
                'previous_hash': 0,
            }
    self.chain.append(block)
```

上述代码创建了第一个名为 Genesis Block、索引值为 1 的区块。为了便于网络传输，将时间转换为字符串以支持 JSON 格式❶。

对于后续生成区块，采用 next_block 成员函数进行记录，代码如下：

```
    defnext_block(self,proof,transactions,previous_hash=None):
            block = {
                'index': len(self.chain) + 1,
                'timestamp': datetime.datetime.now().strftime("%Y-%m-%d %H:%M:%S")[:-3],
                'transactions':transactions,
```

```
                'proof_nonce': proof,
                'previous_hash': previous_hash or self.hash(self.chain[-1]),
        }
        self.chain.append(block)
        return block
```

该函数的返回值即为新的区块。

在 create_Genesis_Block 和 next_block 中，都需要对区块进行哈希运算，这可以通过 hash 成员函数完成。

```
    def hash(self,block):
                block_string = json.dumps(block,sort_keys=True).encode()#❶进行排序，保障 hash 的一
致性

                        return hashlib.sha256(block_string).hexdigest()
```

上述代码通过排序，保障 hash 的一致性❶。为了简便起见，此处并没有实现 Merkle 树的哈希运算。

为了支持后续网络访问，区块需采用支持 JSON 的格式。这里的 JSON (JavaScript Object Notation，即 JS 对象简谱) 是一种轻量级的数据交换格式。它基于 ECMAScript (欧洲计算机协会制定的 JS 规范)的一个子集，采用完全独立于编程语言的文本格式来存储和表示数据。其简洁和清晰的层次结构使得 JSON 成为理想的数据交换语言。JSON 易于人们阅读和编写，同时也易于机器解析和生成，从而有效地提升了网络传输效率。

4) 区块有效性检查成员函数

为了检查区块链的有效性，需要遍历所有区块，主要是看记录的前块区块的哈希值是否与实际一致。检查工作由成员函数 valid_chain 完成，代码如下：

```
    def valid_chain(self, chain):
            last_block = chain[0]
            current_index = 1

            while current_index < len(chain):
            block = chain[current_index]                      #❶
                if block['previous_hash'] != self.hash(last_block):   #❷
                    return False

                last_block = block
                current_index += 1

            return True
```

上述代码中，该函数从区块链中取出当前块❶，对该块计算 hash 值，并与本块记录的前块(previous_hash)哈希值比较❷，看是否一致，如果不一致则返回 False。该检查从创世纪区块开始，一直检查到区块链的末尾。

5) 冲突解决成员函数

由于区块链网络的并发性，导致有可能同时存在合理的区块，因此就会产生如 4.2.4 下节介绍的分叉，也就形成了冲突。针对该冲突，就需要有专门的解决方案，编程中由成员函数 resolve_conflicts 来进行仲裁，代码如下：

```python
def resolve_conflicts(self):
    neighbours = self.nodes
    new_chain = None

    max_length = len(self.chain)          # ❶先以自身的链为最长
    for node in neighbours:
        print('http://' + node + '/chain')
        response = requests.get('http://' + node + '/chain') #❷通过网络请求，从其他节点获得链

        if response.status_code == 200:
            length = response.json()['length']
            chain = response.json()['chain']
        if length > max_length and self.valid_chain(chain):#❸检查长度超过自己并且有效的链
            max_length = length
            new_chain = chain

    if new_chain:
        self.chain = new_chain            # ❹用长链替换自己的链
        return True

    return False
```

上述代码中，该函数先以自身的链为最长❶，然后向所有记录的节点请求其区块链❷，之后依次与自身区块链比较❸，最终用最长的区块链进行现有区块链的更新❹，解决了冲突问题。

6) 交易成员函数

交易成员函数包含 submit_transaction 和 verify_transaction_signature，分别用来发起交易和检验交易的合法性。

submit_transaction 函数用于发起一个交易，代码如下：

```python
def submit_transaction(self, sender_address, recipient_address, value, signature):
    transaction = OrderedDict({ 'sender_address': sender_address,
                                'recipient_address': recipient_address,
                                'value': value})

    #❶通过签名验证交易的合法性
```

```
        transaction_verification = self.verify_transaction_signature(sender_address, \
    signature, transaction)
        if transaction_verification:
        #❷如果成功，则将交易加入交易列表。注：这里并没有加入区块，交易还需矿工来完成
            self.transactions.append(transaction)
            return len(self.chain) + 1
        else:
            return False
```

上述代码中，该函数为了保障签名哈希的一致性，首先对一条交易信息进行排序，然后验证其合法性❶，通过后将交易计入交易列表❷(注意，交易被加入区块还需要矿工来完成)。

交易的合法性由 verify_transaction_signature 成员函数完成，主要是检查交易的签名是否与公钥匹配，代码如下：

```
    def verify_transaction_signature(self, sender_address, signature, transaction):

        tran_s=str(transaction)

        f = rsa.PublicKey.load_pkcs1(pub_key)#装入公钥
        signature=signature.replace("","+")
        #+为 post 特殊字符，所以传递后会丢失，要通过替换来解决这个问题

        sign_byte=signature.encode('utf-8')#❶字符串转字节
        sign_new=base64.b64decode(sign_byte)#❷字节格式执行 base64 逆变换
    return rsa.verify(tran_s.encode('utf8'), sign_new, f)
```

上述检验主要利用了 RSA 的 verify 方法(详见 3.5.2 小节)。此处使用 Python3 中的 bytes 和 str 的对应方法进行互相转换，encode('utf-8')将字符串转字节❶，b64decode 执行了字节格式的 base64 逆变换❷。

7) 工作量证明成员函数

工作量证明成员函数包括工作量证明(即挖矿)proof_of_work 和 valid_proof 函数。
proof_of_work 代码如下：

```
    def proof_of_work(self):
        #工作量证明算法
            last_block = self.chain[-1]
            last_hash = self.hash(last_block)
            nonce = 0

            while self.valid_proof(self.transactions, last_hash, nonce) is False:
                nonce += 1                    #❶
```

```
                    return nonce
```

上述代码通过累加试凑，得到满足条件的声明值(nonce)。

valid_proof 代码如下：

```
    def valid_proof(self, transactions, last_hash, nonce, difficulty=MINING_DIFFICULTY):
        guess = (str(transactions)+str(last_hash)+str(nonce)).encode()#❶
        guess_hash = hashlib.sha256(guess).hexdigest()


        return guess_hash[:difficulty] == '0'*difficulty#❷
```

该 valid_proof 成员采用蛮力的方法试算满足要求的声明(nonce)值。通过上述代码可知，计算是由交易信息、前块哈希值、声明值的混合作为哈希的输入❶，使之满足输出值的后 difficulty 位均为 0❷。由于区块根本无法预知交易的信息而进行提前计算，因此该过程完全不可能预先准备。

4.3.2　Web 框架

为了实现区块链网络节点之间的交互，还需实现基于 Web 的编程。此处采用 Flask 框架这一轻量 Web 应用框架，将网络请求映射到 4.3.1 小节中 Blockchain 类的成员函数。

1. Flask 框架

Flask 是一个 Python 开发的微型的 Web 框架，也被称为 microframework。Flask 提供了一个简单的内核，并可以用 extension 增加其他功能，因此，虽然 Flask 没有默认使用的数据库、窗体验证工具，但可以用 Flask-extension 加入这些功能，如 ORM、窗体验证工具、文件上传、各种开放式身份验证技术。

Flask 的 socket 是基于 Werkzeug 实现的，模板语言依赖 jinja2 模板，在使用 Flask 之前需要安装一下，即执行 pip install flask。

在安装完成 Flask 后，可以利用下面代码生成 Flask 对象。

```
    app=Flask(
            _name_,
            template_folder='xxx',
            static_folder='xxx',
            static_url_path='/xxx'
        )
```

其中，参数 template_folder 指定存放模板的文件夹的名称(默认为 templates)；static_folder 指定存放静态文件资源的文件夹的名称(默认为 static。注意：如果没有指定 static_url_path 的话，则访问路径和 static_folder 的名称是一致的)；static_url_path 指定静态文件的访问路径。

Flask 对象通过"@app.route"将域名映射到相关的函数。例如：

```
    @app.route('/register',methods=['GET','POST'])
```

```
def register():
    if request.method == 'GET':
        return render_template('register.html')
    else:
        uname =request.form['username']
        email=request.form['email']
        return return render_template('login.html')
```

其作用就是：当用户在浏览器中输入"A.B.C.D(IP 地址):端口号/register"时，将调用 register 函数进行处理。

Flask 对象通过 run 方法将 Flask 服务运行在指定的地址(这里以"A.B.C.D"为例)、端口上，开启网络服务，代码如下：

```
app.run(debug=True,port=端口号,host='A.B.C.D')
```

2. 区块链类成员函数映射

采用上面 Flask 编程的框架可以将网络访问转化为区块链类成员函数调用，这样基于 Flask 就可以实现区块链的网络操作了，具体实现如下：

1) 欢迎界面

当用户在浏览器中输入"A.B.C.D:端口号"时，回显"欢迎加入区块链的世界！"。代码如下：

```
@app.route('/')
#进入欢迎页
def index():
    return "欢迎加入区块链的世界！"
```

2) 注册节点操作

注册区块链节点操作的方法是：当用户发送节点"POST"类型注册请求时，调用 register_nodes 函数。代码如下：

```
@app.route('/nodes/register', methods=['POST'])
#节点注册
def register_nodes():
    node=request.args.get('nodes')

    if node is None:
        return "Error: 节点无效", 400
    else:
        b.register_node(node)              #❶b 为初始化代码已经声明的 Blockchain 对象

    response = {
        'message': 'New node have been added',
```

```
            'total_nodes': [node for node in b.nodes],
        }
        return jsonify(response), 201                    #❷
```

上述代码中，register_nodes 函数将 POST 请求中包含的 nodes 内容作为区块链类对象（"b" ❶)的成员函数 register_node 的输入，执行节点注册，并通过 jsonify 返回响应❷。

3) 注册节点列表获取

当用户发送 "./nodes/get"(A.B.C.D/nodes/get 的略写，下同)的 "GET" 类型请求时，调用 get_nodes 函数，将本节点的注册节点列表作为响应返回。代码如下：

```
@app.route('/nodes/get', methods=['GET'])
#获得节点信息
def get_nodes():
    nodes = list(b.nodes)
    response = {'nodes': nodes}
    return jsonify(response), 200
```

4) 新的交易发起

用户发送 "./transactions/new" 的 "POST" 类型请求时，调用 new_transaction 函数，向区块链对象的交易列表中加入一条新的记录(需要通过合法性验证)，将添加情况作为响应返回。代码如下：

```
@app.route('/transactions/new', methods=['POST'])
#发起一个新交易
def new_transaction():
    # 创建一个新的交易，交易包含'sender_address', 'recipient_address', 'amount',
    #'signature'四项数据
    values=[]

    required = ['sender_address', 'recipient_address', 'amount', 'signature']
    for i in required:                                  #❶
        if request.args.get(i):
            values.append(request.args.get(i))
        else:
            return '参数缺失！Missing values', 400

    transaction_result = b.submit_transaction(values[0], values[1], values[2], values[3]) #❷产生新交易

    print(transaction_result)
    if transaction_result == False:
        response = {'message': '交易无效!'}
        return jsonify(response), 406
```

```
    else:
        response = {'message': '交易-'+str(values)+'将被记入区块链'}        #❸
    return jsonify(response), 201
```

其中，new_transaction 函数采用 request.args.get 函数依次将 'sender_address'、'recipient_address'、'amount'、'signature'对应的值从用户的 POST 请求中读出❶，然后，产生新交易❷，成功后应答 201❸。

注意，新的交易发起操作应当向全网广播，此处为了简便起见没有体现。

5) 交易查询操作

有时需要查询交易信息，用户可发送 "./transactions/get" 的 "POST" 类型请求，调用 get_transactions 函数，将区块链对象的 transactions 列表作为响应返回，代码如下：

```
@app.route('/transactions/get', methods=['GET'])
#获得交易链表
def get_transactions():
    #Get transactions from transactions pool
    transactions = b.transactions

    return jsonify(transactions), 201
```

6) 挖矿操作

用户输入 "./mine" 时，执行挖矿操作，即 mine 函数，代码如下：

```
@app.route('/mine', methods=['GET'])
#挖矿并记录区块到区块链
def mine():
    last_block = b.chain[-1]
    nonce = b.proof_of_work()        # ❶通过解算进行挖矿

    previous_hash = b.hash(last_block)        # ❷将交易记入新区块
    transaction=b.transactions[-1]
    block = b.next_block(nonce,transaction,previous_hash)

    response = {
        'message': "新区块：",
        'block_number': block['index'],
        'transactions': block['transactions'],
        'nonce': block['proof_nonce'],
        'previous_hash': block['previous_hash'],
    }
    return jsonify(response), 200
```

上述代码中，通过调用 proof_of_work 解算进行挖矿❶；只有在挖矿成功后，才可以将最新的一条交易制成区块，加入到区块链中❷。

注意，如前所述，新的区块加入区块链需要若干相邻节点的确认，此处为了简便起见没有体现。

7) 冲突仲裁操作

当出现区块链"分叉"时，需要进行冲突仲裁，这时发送"./nodes/resolve"的"GET"类型请求，并调用 consensus 函数，代码如下：

```python
@app.route('/nodes/resolve', methods=['GET'])
#解决冲突(用更长的区块链作为解决方案)
def consensus():
    replaced = b.resolve_conflicts()

    if replaced:
        response = {
            'message': '区块链将被替换',
            'new_chain': b.chain
        }
    else:
        response = {
            'message': '区块链将被维持',
            'chain': b.chain
        }
    return jsonify(response), 200
```

由上述代码可见，该函数实际上调用了区块链对象的 resolve_conflicts 函数，将所有节点中最长的链作为解决方案。

8) 链获取操作

当节点发出"./chain"操作时，将触发 full_chain 函数，该函数将自己的区块链作为响应返回，代码如下：

```python
@app.route('/chain', methods=['GET'])
def full_chain():
    response = {
        'chain': b.chain,
        'length': len(b.chain),
    }
    return jsonify(response), 200    # ❶
```

4.3.3 工作过程

以下模拟 4.2.3 小节所描述的区块链工作过程，来介绍区块链系统的编程实现。

1. 启动服务器,生成创世纪区块链

代码如下:

```
#创建节点
app = Flask(__name__)
node_identifier = str(uuid4()).replace('-', '')


b=Blockchain()#❶创建区块链对象
… …


#❷实施参数解析
parser = ArgumentParser()
parser.add_argument('-p', '--port', default=5000, type=int, help='port to listen on')
args = parser.parse_args()
port = args.port


app.run(host='0.0.0.0', port=port)#❸启动服务
```

上述代码,首先生成出一个 Flask 对象,并随机生成一个节点标识,创建区块链对象❶。在区块链对象生成的过程中,构造函数__init__将会被自动调用,进而生成交易 transactions、区块链 chain、节点列表 nodes,随后生成出创世纪区块并添加到 chain 中。注意,启动服务前还会进行参数解析❷。在上述工作完成后,就可以启动服务了❸,如图 4-8 所示。

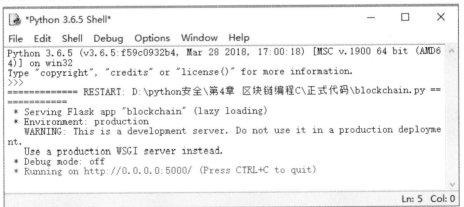

图 4-8　区块链服务启动窗口

执行完 run 后,在浏览器中输入"http://127.0.0.1:5000/",则会回显"欢迎加入区块链的世界!",如图 4-9 所示。

图 4-9　浏览器访问欢迎界面

2. 注册节点

浏览器发起"POST"类型请求需要借助于 Postman(https://www.postman.com/ downloads/ 需要安装，如图 4-10 所示)。在 Postman 中输入 http://127.0.0.1:5000/ nodes/register，添加成功后回显添加的节点信息，如图 4-11 所示。

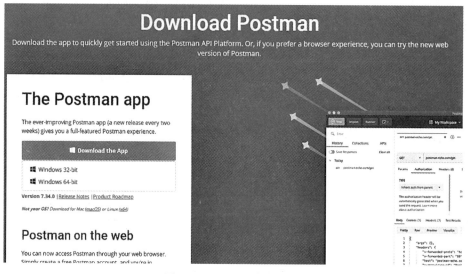

图 4-10　Postman 安装界面

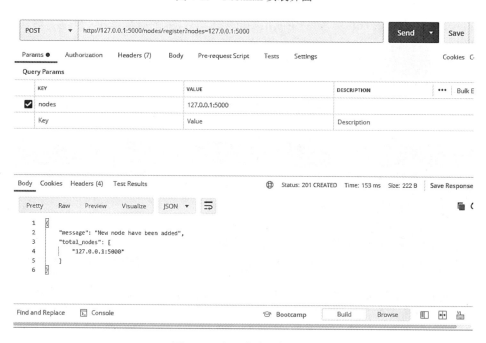

图 4-11　注册节点添加界面

3. 用 postman 发送 POST 请求，发起一个交易

发起"POST"交易请求"http://127.0.0.1:5000/transactions/new"。请求包含有如下信息：

sender_address=192.168.0.1

recipient_address=192.168.0.2

amount=1

signature=hyOX654j52y+3Zi2fbQNFEPBQeHSfojTQ9iYCgBZ8I2CI77R86YTLPjqO/CwEZey56ay/Ji+uaAVCJiGfFNaow==

其中的签名是交易哈希值经签名者私钥签署，并经过 base64 编码的结果。

同样采用 Postman 发起该请求，如图 4-12 所示。

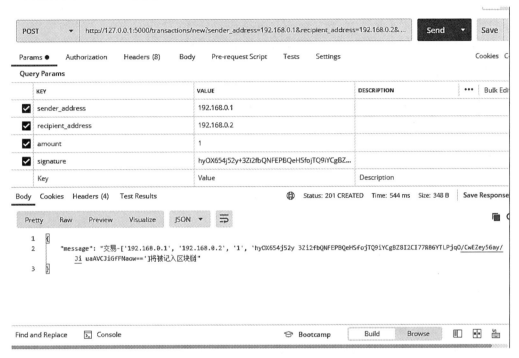

图 4-12　postman 发送 POST 交易请求

4. 挖矿并记录交易

上述交易需要经过挖矿成功后方可生成区块加入区块链中，可以在浏览器中输入 http://127.0.0.1:5000/mine，挖矿成功后将最新一笔交易记入区块链，如图 4-13 所示。

图 4-13　浏览器挖矿界面

由于难度值设定得非常低(MINING_DIFFICULTY = 3)，因此完成得很快，声明值(nouce)为"395"。

5. 纠纷解决

当产生纠纷时，通过在浏览器中输入"http://127.0.0.1:5000/nodes/resolve"，系统将查询所有区块链(nodes 列表中注册的)，择其最长的进行替代，解决纠纷，如图 4-14 所示。

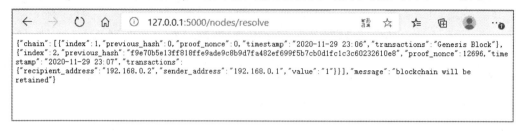

{"chain":[{"index":1,"previous_hash":0,"proof_nonce":0,"timestamp":"2020-11-29 23:06","transactions":"Genesis Block"},{"index":2,"previous_hash":"f9e70b5e13ff818ffe9ade9c8b9d7fa482ef699f5b7cb0d1fc1c3c60232610e8","proof_nonce":12696,"timestamp":"2020-11-29 23:07","transactions":{"recipient_address":"192.168.0.2","sender_address":"192.168.0.1","value":"1"}}],"message":"blockchain will be retained"}

图 4-14　浏览器解决纠纷界面

上述区块链方案仅是实现最简单的功能，还有很多复杂的功能没有进行编程设计，本节不再赘述，读者可以自己去实践。

区块链是一种新的记账方式，基于集体的信任，实现去中心化。本章在描述区块链原理的基础上，仅仅编程搭建了一个具有基本功能的区块链系统，要想真正实现众多用户交易、挖矿的真实系统，还需要增加很多功能。由于区块链的革命性应用价值，区块链可以被适配到许多网络应用中，因此区块链的编程方法具有极高的学习意义。

思 考 题

1. 什么是区块链，区块链有哪些分类？
2. 绘制区块链网络的结构图，并进行解释。
3. 绘制区块结构图，并进行解释。
4. 介绍区块链工作过程。
5. 结合什么是工作量证明，介绍挖矿。
6. 什么是分叉？区块链如何解决？
7. 什么是双花？区块链如何解决？
8. 设计定义一个区块链类。
9. 介绍 Flask 框架。
10. 安装 Postman，发送 GET 和 POST 请求。

第 5 章　数字水印编程

随着计算机网络技术的发展，通过网络传递各种信息越来越普遍，同时信息传递的版权保护已成为人们日益关注的问题，因此数字水印技术应运而生。数字水印技术实际就是信息隐藏(Information Hiding Technology)的一种实例，它不同于密码学，数字水印技术通过把要传递的信息隐藏在普通信息中，从而实现对信息的安全保护。

本章将重点介绍信息隐藏的数字水印技术及其 Python 编程。

5.1　信息隐藏与数字水印概述

5.1.1　信息隐藏的概念

1. 信息隐藏的定义

信息隐藏技术，也称为信息伪装技术，是将秘密信息隐藏到一般的非秘密的多媒体信号载体(图像、声音、文本文档等)中，从而不让攻击者发现的一种技术。信息隐藏技术利用宿主信息中具有随机特性的冗余部分，将重要信息嵌入宿主信息中，使其不被其他人发现。信息隐藏技术隐藏秘密信息的存在，表面上看起来与一般的非保密信息没有两样，因而十分容易逃过攻击者的破解(这与生物学上的保护色相似)。信息隐藏不能与密码学混为一谈，二者的区别在于：密码技术仅仅隐藏了信息的内容，而信息隐藏技术不但隐藏了信息的内容还隐藏了信息的存在。一般而言，信息隐藏采用的隐蔽通信比加密通信更安全，因为它完全隐藏了通信的发送方、接收方及通信过程的存在，不易引起怀疑。

将密码技术与信息隐藏技术结合使用，可进一步提高信息的安全性。

2. 信息隐藏的过程

信息隐藏的过程如图 5-1 所示。

图 5-1　信息隐藏的过程

(1) 在密钥 k 的控制下，A 通过嵌入算法将秘密信息 m 隐藏在公开信息中，得到伪装对象 c';

(2) c'通过不安全信道传递；

(3) 接收方 B 的信息提取算法利用密钥 k 从掩蔽宿主 c'中恢复/检测出秘密信息 m。

3. 信息隐藏的分类

信息隐藏的分类方法有多种，从隐藏的载体来划分，可分为基于图像、音频、视频、文本等媒体技术的信息隐藏；按照信息隐藏的目的来划分，可分为秘密消息隐藏和数字水印，其中秘密消息用来进行秘密传输，数字水印用来版权维护；还可以从技术实现上来划分，可分为掩蔽信道、匿名技术、隐写术和数字水印技术。

本章将对数字水印编程技术进行重点探讨。

4. 信息隐藏的应用

信息隐藏技术所解决的安全问题包含两方面的意义：

一是通过把秘密信息永久地隐藏在可公开的媒体信息中，可以确保公开媒体信息(非秘密信息)在版权和使用权上的安全；

二是确保秘密信息在传输和存储中的安全。

基于上述意义，信息隐藏技术可以实现信息的防窃听、防篡改、防伪造和防抵赖等功能，目前信息隐藏技术在信息安全的各个领域中所发挥的作用可以系统地总结为以下几个方面：

1) 保密通信

信息隐藏技术把秘密信息隐藏于不易引起敌对方注意的可公开的信息中，它试图掩盖的是通信存在的事实。使用信息隐藏技术，可以保护在网上交流的信息(如电子商务中的敏感信息、谈判双方的秘密协议和合同、网上银行交易中的敏感数据信息、重要文件的数字签名和个人隐私等)。另外，还可以使用信息隐藏的方式对一些不愿为别人所知道的内容进行隐藏存储。

2) 所有权认定和版权保护

版权保护是信息隐藏技术中的水印技术试图解决的一个重要问题。随着网络和数字技术的发展，通过网络向人们提供的数字服务也会越来越多，如：数字图书馆、数字图书出版、数字电视、数字新闻等。这些服务提供的都是数字作品，数字作品具有易修改、易复制的特点。保护它们的版权已经成为亟待解决的实际问题。数字水印技术可以作为解决此难题的一种方案。

3) 多媒体数据认证和完整性保护

商务活动中各种票据的防伪也是信息隐藏技术的用武之地之一。在数字票据中隐藏的水印经过打印后仍然存在，可以通过再扫描回到数字形式，提取防伪水印，以证实票据的真实性。对于数据完整性的验证是要确认数据在网上传输或存储过程中并没有被篡改。通过使用脆弱水印技术保护的媒体，一旦被篡改就会破坏水印，从而很容易被识别。

4) 隐含标注

隐含标注是在数字媒体信息中隐藏附加信息，可以在网络浏览器中应用水印技术实现智能浏览，或应用于网上信息的搜索和数字媒体新鲜服务中，又或者用于多语种电影系统和电影分级系统以及数字媒体附加描述和参考信息的携带等方面。

随着数字媒体的多样化发展，信息隐藏技术也在不断进步。

5.1.2 数字水印的概念

1. 数字水印的定义与分类

数字水印(以下简称"水印")技术就是将数字、序列号、文字、图像标志等版权信息嵌入到多媒体数据中，以起到版权跟踪及版权保护的作用。水印实现包括三步，即水印嵌入、水印检测和水印提取。

水印嵌入通常使用对宿主的冗余数据进行替换的方法，来实现水印数据的嵌入。水印嵌入时，须使其兼顾不可见性和鲁棒性。水印检测所基于的检测算法，用以判断是否存在水印。在获知水印的存在后，可以采用水印嵌入的逆过程，将嵌入的信息提取出来。

基于不同的需求，人们开发出不同类型的水印技术，具体分类如图 5-2 所示。

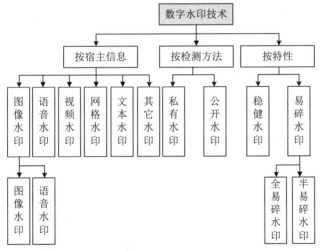

图 5-2　数字水印分类

按照特性划分，水印分为鲁棒(稳健)水印和易碎水印。鲁棒技术是一种主要面向数字内容版权保护的信息隐藏技术，它通过在原内容的感知冗余中隐蔽地嵌入包含版权信息的数据，从而实现对数字内容的各类保护。鲁棒水印技术需要实现感知透明性、鲁棒性、安全性和盲性等性质。易碎水印是一种保护商户数据完整性和真实性的技术。它隐蔽地将可验证的水印嵌入到被保护的数字内容中，被授权者可以通过验证水印来判断内容的真实性和完整性。

按照检测方法划分，水印分为私有水印和公开水印。

按照宿主信息划分，水印分为图像水印、语音水印、视频水印、网格水印、文本水印和其他水印等多种。

本章主要讨论图像水印的编程实现。

2. 水印的实现方法

根据水印嵌入域的不同，水印的实现方法可以分为两类：空间域方法和变换域方法。

1) 空间域信息隐藏

这种方法在空间域来实现信息隐藏，多采用替换法。由于人类感觉系统的有限性，感官对于某些感觉变化不敏感，可直接用欲隐藏的信息来替换载体文件的数据，但不会影响到载体文件的可见性。空间域信息隐藏中，最常见的是最不重要位(LSB)替换，它将信息位替换到载体元素的最不重要位。这类方法有一个比较严重的缺陷，就是在不破坏载体使用的情况下，载体越不重要的信息越容易丢失。如正常的有损压缩、信号滤波、载体的格式转换、叠加信道噪声等方法，都会轻易地去除隐藏的秘密信息。虽然 LSB 实现速度较快，但其抵抗几何变形、噪声和压缩的能力较差。

2) 变换域信息隐藏

基于变换域的方法将欲隐藏的信息嵌入到载体文件的变换域系数中，再经过反变换生成隐秘文件。变换域方法具有很好的鲁棒性(健壮性)，对数据压缩、常用的滤波处理以及噪声等均有一定的抵抗能力。基于变换域的技术常用的变换有：离散余弦变换(Discrete Cosine Transform, DCT)、离散小波变换(Discrete Wavelet Transform, DWT)、傅立叶梅林变换(Fourier-Mellin)、离散傅立叶变换(Discrete Fourier Transform, DFT)或其他变换。

近年来，新的水印技术还在不断涌现。

3. 数字图像水印的攻击技术

与其他安全技术类似，水印技术在设计实现时必须考虑安全攻击的威胁，目前存在的针对数字图像水印的攻击技术可以分为两代。

第一代水印攻击采用大量的信号和图像处理操作，具体可以分为如下几种：

(1) 去除水印攻击：主要包括 A/D 转换、D/A 转换、去噪、滤波、直方图修改、量化和有损压缩等。这些操作造成了媒体数据的信息损失，特别是压缩，在保证一定信息质量的前提下，会尽可能多地剔出冗余，导致水印被去掉。

(2) 几何攻击：主要包括各种几何变换，如对图像实施旋转、平移、尺度变换、剪切、删除行或列、随机几何变换等。这些操作使得媒体数据的空间或时间序列的排布发生变化，因而造成水印的不可检测，因此也叫异步攻击。

(3) 共谋攻击：攻击者利用同一条媒体信息的多个含水印的拷贝，利用统计方法构造出不含水印的媒体数据。

(4) 重复嵌入攻击：攻击者在已嵌入他人水印的媒体数据中嵌入自己的版权信息，从而造成版权纠纷。

第二代水印攻击系统由沃罗索诺夫斯基提出，其核心思想是利用合理的媒体数据统计模型和最大后验概率来估计水印或者原始媒体信号，从而将水印剔除。

人们对攻击技术的分析和研究促进了水印技术的革新，但也为水印自身提出了一个又一个挑战。当前，还不存在一种算法能够抵抗所有的攻击，特别是几何攻击，这也是学术界公认的最困难的问题，目前还没有成熟的解决方案。

5.2 空间域图像水印

5.2.1 空间域水印基础

1. 信息冗余的概念

人们在信息传播的过程中所发出的消息/数据并不是彻底精练的信息。也就是说，除了一部分能够消除不确定性信息的数据以外，还蕴含着非有效信息甚至重复的数据，这就是信息冗余(redundancy)。冗余信息并不一定就是一些不必要的、多余的内容，在很多情况下，冗余对于保障通信是必不可少的，也是无法根本消除的。

信息冗余普遍存在于各种数据体之中。数据压缩可尽量剔除数据冗余，而水印则会利用这些冗余数据所占据的空间进行替换和隐藏。

2. 图像空间域水印方法

图像空间域水印方法是通过空间数据处理手段，用水印信息替换图像的冗余数据部分，从而实现水印。最具代表性的图像空间域水印方法就是 LSB。

LSB 是一种最典型的空间域数据隐藏方法。以图像为例，一幅图像的每个像素是以多比特方式构成的。在灰度图像中，每个像素通常为 8 位；而在彩色图像(RGB 方式)中，每个图像为 24 比特，其中 RGB 三色各占 8 位，每一位的取值为 0 或 1。以灰度图为例，可以把整个图像按照像素位分解为 8 个位平面，从 LSB(最低有效位 0)到 MSB(最高有效位 7)，构成一个多平面立方体，如图 5-3 所示。

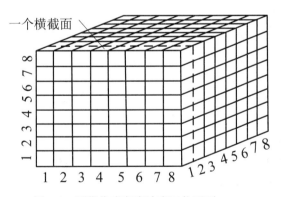

图 5-3 图像像素灰度法表示位平面

图 5-3 中有 64 个像素点，每个像素点的灰度取值为 0～255，用一个字节(即 8 比特)表示。图中每个横截面代表一个位平面，第一个位平面由每个像素点的最低比特位组成，第八个位平面由每个像素点的最高比特位组成，位平面越高，对灰度值的贡献越大，而最低的两个位平面反映的基本上是噪声，没有携带图像的有用信息(彩色图像的情形类似)。因此，可以用图像像素的最低一个或多个(比特)位平面的值来隐藏数据。

LSB 方法非常简单，以一幅灰度 BMP 图为例，首先，读取载体图像和秘密信息；然后将原始图像的最低位置零(1～3 位)，这并不会改变图像的视觉效果；接着，将秘密信息赋值给原始图像的最低位，实现秘密信息写入，写入以后，观察者看不见秘密信息的存在；最后，如果需要解码，只需要将图像的前高 7 位置零，仅留下最低位，就可以得到秘密信息。

3. LSB 水印性能分析

由于 LSB 位平面携带着水印，因此在嵌入水印图像没有产生失真的情况下，水印的恢复很简单，只需要提取含水印图像的 LSB 位平面即可。LSB 的最大缺陷是对信号处理和恶意攻击的稳健性很差，对含水印图像进行简单的滤波、加噪等处理后，就无法进行水印的正确提取了。通过实验可知，LSB 算法对于滤波操作和部分几何攻击的抵抗性最差。尽管如此，由于 LSB 实现简单，隐藏量比较大，因此它还有很多应用。另外，以 LSB 的思想为原型，人们还提出了一些变形的 LSB，目前互联网上公布的图像隐藏软件大多使用这种方法。

5.2.2　LSB 水印

本节介绍 LSB 的 Python 实现方法。

1. 安装图像处理包

图像 LSB 的实现需要安装图像处理包。可以使用 pip 安装 CV2 工具包和 NumPy 工具包，用于图像处理和数据操作。在 Windows 命令行窗口，执行 "pip install opencv-python" 命令，将把处理包安装至本机。

2. 隐藏文件信息转二进制流

由于要进行比特替换，所以要将待隐藏的文件信息转换成二进制格式，该项工作由 read_data_file 函数完成，具体代码如下：

```
# 文件信息转二进制流
def read_data_file(path):
        fp = open(path, "rb")                        #❶
    stream = ""
    s = fp.read()
    for i in range(len(s)):
        tmp = bin(s[i]).zfill(8)                     #❷
        stream = stream + tmp.replace('0b', '')      #❸
    fp.close()
    return stream
```

上述代码以 rb 方式打开待隐藏信息文件❶，利用 bin 函数逐一将文件内容转换成二进制数，并利用 zfill 函数将结果填充为 8 位(不足补零)❷；然后用 replace 函数将'0b'去除掉❸；最后关闭文件输出二进制流 stream。

3. 进行 LSB 信息隐藏

以下是实现 LSB 的函数 lsb，其中参数 image 是输出的含有水印的图像数据，data_stream 是待嵌入的保密信息，random_index 是随机嵌入的位置列表，具体程序代码如下：

```
#实现 LSB 信息隐藏
def lsb(image, data_stream, random_index):
    for i in range(len(stream)):
        x = random_index[i] % image.shape[0]      #❶嵌入隐藏信息图像的垂直尺寸
        y = int(random_index[i] / image.shape[1]) #❷嵌入隐藏信息图像的水平尺寸
        value = image[x, y]
        if value % 2 != stream[i]:#❸
            if value % 2 == 1:
                image[x, y] = value - 1
            else:
                image[x, y] = value + 1
    return image
```

其中，shape 函数是 numpy.core.fromnumeric 中的函数，它的功能是查看矩阵或者数组的维数。image.shape[0]是图片的垂直尺寸❶，image.shape[1]是图片的水平尺寸❷，image.shape[2]是图片通道数。通过 for 循环逐一将二进制隐藏信息写入 image 中。这里隐藏信息并不是在图像中依次嵌入的，而是利用后面随机生成的随机位置写入的。其中，random_index 包含有嵌入水印的随机位置数值，具体位置是通过与图像高度和宽度分别求余和作商，得到 x、y 坐标位置。嵌入时，首先判断当前嵌入比特位置的值是否与待嵌入比特值相等，如果相等则不做修改，否则进行 0、1 互换❸。

4. LSB 主程序

调用 LSB 的主程序代码如下：

```
if __name__ == "__main__":
    text_path = 'C:\\test\\abc.txt'
    img_path = 'C:\\test\\original.png'
    out_path = 'C:\\test\\steg.png'
    stream = read_data_file(text_path)
    img = cv2.imread(img_path, 0)
    pixel_len = img.shape[0] * img.shape[1]
    rate = len(stream) / pixel_len#❶
    print('隐写率：', rate)
    if rate <= 1:
        random_ls = random.sample(range(0, pixel_len), len(stream))# ❷
        random_ls.sort()
        new_img = lsb(img, stream, random_ls)
        cv2.imwrite(out_path, new_img)
        print('success')
    else:
        print('数据过大')
```

由于水印嵌入受到宿主图像空间的限制，不可能无限嵌入，因此在嵌入之前，要计算隐写率(保密信息比特长度与图像像素总数的商)❶。如果该隐写率大于 1，则隐藏信息的数据过大，无法执行 LSB 操作。上述程序还利用 sample 函数生成长为隐藏信息长度、取值从 0 到图像文件像素总长区间的随机列表，作为隐藏信息的嵌入位置❷。sample(list, k)将返回一个长度为 k 的新列表，新列表存放 list 所产生的 k 个随机唯一的元素。

水印的提取过程为上述过程的逆过程，在本例中需要获取嵌入位置值，具体实现代码略。

5.3　变换域图像水印

5.3.1　变换域水印基础

1. 图像变换域算法基础

变换域水印方法将信息隐藏在载体文件变换后的次要位置，与空间域方法相比，它对诸如压缩、修剪等处理的攻击鲁棒性更强，一般在正交变换域中进行。变换域法的主要特点是：将欲隐藏的信息嵌入到载体文件的变换域系数中，再经过反变换生成隐秘文件(如 JEPG 中的隐藏算法)。其优点是可以利用人眼对于不同空间频率的敏感度不同来决定秘密信息的嵌入位置和强度，从而确保嵌入信息的不可察觉性。

本节重点介绍 DCT 与 DWT 水印。

1) DCT 水印

DCT 是与傅立叶变换相关的一种变换，它类似于离散傅立叶变换。

导入 DCT 变换的图像，会生成出二维的 DCT 系数，并且这些系数具有很强的"能量集中"特性，大多数自然信号(包括声音和图像)的能量都集中在离散余弦变换后的低频部分，如图 5-4 所示。

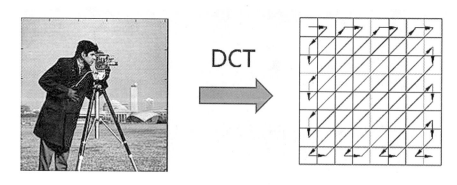

图 5-4　DCT 变换后图像的能量集中

图 5-4 中，图像经过 DCT 变换后得到一组系数，形成矩阵。系数的能量呈现出右侧箭头方向(呈"Z"形)的递减趋势，也就是最左上角的系数含有的能量最集中，对图像的贡献

最大(低频部分)，而右下角的系数能量最稀疏，对图像的贡献最小(高频部分)。介于它们之间的系数由左上至右下顺序递减。可以考虑将对图像贡献不大的中、高频部分像空间域的 LSB 一样替换掉，这就是 DCT 水印的思想。

基于 DCT 域的水印算法具有良好的抗 JPEG 压缩、抗缩放性，嵌入的水印信号比较健壮，可以有效抵御一些利用信号失真破坏水印的攻击方法，不可感知性较好。当然，该算法也存在计算复杂等缺点。

2) DWT 水印

小波信息隐藏是变换域水印新的研究方向，它可以充分利用人类的视觉模型(HVS)和听觉模型(HAS)的空间频率特性，使嵌入信息的不可见性和鲁棒性都得到改善。自 1986 年以来，小波分析的理论方法与应用的研究方兴未艾。作为一种数学工具，小波变换是对人们熟知的傅立叶变换和窗口傅立叶变换的一个重大突破，为信号分析、图像处理及其他非线性科学研究领域带来了革命性的影响。

小波变换在图像处理中的基本思想是：把图像进行多分辨率分解，生成不同的空间和独立频率带的子图像，然后对子图像的系数进行处理。根据 S. Mallat 的塔式分解算法，图像经过一次小波变换后分解成四个子图：水平方向 LH、垂直方向 HL、对角线方向 HH 的中高频细节子图和低频逼近子图 LL。低频部分还可以继续分解，产生三个高频带系列 LH_n、HL_n、HH_n(n 为分解的层次，$n=1$，2，3，…)和一个低频带 LL_n，见图 5-5。

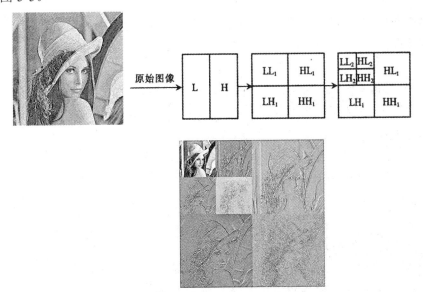

图 5-5　DWT 变换后图像的能量分布

图 5-5 中，LL_2 表示小波变换分解级数决定的最大尺度、最小分辨率下对原始图像的最佳逼近，图像大部分能量集中于此，高频带系列代表图像的边缘和纹理。基于此现象，就可以考虑对图像贡献不大的中、高频系数矩阵进行水印数据的嵌入，这就是 DWT 水印的思想(为了更好地抵御低通滤波攻击，也可以考虑在低频带嵌入信息)。

小波变换相对于 DCT 有良好的时间频率局部性、多尺度变换、较小的计算复杂度等独特的优点，因此，基于小波变换的水印具有突出的抗滤波和抗压缩攻击的能力，同时又保留了空间域特性，并且一幅图像经小波分解后所得到的子带和 HVS 模型相符合，这就提高了算法的鲁棒性。

此外，变换域水印还可以采用 DFT、数字音频的相位编码、数字音频的回声隐藏等，它们也都是变换域水印的常用技术。

5.3.2　DCT 水印

DCT 水印首先对图像进行 DCT 变换，对于得到的 DCT 系数矩阵中选定的次要(中、高频系数)部分，依据嵌入信息进行调整，然后将调整后的 DCT 矩阵作反变换，生成含有水印的图像，具体方法如下：

(1) 对宿主图像和待嵌入的水印进行预处理和信息分析，以满足后续处理要求。

(2) 将原始载体图像按 N×N 大小进行分块(一般是 8×8)，然后进行 DCT 变换，选择水印信息的嵌入位置。通常由于人眼对位于低频部分的噪声相对敏感，为了使水印不易被察觉，应将水印信息嵌入到较高频率的 DCT 系数中。但是，如果将水印信息嵌入到 DCT 高频系数中，又会因量化、低通滤波等处理导致信息丢失，影响水印的鲁棒性，因此我们采用折中的方法，将水印信息嵌入到载体图像的 DCT 中频系数中。

(3) 嵌入水印信息并进行分块 DCT 逆变换。确定合适的 DCT 中频系数位置后嵌入水印信息，通过子块的 DCT 逆变换生成含水印的图像。

下面介绍 DCT 水印嵌入与提取的 Python 实现。

1. 安装图像处理包

如果系统没有安装图像处理包，则需要使用 pip 安装 CV2 工具包和 NumPy 工具包，用于支持图像处理和数据操作。安装需执行“pip install matplotlib==3.3.0”命令(这里指定 Matplotlib 版本为 3.3.0)，具体过程略。

2. 水印图像主函数

本节的水印实例要求用户输入一段简短文本信息，之后将其嵌入到本地图片 monarch.png 中，主函数实现代码如下：

```python
if __name__ == '__main__':
    img_file = './monarch.png'
    msg =input("请输入要嵌入的信息: ")#❶由用户输入一段文本信息
    img_gray = cv2.imread(img_file, cv2.IMREAD_GRAYSCALE) #❷读取图片
    img_marked = dct_embed(img_gray, msg, 20200417)      # ❸进行水印嵌入
    cv2.imwrite('monarch_marked.png', img_marked)

    print(img_marked.shape, type(img_marked), type(img_marked[0, 0]))
    img_stego = cv2.imread('monarch_marked.png', cv2.IMREAD_GRAYSCALE)
    msg_out = dct_extract(img_stego, 20200417)        #❹水印读取
    print('嵌入的信息为: ', msg)
```

```
print('提取的信息为：', msg_out)

plt.figure(figsize=(4, 3))              #❺将嵌入前和嵌入后的图片绘制出来并比较
plt.subplot(121), plt.imshow(img_gray, cmap='gray'), plt.title('Cover')
plt.subplot(122), plt.imshow(img_marked, cmap='gray'), plt.title('Marked')
plt.tight_layout()
plt.show()
```

上述代码首先要求由用户输入一段文本信息❶；然后读取待嵌入信息的图片，将彩色图转为灰度图❷；之后使用函数 dct_embed 进行水印嵌入❸；接下来使用函数 dct_extract 进行嵌入数据的读取❹；最后利用 Matplotlib 绘制嵌入前和嵌入后的图片并进行比较❺，效果如图 5-6 所示。

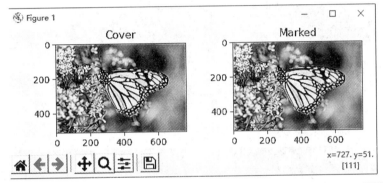

图 5-6　DCT 水印嵌入效果

3. 水印嵌入函数

在本程序中，水印嵌入是由函数 dct_embed 实现的，代码如下：

```
def dct_embed(img_gray, msg, seed=2020):
    # Step 1: 检查嵌入内容的比特长度
    msg2embed = str2bitseq(msg)#❶将字符串转换为比特序列
    len_msg = len(msg2embed)

    N = 8                      #计算当前图片的嵌入容量是否满足，以N=8的方块为单位
    height, width = img_gray.shape
    EC = np.int((height - 2) * (width) / N / N)# ❸计算有多少个N比特方块，计算公式为(高度
                                               -2)*宽度/N^2
    if EC < len_msg:
        print('Embedding Capacity {} not enough'.format(EC))
```

```python
        return img_gray

    # 对嵌入消息进行加密
    random.seed(seed)                              #设置随机数种子
    s = [random.randint(0, 1) for i in range(len_msg)]
    #❹利用随机数生成器生成一个与消息等长的二进制序列
    bits2embed = np.bitwise_xor(msg2embed, np.uint8(s))
    print('To embed:', bits2embed)


    # Step 2  数据嵌入
    img = img_gray[2:, :].copy()                   #去掉前两行，用于存储辅助信息
    height, width = img.shape
    cnt = 0
    delta = 0.01
    for row in np.arange(0, height, N):
        if cnt >= len_msg:
            break
        for col in np.arange(0, width, N):
            if cnt >= len_msg:
                break
            #❺将 1 bit 的消息嵌入到一对 DCT 系数中
            block = np.array(img[row:(row + N), col:(col + N)], np.float32)
            block_dct = cv2.dct(block)        # ❻使用 dct 获得 img 的频域图像
            a, b = (block_dct[2, 4], block_dct[4, 2]) if block_dct[2, 4] > block_dct[4, 2] \
            #❼比较大小
    else (block_dct[4, 2], block_dct[2, 4])
            a += delta
            b -= delta
            # ❽如果写入比特为 1，则将 a 赋值给 block_dct[2, 4]
                    block_dct[2, 4] = (a if bits2embed[cnt] == 1 else b)
            # 小值赋值给 block_dct[4, 2]，如果写入比特为 0，反向操作
                    block_dct[4, 2] = (b if bits2embed[cnt] == 1 else a)
                    cnt += 1
            # 使用反 dct 从频域图像恢复出原图像(有损)
                    img[row:(row + N), col:(col + N)] = np.array(cv2.idct(block_dct), np.uint8)

    # step 3: 隐藏消息长度信息在图像的第一行数据中
    #❾将发送消息长度转换为二进制数，形如 0b11000，去除该二进制数'0b'标志，填充 0，得
到 24 位数
```

```
bits_bin = (bin(len_msg).replace('0b', '')).zfill(24)
img_marked = img_gray.copy()
for i, bit in enumerate(bits_bin):
    img_marked[0, i] &= (255 - 1)      #254 即为 11111110，与之作与操作，即为最低位清 0
    img_marked[0, i] += np.uint8(bit)
    #❿将消息长度的 1 bit 赋值该像素的最低位(bit 与 bits_bin[i]相等)
    print("bit",bit,bits_bin[i])


img_marked[2:, :] = img                #保留前两行，将嵌入水印的消息填入图像的后面内容


return img_marked
```

上述代码中，dct_embed 函数进行水印嵌入分为三步。

(1) 通过调用函数 str2bitseq 对用户输入的字符串进行转换，将其转换成比特序列❶。str2bitseq 函数的定义如下：

```
def str2bitseq(s, width=8):
    binstr = ''.join([(bin(c).replace('0b', '')).zfill(width) for c in s.encode(encoding="utf-8")])#❷
    bitseq = [np.uint8(c) for c in binstr]
    return bitseq
```

形式参数 s 为待转化字符串，宽度 width 缺省为 8 bit。str2bitseq 函数中先调用 encode 函数将 s 中的字符转换成字节型(byte)❷。这里 utf-8 是 unicode 字符集的一种编码方式。Python3 使用 unicode 字符集，而 Python2 使用 ASCII。再调用 bin 函数和字符串的 join() 函数，将这些字节转化为二进制数，并连接生成一个新的二进制表示的字符串 binstr。然后，再将 binstr 中的各个字节以二进制比特形式存储为二进制序列 bitseq。

接着 dct_embed 函数会计算宿主图片的信息容量，如果嵌入的文本数据大于该容量则退出。计算容量的方法就是计算这幅图像包含多少个 N×N 的方块(后续将在每个方块里面嵌入 1 bit 的数据)。由于图像的最开始两行要用于嵌入辅助信息，所以不计为可嵌入空间，因此容量计算公式为[(高度-2)×长度]/N²❸。

为了进一步对嵌入信息进行保密，dct_embed 函数还对嵌入信息进行了加密。加密的方法就是：为随机数生成器设定一个随机数种子(这里取 seed)，利用随机数生成器生成一个与消息等长的二进制序列❹，用该序列与嵌入信息作异或操作(np.bitwise_xor)。

(2) 进行水印嵌入。水印嵌入利用了两个 for 循环，逐步将 1bit 的消息嵌入到一对 DCT 系数中❺，每个 for 循环的步长是 8 像素，从图像的左上角下第 3 行开始(注意，前两行用于辅助信息存储)。

将 1 bit 的消息嵌入到一对 DCT 系数中，采用的方法是：首先对当前 8×8 的图像块作 DCT 变换❻，得到该图像块的频域图像，然后比较该频域图像块的[4, 2]与[2, 4]的大小(如图 5-7 所示)，并将其中大值赋值给 a，小值赋值给 b❼。接着读取 1 bit 的待嵌入消息，如果该比特为 1，则将 a 赋值给频域图像块的[2, 4]，b 赋值给频域图像块的[4,2]❽；如果该比特为 0，反之操作。

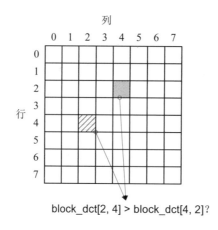

block_dct[2, 4] > block_dct[4, 2]?

图 5-7　比较判断

依照上述方法，将所有待嵌入的消息嵌入到 DCT 图像块中。根据 DCT 相关理论可知，[4, 2]与[2, 4]都是图像的中频系数。之所以选择中频系数进行嵌入，是因为这样可以达到既不引起视觉变化，又不会被轻易破坏的目的。

完成嵌入后，还要使用反 DCT(通过调用 idct 函数)从频域图像恢复出原图像。注意：DCT 变换是有损变换，因此会损失一定的图像信息。

(3) 将消息长度信息隐藏在图像的第一行数据中，以便后续水印的提取。将发送消息长度转换为二进制数，形如 0b11000，去除该二进制数'0b'标志，填充 0，得到 24 位数❾(利用图像的前 24 个像素隐藏嵌入消息的长度信息)，依次将消息长度的 1bit 赋值到 1 个像素的最低位(bit 与 bits_bin[i]相等)，直到所有的消息长度二进制数嵌入完毕。

4. 水印提取函数

在本程序中，水印提取是由函数 dct_extract 实现的，代码如下：

```python
def dct_extract(img_marked, seed=2020):
    # Step 1: 抽取水印信息长度
    bits_bin = ''
    for i in range(24):                    #❶依次提取前 24 像素的最低位
        bits_bin += bin(img_marked[0, i] & 1).strip('0b').zfill(1)
    len_msg = int('0b' + bits_bin, 2)

    # Step 2: 抽取水印信息内容
    N = 8
    img = img_marked[2:, :]
    height, width = img.shape
    msg_embedded = ''
    cnt = 0
    for row in np.arange(0, height, N):
```

```
        if cnt >= len_msg:
            break

        for col in np.arange(0, width, N):
            if cnt >= len_msg:
                break

            # ❷比较 block_dct[2, 4]与 block_dct[4, 2]的大小，得到 0 或 1
            block = np.array(img[row:(row + N), col:(col + N)], np.float32)
            block_dct = cv2.dct(block)
            msg_embedded += ('1' if block_dct[2, 4] > block_dct[4, 2] else '0')
            cnt += 1
    bits_extracted = [np.uint8(c) for c in msg_embedded]

    # Step 3: 对抽取的水印信息内容解密
    random.seed(seed)
    s = [random.randint(0, 1) for i in range(len_msg)]
    msgbits = np.bitwise_xor(bits_extracted, np.uint8(s))         #❸异或操作
    msg = bitseq2str(msgbits)

    return msg
```

上述代码中，水印提取也分为三步。

(1) 提取图像的前 24 个像素的最低位❶，得到消息长度的 bit 表示，然后将该表示转换成字符串。

(2) 抽取水印信息内容，同样将 2 行后的图像以 8×8 为单位分块，对每一块进行 DCT 变换，然后比较[2, 4]与[4, 2]的大小，得到 0 或 1。检测 8×8 块数与第一步获得的消息长度相等❷。

(3) 对抽取出来的水印进行解密，解密采用与加密时相同的种子生成的随机数进行异或操作来实现❸。得到的水印只是二进制数，要恢复成字符串还需调用 bitseq2str 函数，代码如下：

```
def bitseq2str(msgbits):
    binstr = ''.join([bin(b & 1).strip('0b').zfill(1) for b in msgbits])
    str = np.zeros(np.int(len(msgbits) / 8)).astype(np.int)
    for i in range(0, len(str)):
        str[i] = int('0b' + binstr[(8 * i):(8 * (i + 1))], 2)

    return bytes(str.astype(np.int8)).decode()
```

函数返回嵌入的字符串，水印提取成功。

5.3.3　DWT 水印

DWT 水印嵌入算法首先将原始图像的二维信号进行小波变换，然后将水印信息嵌入小波分解的高频子带中(原则上可以通过增加分层来增加嵌入数据容量，但增加分解层次会对人类视觉产生很大的影响)，从而满足隐蔽性的要求，具体方法如下：

(1) 载入原始图像 I，使用小波函数对图像进行二维离散小波变换(变换无须对图像分块)。

(2) 定义一个阈值 T，在 I 中嵌入水印。选择小波分解的高频系数矩阵，如果系数矩阵的每一个元素值大于阈值 T，则将这个值加上一个均值为 0、方差为 1 的伪随机序列，否则不改变系数矩阵中的元素值。

(3) 使用小波分解的低频系数和改变后的高频系数矩阵进行小波反变换，重构图像并输出。

下面介绍 DWT 水印嵌入与提取的 Python 实现。

1. 安装图像处理包

为了支持小波变换，需要安装小波库，安装执行 "pip install PyWavelets" 命令，具体过程略。

2. 水印图像主函数

本节的水印程序实现将一幅内容简单的 png 图嵌入到本地图片 lena.jpg 中，其主函数代码如下：

```python
if __name__ == '__main__':
    imgname = 'lena.jpg'                    #❶宿主图片
    wmname = 'wm.png'                        #水印图片
    outname = 'dwt_'+imgname                 #嵌入水印的图片名称
    wm_outname = 'ex_' + imgname             #提取出来的水印图片名称
    Q = 32
    img = cv2.imread(imgname)                #读入宿主图片
    conver_img = cv2.cvtColor(img,cv2.COLOR_BGR2YCrCb) #转为 YCRCB 色彩空间上

    # ❷为确保正确进行 dwt 变换，要将长宽调整成为能被 8 整除
    height,weith = conver_img.shape[:2]
    if not height%8 == 0:
        height -= height%8
    if not weith%8 == 0:
        weith -=weith%8
    conver_img = conver_img[:height,:weith,:]

    wm = cv2.imread(wmname, cv2.IMREAD_GRAYSCALE)    #读取待嵌入的水印
    start_time = time.clock() #记录时间
```

```
LL_2, dwt_2, dwt_1, dwt_0 = generate_LL_2(conver_img)   #❸三层小波变换得到 LL_2
Y_split_embed = embed(LL_2, dwt_2, dwt_1, dwt_0, wm)   #❹得到嵌入水印后的 Y 分量
print('嵌入耗费时间：',(time.clock()-start_time))


wm_temp=cv2.imread(outname)
# wm_temp=crop(wm_temp)                                 #❺水印攻击
# wm_temp = scale(wm_temp)
# wm_temp = crop_scale(wm_temp)
# wm_temp = scale_crop(wm_temp)
wm_out=extract(wm_temp)      #❻读取嵌入的水印


plt.figure(figsize=(8, 3))
plt.rcParams['font.sans-serif'] = ['SimHei']           #解决 plt 汉字显示问题
plt.rcParams['axes.unicode_minus'] = False
plt.subplot(141), plt.imshow(img, cmap='gray'), plt.title('原图')
plt.subplot(142), plt.imshow(Y_split_embed, cmap='gray'), plt.title('带水印图')
plt.subplot(143), plt.imshow(wm, cmap='gray'), plt.title('原水印')
plt.subplot(144), plt.imshow(wm_out, cmap='gray'), plt.title('提取水印')
plt.tight_layout()
plt.show()                                             #❼绘制图片
```

　　上述代码首先设定各图片名及路径，包括宿主图片、水印待嵌入图片、嵌入水印的图片名称、提取出来的水印图片名称❶；为确保正确进行 dwt 变换，要将长宽调整成为能被 8 整除❷；在读取宿主图片和待嵌入的水印后，对宿主图片进行三层小波变换得到 LL_2❸；进而得到嵌入水印后的 Y 分量❹；在提取水印之前，可以尝试水印攻击来测试水印鲁棒性，这里提供的攻击手段有四种，详见下文介绍❺；接下来调用 extract 函数读取嵌入的水印❻；最终将原图、嵌入水印图、原水印、提取水印显示出来❼，显示效果如图 5-8 所示。

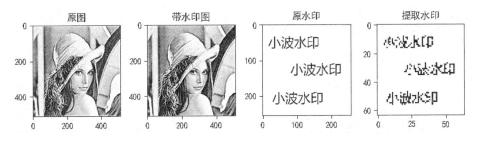

图 5-8　小波水印效果图

　　由图 5-8 可以看出，程序成功地嵌入并提取了水印，但是，还是有一些数据丢失。

3. 水印嵌入函数

　　水印的嵌入由函数 generate_LL_2 和 embed 配合实现，其中 generate_LL_2 的功能是提取图像的 LL_2 频带，代码如下：

```python
def generate_LL_2(conver_img):
    #转换 RGB 到 YCRCB，在 Y 分量上加水印
    Y_split = conver_img[:,:,0]
    #dwt 变换 3 次
    LL,(HL,LH,HH) = pywt.dwt2(np.array(Y_split),'haar')
    LL_1,(HL_1,LH_1,HH_1) = pywt.dwt2(np.array(LL),'haar')
    LL_2,(HL_2,LH_2,HH_2) = pywt.dwt2(np.array(LL_1),'haar')

    return LL_2,(HL_2,LH_2,HH_2),(HL_1,LH_1,HH_1),(HL,LH,HH)
```

上述代码通过三次 haar 小波变换，提取出 LL_2 频带。函数的导入参数 conver_img 是宿主图片，返回值是经过小波变换后的诸频带。

函数 embed 实现待嵌入水印向宿主图片的嵌入，代码如下：

```python
def embed(LL_2, dwt_2, dwt_1, dwt_0, wm):
    h,w = LL_2.shape
    print(h,w)
    wm = cv2.resize(wm,(w,h)) #❶缩放至 LL_2 相同大小进行嵌入

    for i in range(h):#❷水印依次嵌入
        for j in range(w):
            a = np.mod(LL_2[i,j], Q)
            if wm[i,j] <160   and 0<=a<3*Q/4:
                LL_2[i,j] = LL_2[i,j] - a + (Q/4)
            elif wm[i,j] <160 and 3*Q/4<=a<Q:
                LL_2[i,j] = LL_2[i,j] - a + 5*(Q/4)
            elif   wm[i,j]==255 and 0<=a<Q/4:
                LL_2[i,j] = LL_2[i,j] - a - (Q/4)
            elif   wm[i,j]==255 and Q/4<=a<Q:
                LL_2[i,j] = LL_2[i,j] - a + 3*(Q/4)

    LL_1 = pywt.idwt2((LL_2,dwt_2),'haar')       #❸嵌入完之后反变换回去
    LL = pywt.idwt2((LL_1,dwt_1),'haar')
    Y_split_embed = pywt.idwt2((LL,dwt_0),'haar')

    conver_img[:,:,0] = Y_split_embed #❹保存嵌入水印后的图
    img = cv2.cvtColor(conver_img, cv2.COLOR_YCrCb2BGR)
    cv2.imwrite(outname, img)

    return Y_split_embed
```

上述代码实现对水印的小波嵌入，输入参数包括频带数据 LL_2、dwt_2、dwt_1、dwt_0，以及待嵌入图像 wm。为了嵌入水印，需要将水印缩放至 LL₂ 相同大小❶；然后分四种情况修改 LL₂ 值❷；嵌入完之后执行反变换，同样需要变换三次❸；最后保存嵌入水印后的图，返回嵌入水印图片❹。

4. 水印提取函数

水印的提取由函数 extract 实现，代码如下：

```python
def extract(ex_img):
    ex_wm = []
    ex_img = cv2.cvtColor(ex_img, cv2.COLOR_BGR2YCrCb)   #❶对图像进行转换
    Y_split = ex_img[:,:,0]

    LL,(HL,LH,HH) = pywt.dwt2(np.array(Y_split),'haar')   #❷三次小波变换
    LL_1,(HL_1,LH_1,HH_1) = pywt.dwt2(np.array(LL),'haar')
    LL_2,(HL_2,LH_2,HH_2) = pywt.dwt2(np.array(LL_1),'haar')
    h1,w1 = LL_2.shape

    for x in range(h1):   #❸提取水印
        for y in range(w1):
            a = np.mod(LL_2[x,y], Q)
            if a > Q/3:
                ex_wm.append(255)
            else:
                ex_wm.append(0)
    ex_wm = np.array(ex_wm).reshape((h1,w1))
    return ex_wm
```

上述代码实现对水印的小波提取，输入参数为已经嵌入水印的图片 ex_img。函数首先对图像进行格式转换❶；然后进行三次小波变换得到 LL₂ 频带❷；最后提取水印，返回水印❸。

5. 水印攻击函数

如上文所述，程序提供了四种水印攻击方法，以测试水印的鲁棒性，分别是：crop、scale、crop_scale、scale_crop 函数，代码如下：

```python
def crop(img):              # ❶至少保留图像中心 1/4 的裁减
    h, w = img.shape[:2]
    h_crop = np.random.randint(int(h/10),int(h/4))
    w_crop = np.random.randint(int(w/10),int(w/4))
    img = img[h_crop:h-h_crop, w_crop:w-w_crop,:] #保留中间 1/4 的部分
    return img
```

```
def scale(img):              # ❷长宽均小于 3 倍缩放的任意组合, scale_rate 为缩放比例
    half_h,half_w = img.shape[:2]
    h_scale_rate = random.uniform(0.5,1.5)#随机生成长(0.5-1.5)之间的缩放比例
    w_scale_rate = random.uniform(0.5,1.5)#随机生成宽(0.5-1.5)之间的缩放比例
    half_h = int(half_h*h_scale_rate)
    half_w = int(half_w*w_scale_rate)
    img = cv2.resize(img,(half_w,half_h))# 缩放攻击
    return img


def crop_scale(img):         # ❸先裁减再缩放攻击
    crop_img = crop(img)
    img = scale(crop_img)
    return img


def scale_crop(img):         # ❹先缩放再裁减攻击
    scale_img = scale(img)
    img = crop(scale_img)
    return img
```

其中，crop 函数实现裁减攻击，至少保留图像中心 1/4 的裁减❶；scale 函数实现缩放攻击，长宽均小于 3 倍缩放的任意组合，scale_rate 为缩放比例❷；crop_scale 实现先裁减再缩放攻击❸；scale_crop 实现先缩放再裁减攻击❹。

从实验效果看，程序基本完成了基于小波的水印变换，但是在不可感知性、鲁棒性上还有一定的改进空间，读者可以自行进行修改尝试。

据世贸组织统计，全世界受假冒伪劣产品影响的市场份额达到了 3000 亿美元，每年假冒伪劣产品的成交额已占到世界贸易总额的 10％。在我国，假冒伪劣产品规模是 3000 亿～4000 亿元，特别是烟、酒、农资、食品、化妆品等行业，已是假冒伪劣商品的"重灾区"。基于水印技术的电子产权保护已经成为重要的解决方案之一。

如今水印技术在版权保护、数字指纹、认证和完整性校验、内容标识和隐藏标识、使用控制、内容保护、隐式注释等方面，应用越来越广泛。

思 考 题

1. 解释什么是数字水印，数字水印具有怎样的功能。
2. 以 LSB 为例，解释空间域水印实现原理。
3. 以 DCT 为例，解释频域水印实现原理。
4. 结合本书例程，介绍 DCT 系数进行数据隐藏的策略。
5. 尝试对不同的子图进行 DWT 水印，并比较效果。

第 6 章　身份认证编程

电子信息系统中用户的身份信息是用一组特定的数据来表示的，由于计算机只能识别用户的数字身份，并且所有对用户的授权也是针对用户数字身份的授权，因此，通过身份认证保证操作者的物理身份与数字身份相对应，是网络资产安全保护的第一道关口，具有举足轻重的作用。

本章探讨基于 Python 实现身份认证编程，具体包括口令、人脸、说话人识别三种技术。

6.1　身份认证概述

6.1.1　身份认证的定义

身份认证是证实主体的真实身份与其所声称的身份是否相符的过程，可分为用户与主机间的认证和主机与主机之间的认证。

身份认证的目的是确保进入安全域的实体就是它所声称的那个实体。

身份认证的作用包括：验证用户，对抗假冒；依据身份实施控制；明确责任，便于审计。

身份认证可以说是一个非常复杂的安全问题，美国国家标准局(NBS)的《自动身份验证技术的评价指南》提出了身份认证的 12 个需要考虑的问题，包括抗欺诈能力、伪造容易程度、对设陷的敏感性、完成识别的时间、方便用户使用等，归纳起来就是：好的身份认证应当充分考虑系统安全强度、用户可接受性和系统成本三个主要问题。

6.1.2　身份认证的分类

对用户的身份认证手段可以按照不同的标准进行分类。若仅通过一个条件的符合来证明一个人的身份称之为单因子认证。由于单因子认证容易被仿冒，因此可以通过组合两种不同条件来证明一个人的身份，称之为双因子认证。此外，根据身份认证技术是否使用硬件可以分为软件认证和硬件认证；从认证信息来看，又可以分为静态认证和动态认证。

身份认证技术的发展，经历了从软件认证到硬件认证，从单因子认证到双因子认证，从静态认证到动态认证的过程。常用的身份认证方式主要有基于静态与动态口令、基于密码学、基于生物特征等。

1. 静态与动态口令

用户名/静态口令是最简单也是最常用的身份认证方法，它是基于"你知道什么"的验证手段。每个用户的静态口令是由这个用户自己设定的，只有他自己才知道，因此只要能够正确输入口令，计算机就认为他就是这个用户。静态口令方式是一种极不安全的身份认证方式，其存储、传输都存在极大的安全隐患。动态口令技术是一种让用户的密码按照时间或使用次数不断动态变化，从而保证每个密码只使用一次的技术，相对于静态口令安全性有很大提高。

2. 密码身份认证

利用密码也可以实现用户身份的真伪鉴别。其中最为成功的认证体制就是公钥密码体制(见第 3 章介绍)。在基于公钥加密的认证协议中，首先认证双方在同一个 CA 信任域下，并且互相获得了对方的公钥证书。然后验证方用被认证方的公钥加密一个随机数发起一个认证询问，被认证方用自己私钥解密后得到随机数，随后将该随机数发送给验证方作为询问的应答。由于只有拥有私钥的人才能够解密并获取正确的应答，从而实现了身份认证。通常将用户的私钥置于令牌设备中(USBKey)、IC 卡中，可以非常方便地使用。

3. 生物特征认证

生物特征认证是指采用每个人独一无二的生物特征来验证用户身份的技术。常见的有指纹识别、声音识别、虹膜识别等。从理论上说，生物特征认证是最可靠的身份认证方式，因为它直接使用人的物理特征来表示每一个人的数字身份，不同的人具有相同生物特征的可能性可以忽略不计，因此几乎不可能被仿冒。

除了上述认证技术，近些年来，量子技术、区块链技术也被引入到认证应用中来，本文将不再一一列举。

6.2　口　令　认　证

6.2.1　口令认证简介

1. 定义

口令一般由一串可输入的数字、字符或它们的组合构成，它由认证机构颁发给系统用户，用户也可以自行编制。用户在申请权限时，需要向验证者证明其掌握了相应的口令。

2. 口令挑战

口令认证最简单的方法就是由验证者存储口令，当声称者请求认证时，对声称者提交的口令与存储口令进行比对。然而，在实践中这样的实现其安全性是不足的，因为口令作为一种安全手段，面临着以下挑战。

1) 外部泄露

外部泄露是指由于用户或系统管理的疏忽，使口令直接泄露给了非授权者。

2) 口令猜测

非授权者可以通过猜测获得口令。口令易被猜测的原因包括：口令的字符组成其规律性较强，如与用户生日、电话号码或姓名等相关；口令长度较短；用户在启用新系统时，直接使用未经更改的预设口令。

3) 线路窃听

攻击者可能在网络或通信线路上截获口令。

4) 重放攻击

攻击者可以截获并录制合法用户通信的全部数据，以后通过重放冒充通信的一方与另一方联系。为了防止重放攻击，验证方需要能够判断发来的数据以前是否收到过，这可以使用一个非重复值来实现，如时间戳或随机数。

5) 对验证方的攻击

口令验证方存储了口令的基本信息，攻击者可能通过侵入系统来获得这些信息。

上述这些挑战都是设计口令时必须考虑的问题，因此实际设计的口令认证系统是比较复杂的。

6.2.2　挑战-响应口令认证

为了应对上述口令挑战，安全专家设计了挑战-响应口令方案。

挑战-响应口令方案要求对不可预测的询问计算出正确应答，从而进行认证。通常挑战-响应口令方案由验证者向声称者发送一个 NRV(询问消息)，只有收到询问消息和掌握正确口令 p 的一方才能通过认证。由于此种认证方式不在网络中传送口令，所以可以防止口令截获和重放等冒充攻击形式，并且验证者存储的是口令的哈希值 q，因此也不存在口令明文外部泄露和对验证方的攻击等风险。挑战-响应口令方案的工作结构如图 6-1 所示。

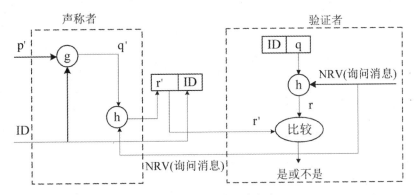

图 6-1　挑战-响应口令方案

在图 6-1 中，声称者收到询问消息中的 NRV 后，需要将 NRV、ID 和声称口令 p'按照确定方式输入单向函数 g 和 h，得到输出(r',ID)。验证一方由于存储了(ID,q)，因此可以验证(r',ID)的正确性。

在重放攻击中，由于攻击者使用的 NRV 与验证者的不同，因此攻击不能成功。另外，口令以非明文的方式存储在验证者处，也不存在口令泄露的危险。

上述挑战-响应口令方案在网络认证、无线接入等场合都有广泛应用。

按照图 6-1 的方案，挑战-响应口令认证的 Python 编程代码如下：

```python
import os
from hashlib import md5,sha1
```

```python
import random

PSW=""            # 密码为"!QAZ@WSX"
ID="ID123456"
rcd_q="d1e355e8ff53925fdbf1686bb1deec56"   #非明文状态存储的 ID|q 值

def fun_g(psw,id):
    m=md5()
    m.update(id.encode('utf-8'))
    m.update(psw.encode('utf-8'))
    return m.hexdigest()

def fun_h(q,nrv):
    new_sha1 = sha1()
    new_sha1.update(q.encode("utf-8"))
    new_sha1.update(nrv.encode("utf-8"))
    return new_sha1.hexdigest()

def proof_output(r,id):
    rpn=[r,id]
    fileObject = open('sampleList.txt','w')
    for ip in rpn:
        fileObject.write(str(ip))
        fileObject.write('\n')
        fileObject.close()

def proof_input(vrf_file):
    f = open(vrf_file,"r")
    table = f.readline()
    f.close()
    return table


if __name__ == '__main__':
    #❶声称者发出认证请求(来自网络或系统应用系统界面)
    # print("接收到认证请求…")

    #❷验证者产生 NRV 询问的随机消息
    NRV=str(random.randrange(1,10000))
```

```
#❸声称者生成验证口令
PSW=input("请输入认证密码！\n")
proof_output(fun_h(fun_g(PSW,ID),NRV),ID)
print("验证口令生成！")
input("请输入回车开始认证！")


#❹验证者利用记录的口令哈希记录进行比对
r2=proof_input("sampleList.txt")
r=fun_h(rcd_q,NRV)
print("声称者值=",r2.strip(),"验证者者值=",r.strip())
if r2.strip()==r.strip():
    print("认证通过！")
else:
    print("认证失败！")
```

在上述认证过程中，声称者与验证者进行了四步操作，首先假设获得了网络认证请求❶；接着验证者调用随机函数 random.randrange 产生 NRV 询问的随机消息❷；然后声称者生成验证口令❸；最后验证者利用记录的口令哈希记录进行比对❹，判断一致性。为了简化操作，此处忽略了声称者和验证者双方的网络交互，而是采用文件读写的方式实现了数据交互。

运行效果如图 6-2 所示。

```
C:\test>abc.py
请输入认证密码！
!QAZ@WSX
验证口令生成！
请输入回车开始认证！
声称者值= 72227b3ef9fa07686321612ae7cca19c3ff2f041 验证者者值= 72227b3ef9fa07686321612ae7cca19c3ff2f041
认证通过！
```

图 6-2　口令认证运行效果

6.3　人脸识别

6.3.1　人脸识别技术简介

1. 人脸识别与安全

人脸识别是基于人的脸部特征信息进行身份识别的一种生物识别技术。一般用摄像机或摄像头采集含有人脸的图像或视频流，并自动在图像中检测和跟踪人脸，进而对检测到的人脸进行脸部识别这一系列相关技术，通常也叫作人像识别、面部识别。

人脸识别系统的研究始于 20 世纪 60 年代。80 年代后，随着计算机技术和光学成像技术的发展，人脸识别技术也得到提高，但真正进入初级的应用阶段是在 90 年代后期。人脸识别系统成功的关键在于是否拥有尖端的核心算法，并使识别结果具有实用化的识别率和识别速度；"人脸识别系统"集成了人工智能、机器识别、机器学习、模型理论、专家系统、视频图像处理等多种专业技术，同时还结合中间值处理的理论与实现，是生物特征识别的最新应用。

人脸识别不被察觉的特点对于一个安全认证非常重要，其优势在于：第一，这会使认证方法不令人反感而得到较好的认证配合；第二，因为认证不容易引起人的注意而不容易被欺骗。人脸识别不同于指纹识别或者虹膜识别，需要利用电子压力传感器采集指纹，或者利用红外线采集虹膜图像，这些特殊的采集方式很容易被人察觉，从而更有可能被伪装欺骗。

人脸识别在安全领域具有十分广泛的应用。

2. 人脸识别工具

鉴于人脸识别的重要价值，国内外很多公司、机构、高校都开展了对人脸识别的研究，其中比较成熟的工具包括以下这些。

(1) Animetrics 人脸识别：该工具的 API 可用于检测图片中的人脸并将其与一组已知的人脸进行匹配，还可以添加或删除可搜索的图库中的主题，并添加或删除主题中的人脸。

(2) Betaface：这是一种提供人脸识别和检测 Web 服务的工具，其特点包括：多个人脸检测，面部裁减，123 个面部点检测(22 个基本，101 个高级)，拥有大型数据库中的验证，识别和相似性搜索。

(3) Eyedea 识别：该识别专注于高端计算机视觉的解决方案，主要用于物体检测和物体识别。提供眼睛、脸部、车辆、版权等识别的服务，主要价值在于可以即时了解对象、用户和行为。

(4) Face ++：这是一种人脸识别和检测服务，提供检测，识别和分析应用，用户可以得到一整套的视觉技术服务。

(5) FaceMark：这是一种开源人脸识别 API，可在一张人脸的正面照片上检测 68 个点，并生成包含面部标记和面向每个找到面部的矢量的 JSON 输出。

(6) FaceRect：这是一款功能强大且完全免费的面部检测 API。该 API 可在一张照片上查找人脸(正面和侧面)或多张人脸，为每张找到的人脸生成 JSON 输出。此外，FaceRect 可以为每个检测到的人脸(眼睛、鼻子和嘴巴)找到特征。

(7) IBM Watson Visual Recognition：这种工具可识别图像的内容。视觉概念标记图像，查找人脸，估计年龄和性别，并在集合中查找类似图像。还可以通过创建自己的自定义概念来培训服务。

(8) Kairos：这是一个平台可让用户快速将情绪分析和人脸识别添加到用户的应用和服务中。

(9) Skybiometry 人脸检测和识别：它提供人脸检测和识别服务，能够将墨镜与眼镜区分开。

(10) Face Recognition 是一个基于 Python 的人脸识别库，它还提供了命令行工具，因此可以通过命令行对任意文件夹中的图像进行人脸识别操作。Face Recognition 库由 Dlib 顶尖的深度学习人脸识别技术构建。Dlib 是一个现代化的 C ++工具箱，其中包含用于在 C ++中创建复杂软件以解决实际问题的机器学习算法和工具。它广泛应用于工业界和学术界，包括机器人，嵌入式设备，移动电话和大型高性能计算环境。Dlib 的开源许可证允许用户免费使用，其中，包括很多模块(深度学习人脸识别只是其中功能之一)。Face Recognition 在户外脸部检测数据库基准(Labeled Faces in the Wild benchmark)上测试，准确率高达 99.38%，因此得到业界的一致推崇。

本书将基于 face_recognition 库展开程序设计介绍，详见 6.3.2 小节。

6.3.2　人脸识别工具

Face Recognition 是为 Linux 设计的，在 GitHub 网址为 https://github.com/ageitgey/face_recognition。Face Recognition 在 Windows 操作系统上也能安装，其安装需要基于 Dlib 的环境搭建和 Face Recognition 模块安装两个步骤，具体实现如下文。如果 Python 使用的是 Anaconda，则会自动获取 dlib，所以安装可以直接跳到第 2 步。

1. 基于 Dlib 的环境搭建

基于 Dlib 的环境搭建需要安装 Visual Studio、Cmake、Boost、Dlib。

1）Visual Studio 安装

Visual Studio(下载链接：https://visualstudio.microsoft.com/zh-hans/thank-you-downloading-visual-studio/?sku=Community&rel=16)用于之后 boost 库的编译。Visual Studio 2019 的安装界面如图 6-3 所示。

图 6-3　Visual Studio 安装界面

安装时，在"工作负载"窗口中选择"使用 C++的桌面开发"的选项，如图 6-4 所示。

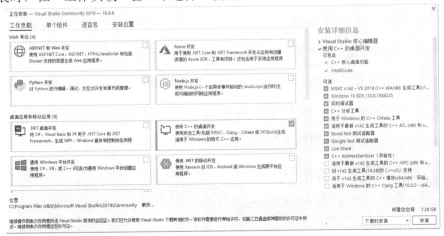

图 6-4　工作负载选择

　　然后设置路径执行，可以正确执行 cl.exe 命令，如图 6-5 所示。

图 6-5　执行 cl 命令

2) CMake

　　CMake(下载链接：https://cmake.org/download/)用于编译源代码、制作程序库、产生适配器(wrapper)、还可以用任意的顺序建构执行档。此处，在进行后续的 boost 编译时要用到 CMake。这里以 64 位系统 CMake-3.17.2-win64-x64.msi 为例，其安装界面如图 6-6 所示。

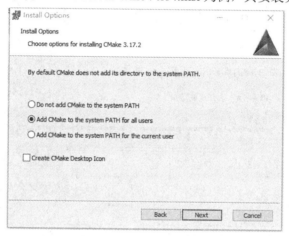

图 6-6　CMake 安装界面

3) Boost

　　Boost 是为 C++程序员提供免费的、同行审查的、可移植的程序库。Boost 库可以与 C++标准库共同工作，并且为其提供扩展功能。Boost 的安装界面如图 6-7 所示。

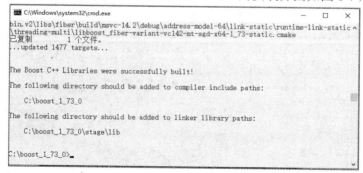

图 6-7　Boost 安装界面

Boost 的安装依赖 VS 和 CMake，因此，要确保它们已安装成功。

4) Dlib

如前所述，Dlib 提供了人脸识别基础算法(下载地址：https://pypi.org/simple/dlib/)，其安装界面如图 6-8 所示。

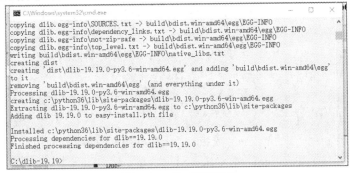

图 6-8　Dlib 安装界面

2. Face Recognition 模块安装

完成 dlib 的安装之后就可以安装 Face Recognition 了。执行"pip install face_ recognition"命令，如图 6-9 所示，即可完成该模块的安装。

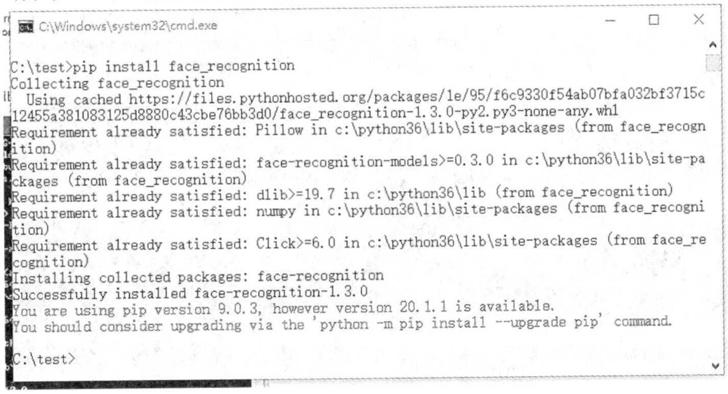

图 6-9　Face Recognition 模块安装

6.3.3　人脸识别认证

1. 定位人脸位置

利用 face_locations 函数，定位图像中所有找到的人脸的位置，示例代码如下：

```
from PIL import Image,ImageDraw
import face_recognition


image = face_recognition.load_image_file("scientists.jpg")
face_locations = face_recognition.face_locations(image)              #❶
print("I found {} face(s) in this photograph.".format(len(face_locations)))


# 创建一个 PIL ImageDraw 对象，后面用于图像绘制
```

```
pil_image = Image.fromarray(image)
d = ImageDraw.Draw(pil_image)

for face_location in face_locations:                                    #❷
    top, right, bottom, left = face_location
    print("脸部位置 Top: {}, Left: {}, Bottom: {}, Right: {}".format(top, left, bottom, right))
    # 注意矩形框的坐标排列与 face_location 有所区别
    d.rectangle((left, top, right, bottom), None, 'red')

pil_image.show()
```

这段代码主要利用了人脸定位函数 face_locations❶。该函数利用 CNN 深度学习模型
和方向梯度直方图(Histogram of Oriented Gradient, HOG)进行人脸提取。返回值
face_locations 是一个数组(top, right, bottom, left)表示人脸所在边框的四条边的位置。获得
face_locations 后，可以利用循环对图中的人脸进行枚举，并采用方框框出❷。

图 6-10 就是利用上述代码对多张人脸进行识别的效果图。图中绝大多数人脸被识别，
仅中间一位科学家因面部遮挡而没有被识别。

图 6-10　多张人脸识别效果

2. 识别单张图片中人脸的关键点

利用 face_recognition 的 face_landmarks 函数找出图片中人脸的面部特征，示例代码如下：

```
import face_recognition
from PIL import Image, ImageDraw

image = face_recognition.load_image_file("Einstein.jpg")
#❶找出图片中所有人脸的面部特征
face_landmarks_list = face_recognition.face_landmarks(image)
print ("I found {} face(s) in this photograph.".format(len(face_landmarks_list)))

#❷创建一个 PIL ImageDraw 对象，后面用于图像绘制
pil_image = Image.fromarray(image)
```

```
d = ImageDraw.Draw(pil_image)

for face_landmarks in face_landmarks_list:
    # 打印出图片中每个脸部特征的位置
    for facial_feature in face_landmarks.keys():
        print ("The {} in this face has the following points: {}"\
.format(facial_feature, face_landmarks[facial_feature]))

    # 用线段描出图像中的每个脸部特征
    for facial_feature in face_landmarks.keys():
        d.line(face_landmarks[facial_feature], 'red', width=5)

# ❸显示图像
pil_image.show()
```

这段代码首先加载人脸图片，调用 face_landmarks 函数从该图片中得到一个由脸部特征关键点位置组成的字典记录列表❶(脸部特征包括鼻梁 nose_bridge、鼻尖 nose_tip、下巴 chin、左眼 left_eye、右眼 right_eye、左眉 left_eyebrow、右眉 right_eyebrow、上唇 top_lip、下唇 bottom_lip)；接下来为该图片构建一个 ImageDraw 对象，ImageDraw 是 Python 图像处理库(PIL)中的一个模块，该模块提供了图像对象的简单 2D 绘制，用户可以使用这个模块创建新的图像，注释或润饰已存在图像；最后调用 ImageDraw.line()函数可以用线段描绘出脸部特征❸。

如图 6-11 所示，其中右图就是利用上述代码对左图爱因斯坦的脸部特征进行特征提取的效果图。

图 6-11 人脸特征提取

用函数 face_landmarks 识别人脸关键特征点时，参数仍然是待检测的图像对象，返回值是包含面部特征字典的列表，列表长度就是图像中的人脸数。

3. 图片中的人身份认证

利用 face_recognition 的 compare_faces 方法识别两张人脸是否是同一人，代码如下：

```
import face_recognition

known_image = face_recognition.load_image_file("Einstein.jpg")
```

```
unknown_image = face_recognition.load_image_file("unknown.jpg")

Einstein_encoding = face_recognition.face_encodings(known_image)[0]
unknown_encoding = face_recognition.face_encodings(unknown_image)[0]

results = face_recognition.compare_faces([Einstein_encoding], unknown_encoding,tolerance=0.63)
if results[0]==True:
    print ("It's a picture of Einstein!")
else:
    print ("It's not a picture of Einstein!")
```

上述代码中，首先通过调用 load_image_file 函数来加载这两张图片，然后调用 face_encodings 函数获取这两张图片中的 128 维人脸编码(特征向量)，一个人脸编码对应一张人脸，如果一张图片包括 n 张人脸，那么该函数的返回值则是一个由 n 个人脸编码组成的列表。此处，获取两张图片的人脸编码后，就可以调用 compare_faces 函数来识别这两张照片的人能否匹配上，即检测未知图片是不是检索目标，该函数返回值是一个由 True 或 False 组成的列表，True 表示匹配上，False 表示不匹配。

图 6-12 为左右两张爱因斯坦图像的识别效果图。

```
C:\Anaconda\python.exe C:/Users/Administrator/PycharmProjects/ff/f.py
It's a picture of Einstein!
```

图 6-12　人脸识别

上述代码中，函数 compare_faces 根据面部编码信息进行面部识别匹配，其主要进行两个面部特征的编码匹配，计算过程就是利用这两个特征向量的内积来衡量相似度，根据阈值确认是否是同一个人。compare_faces 函数有三个参数：第一个参数 known_face_encodings 就是一个已知的面部编码的列表(可多可少，一般为多张脸)，第二个参数 face_encoding_to_check 给出单个未知的面部编码(一般一张脸)。将第二个参数和第一个参数中的编码信息依次进行匹配，返回值是一个 Bool 的列表，匹配成功则返回 True，失败则返回 False。第三个参数 tolerance(一般默认 0.6)可以根据实际情况进行调整，一般经验值是 0.39，tolerance 值越小，匹配越严格。compare_faces 代码如下：

```
compare_faces(known_face_encodings, face_encoding_to_check, tolerance=0.6)
```

关于 face_recognition 的更多介绍请读者参考网络资源。

6.4　说话人识别

6.4.1　说话人识别简介

1. 定义

说话人识别(或称声纹识别)作为生物认证技术的一种，是根据语音波形中反映出的说话人的生理和行为特征来鉴别说话人身份的一项技术。

研究表明，声纹虽然不如指纹、人脸那样，个体差异明显，但是由于每个人的声道、口腔和鼻腔(发音要用到的器官)也具有个体差异性，因此反映到声音上，也是具有差异性的。就比如说，当我们在接听电话的时候，通过一声"喂"，就能准确地分辨出接电话的是谁。人耳作为身体的接收器，与生俱来就有分辨声音的能力。同理，也可以通过技术的手段，使声纹也可以像人脸、指纹那样作为"个人身份认证"的重要信息。说话人识别可以说是一种交叉运用心理学、生理学、语音信号处理、模式识别、统计学习理论和人工智能的综合性研究。

2. 分类

自说话人识别提出以来，人们已经发展出不同种类的说话人识别技术与方法，说话人、识别的分类可以根据任务和内容对其进行划分。根据所要实现的任务不同，说话人识别可分为说话人辨认(speaker identification)和说话人确认(speaker verification)两种类型。前者用于判定待测试说话人的语音属于几个参考说话人其中之一，是一个多选一问题，而后者用于确定待测说话人的语音与其特定参考说话人是否相符，是二选一的是非问题，即确认(肯定)或拒绝(否定)。基于安全认证需求，本书的编程实现基于说话人确认类型。

3. 工作原理

说话人识别要从各个说话人的发音中找出说话人之间的个性差异，这涉及对说话人发音器官、发音通道和发音习惯之间不同级别上的个性化差异的提取与计算。

正常人类说话是通过声道产生声音的，主要的发音器官包括声带、喉头、口腔和鼻腔，如图 6-13 所示。除了利用上述声道的生理特征之外，进行说话人识别还有许多其他特征可以利用，具体如下：

(1) 语言结构层(高级特征)：通过对语音信号的分析，可以获取更为全面和结构化的语义信息，包括语义、言语习惯、发音、修辞等。另外，说话人的常用词汇、语言结构特征主要表征了说话人的受教育水平、生活区域、社会经济状况等信息。

(2) 韵律层特征：通过分析语音信号，还可以抽取出独立于发声和声道等因素的超音段特征，这些特征表征了个人的话语韵律特点，如语调、语速、音量、韵律、方言等。

超音段特征(如音高、能量等)在语音感知中也起到了重要作用，但这些特征很难被应用于说话人识别中。一方面这些特征的提取比较困难，另一方面这些特征难以参数化，还存在特征易变易仿冒、可以由说话人有意地控制等问题。

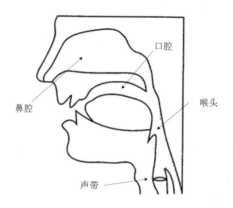

图 6-13　声道的生理结构图

4. 工作过程

一般而言，说话人识别系统可分为两个阶段：训练阶段和识别阶段，如图 6-14 所示。

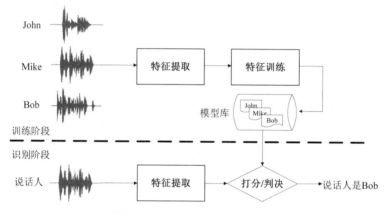

图 6-14　说话人识别系统框图

在训练阶段，系统的每个使用者说出若干训练语句，系统据此建立每个使用者的模板或模型参量参考集；而在识别阶段，从待识别说话人语音中导出的参量要与训练中的参考参量或模板加以比较，并且根据一定的相似性准则进行判断。

说话人识别系统研究的核心是解决训练与测试之间的失配问题，这种失配也称作会话变异(Session Variability)，它是导致训练和测试之间产生差异的因素。这些差异主要分为两大类：说话人差异，如声道差异、发音特点、说话人风格等，这是对说话人识别有用的部分；会话间差异，如不同的采集设备、传输媒介等，这种失配严重影响说话人识别的性能。在进行说话人识别前，导致会话间差异的各种失配信息都应该被去除。一个理想的说话人识别系统应该在去除失配信息的同时尽量完整地保留说话人的本质特征。

在具体实现时，语音中说话人个性特征的分离与提取以及精准的模型建模是决定系统性能的两个关键环节。

1) 特征分离与提取

在声纹识别(包括语音识别)领域，传统的声学特征包括梅尔倒谱系数 MFCC (Mel-Frequency Cepstral Coefficients)、感知线性预测系数 PLP、近几年逐渐受到关注的深度特征(Deep Feature)以及最新的能量规整谱系数 PNCC 等，都能作为声纹识别在特征提取层面可选的且表现良好的声学特征。

2) 识别模型

基于提取的特征可以实现说话人识别的模型，包括模板匹配法、统计概率模型法、人工神经网络法、支持向量机法、稀疏表示法等，常用的算法包括 GMM、UBM、I-Vector、神经网络方法等，下面进行简要介绍。

GMM 即高斯混合模型。它将空间分布的概率密度用多个高斯概率密度函数的加权来拟合，可以平滑地逼近任意形状的概率密度函数。GMM 是一个易于处理的参数模型，具备对实际数据极强的表征力。GMM 规模越庞大，表征力越强，但其负面效应也会越明显，即参数规模也会等比例地膨胀，需要更多的数据来驱动 GMM 的参数训练才能得到一个更加通用(或称泛化)的 GMM 模型。

在说话人识别中，每一个说话人的语音数据很少，这将导致无法训练出高效的 GMM 模型，并且由于多通道的问题，训练 GMM 模型的语音与测试语音存在失配的情况，这些因素都会降低识别系统的性能。针对此问题，机器学习的 DA Reynolds 团队提出了一个通用背景模型(Universal Background Model，UBM)，他们基于这种 UBM 和少量的说话人数据，通过自适应算法(如最大后验概率 MAP、最大似然线性回归 MLLR 等)来得到目标说话人模型。在 UBM 的基础上，改进方法 GMM-UBM 也被提了出来，其思想是：在无法从目标用户那里收集到足够语音数据的情况下，尽力从其他地方收集到大量非目标用户的声音，将这些非目标用户数据(称为背景数据)混合起来充分训练出一个 GMM，这个 GMM 可以看作是对语音的表征，但由于它是从大量身份的混杂数据中训练而成的，而且它不具备表征具体身份的能力，因此，可以把这种模型看作某一个具体说话人模型的先验模型。简而言之，GMM-UBM 用其他用户的数据来进行"预训练"，采用 MAP 自适应的过程将 UBM 的每个高斯分布向目标用户数据偏移(修正)，最后得到目标用户的 GMM。

在实际应用中，由于说话人语音中说话人信息和各种干扰信息掺杂在一起，不同的采集设备的信道之间也具有差异性，这就会使识别收集到的语音中掺杂信道干扰信息，这种干扰信息会引起说话人信息的扰动。传统的 GMM-UBM 方法无法克服这一问题，会导致系统性能不稳定。在 GMM-UBM 模型里，每个目标说话人都可以用 GMM 模型来描述。因为从 UBM 模型自适应到每个说话人的 GMM 模型时，只改变均值，对于权重和协方差不做任何调整，所以说话人的信息大部分都蕴含在 GMM 的均值里面。GMM 均值矢量中，除了绝大部分的说话人信息之外，也包含了信道信息，采用联合因子分析(Joint Factor Analysis，JFA)方法可以对说话人差异和信道差异分别建模，从而可以很好地对信道差异进行补偿，提高系统表现。但由于 JFA 需要大量不同通道的训练语料，获取困难，并且计算复杂，所以难以投入实际应用。针对该问题，Dehak 提出了基于 I-Vector 因子分析技术的解决方法。JFA 方法是对说话人差异空间与信道差异空间分别建模，而基于 I-Vector 的方法是对全局差异进行建模，将其二者作为一个整体进行建模，这样的处理放宽了对训练语料的限制，并且计算简单，性能良好。

说话人识别性能提升的关键在于，是否能得到既富含说话人信息，又少含信道或噪声等无关信息的特征。人工智能最新发展的深度学习对该问题的解决具有极佳的效果。

深度学习强大的表现力得益于其深层次的非线性变换，利用 DNN(深度神经网络)来捕捉说话人特征是目前的研究热点。一般地，深度学习方法应用于说话人识别分为两种：一是 DNN 与传统框架结合，即 DNN/I-vector 框架；二是完全使用深度学习的框架探索出一系列嵌入式特征。深度神经网络的优势在于不仅能够描述目标说话人语音特征的统计分布，更重要的是其注重描述不同说话人语音特征分布间的差异信息，所以在鲁棒性问题方面表现优异。

目前，I-Vector、深度学习方法因识别的准确率高、发展潜力大，逐步成为说话人识别的主流方法。

6.4.2　说话人识别工具

1. 常见的说话人识别工具

目前，说话人识别主要的开源工具有：

(1) MSR Identity Toolkit：这是微软开源的工具箱，支持 MATLAB 版本，包含 GMM-UBM 和 I-vector 的 demo，简单易用。

(2) Alize：主要包括 GMM-UBM、I-vector and JFA 三种传统的方法，采用 C++实现，简单易用。

(3) kaldi：是当下十分流行的语音识别工具包，也包括声纹识别的功能，覆盖了主流的声纹识别算法(I-vector 、x-vector 等)，采用脚本语言实现，使用非常方便。

(4) SIDEKIT：主页为 https://projets-lium.univ-lemans.fr/sidekit/，基于 Python 开发，将功能集中在数量不多的几个类的设计，大大提高了说话人识别工具的易用性。它试图为开发者提供一个完整的工具链，包括特征提取、建模和分类、结果表示等功能。

(5) Tensorflow：是一个基于符号的数学系统，被广泛应用于各类算法的编程实现，其前身是神经网络算法库 DistBelief。基于 Tensorflow 也可以实现声音分类，主要是利用了其强大的机器学习算法。

2. 常用工具的安装

1) 录音工具

Python 之所以强大其原因之一就是它支持庞大的三方库，资源非常丰富，这里当然也不会缺少关于音频的库。Python 的音频可以使用 PyAudio 这个库，可以开启麦克风录音，也可以播放音频文件等。

执行下面命令可安装 Pyaudio：

```
pip install pyaudio
```

2) Librosa 工具

Librosa(http://librosa.github.io/librosa/index.html)是一个用于音频、音乐分析和处理的 Python 工具包。一些常见的时频处理、特征提取、声音图形绘制等功能应有尽有，十分强大。使用 Librosa 可以很方便地得到音频的梅尔频谱(Mel Spectrogram)，其输出的是 NumPy 值。Librosa 官网提供了多种安装方法，最简单的方法就是进行 pip 安装，可以满足所有的依赖关系，命令如下(以 Python3.6.5 环境为例)：

```
pip install librosa==0.8.0
```

如果安装了 Anaconda，也可以通过 conda 命令安装，具体如下：

```
conda install librosa==0.8.0
```

3) python_speech_features

在语音识别领域，除了 Librosa 外，还有 python_speech_features 可以进行语音特征提取。Librosa 的功能比较强大，涉及音频特征提取、谱图分解、谱图显示、顺序建模、创建音频等，而 python_speech_features 只涉及了音频特征提取功能。python_speech_ features 的优点就是自带预加重参数，只需要设定 preemph 参数值，就可以对语音信号进行预加重，增强高频信号。

python_speech_features 的安装命令如下：

```
pip installpython_speech_features
```

4) 分类模型工具

进行说话人识别时需要借助于机器学习的分类器，如 Scikit-learn(sklearn)。sklearn 是机器学习中常用的第三方模块，对常用的机器学习方法进行了封装，包括回归(Regression)、降维(Dimensionality Reduction)、分类(Classfication)、聚类(Clustering)等方法。

sklearn 的安装要求是 Python(>=2.7 or >=3.3)、NumPy (>= 1.8.2)、SciPy (>= 0.13.3)。如果已经安装 NumPy 和 SciPy，则安装 scikit-learn 可以执行命令"pip install -U scikit-learn"。

6.4.3　说话人相似度分析

1. 语言录制

进行说话人识别，首先需要获取说话人的语音数据。可以利用 pyrec_audio 模块的函数 rec 录制说话人话音，实现代码如下：

```
import pyaudio
import wave

CHUNK = 1024
FORMAT = pyaudio.paInt16
CHANNELS = 2
RATE = 16000
RECORD_SECONDS = 3

def rec(file_name):
    p = pyaudio.PyAudio()                          #❶
stream = p.open(format=FORMAT,                     #❷
                    channels=CHANNELS,
                    rate=RATE,
                    input=True,
                    frames_per_buffer=CHUNK)
    input("开始录音,请敲回车并说话......")
```

```
    frames = []
    for i in range(0, int(RATE / CHUNK * RECORD_SECONDS)):
        data = stream.read(CHUNK)
        frames.append(data)                              # ❸
    print("录音结束!")


stream.stop_stream()
stream.close()
p.terminate()
wf = wave.open(file_name, 'wb')
wf.setnchannels(CHANNELS)
wf.setsampwidth(p.get_sample_size(FORMAT))
wf.setframerate(RATE)
wf.writeframes(b".join(frames))
wf.close()
```

上述代码中应用 rec 函数，首先创建一个 PyAudio 对象❶，然后打开对象音频流，对音频流中的数据进行采样❷，采样到的数据追加到列表 frames 中❸，再将数据保存到 ".wav" 文件中。所谓采样，就是从一个时间上连续变化的模拟信号中取出若干个有代表性的样本值。采样过程中有一些参数需要明确，包括采样频率、音频帧率。

采样频率：即采样率，是指将模拟声音波形进行数字化时，每秒钟抽取声波幅度样本的次数。常用的音频采样频率有 8 kHz、11.025 kHz、22.05 kHz、16 kHz、37.8 kHz、44.1 kHz、48 kHz 等，采样频率越高，声音的还原就越真实、越自然。

音频帧：音频跟视频很不一样，视频每一帧就是一张图像，而音频数据是流式的，本身没有明确的帧的概念。在实际应用中，为了音频算法处理/传输的方便，一般约定取 2.5～60 ms 为单位的数据量为一帧音频。

2. 语言特征提取

对于输入的语音，其处理过程如图 6-15 所示。这个过程通常采用倒谱(cepstrum)分析的方法。

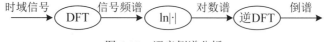

图 6-15　语音倒谱分析

1) 语音信号时频域分析

对于信号的识别，一般是通过频域特性进行分析的。原始声音信号是一维时域信号，直观上很难看出频率变化规律。下面代码 original_amplitude_envelope.py 实现了对一段声音的读取，并绘制出该声音的时域波形图(如图 6-16 所示)。

```
import librosa
import matplotlib.pyplot as plt
import librosa.display
```

```
audio_path = './wildflower.wav'
x, sr = librosa.load(audio_path, sr=16000, mono=True)
plt.figure(figsize=(14, 5))
librosa.display.waveplot(x, sr=sr)
plt.show()
```

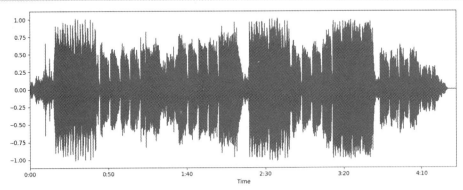

图 6-16　声音时域波形图

上述代码调用函数 librosa.load，将音频时间序列作为 NumPy 数组返回，利用 librosa.display.waveplot 函数绘制出来。图 6-16 中，横轴是时间，纵轴是声音的振幅。

librosa.load 函数定义如下：

```
librosa.load(path, sr, mono, offset, duration)
```

其中，path 为音频路径；sr 为采样率(默认为 22 050，但是有重采样的功能)；mono 设置为 true 是单通道，否则是双通道；offset 为音频读取的时间距离开始点的偏移量；duration 为获取音频的时长。

识别语言信号的特征一般还要进行频域分析。实现频域分析很简单，只要对时域语音信号进行傅立叶变换即可，实现代码如下(wave_FFT.py)：

```
y, sr = librosa.load(audio_path, sr=8000, mono=True,offset=0,duration=20)
fft_y=fft(y)
N= np.arange(0,sr,sr/fft_y.shape[0])
# 横坐标为频率，个数为采样点的个数，频率最大值是采样频率，生成等差数列
abs_y = np.abs(fft_y)    # 取复数的绝对值，即复数的模(双边频谱)
normalization_y=abs_y/fft_y.shape[0]    #归一化，angle_y = np.angle(fft_y)取复数的角度

plt.figure()
plt.plot(N,normalization_y[:N.shape[0]]) # 双边谱
plt.xlabel('Frequency/Hz')
plt.ylabel('Amplitude')
plt.show()
```

上述代码在读入音频信号后，调用 scipy.fftpack 模块的 fft 函数进行快速傅立叶变换。

经过 fft 变换输出的值是长度和原始采样信号一样长的数组，但变换之后的数组值类型为
a+bj 形式的复数，在坐标系中表示为(a,b)，故而该复数具有模和角度。因此对这些复数求
模得到的就是信号的振幅谱，求角度得到的就是相位谱。此处用 NumPy 的 abs 函数求模，
然后进行归一化处理，进行图像显示即可得到频谱图，如图 6-17 所示。

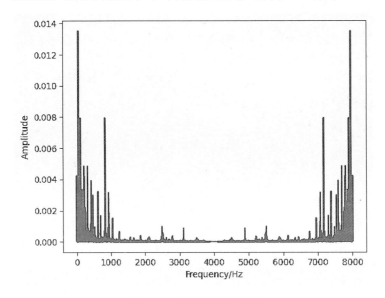

图 6-17　声音信号频谱图

从图 6-17 中可以看出，语音频谱是一个对称图形，即双边谱。为简便起见，可以仅取
一半，得到单边谱。

然而，仅简单通过傅立叶变换把时域信号变到频域上，虽然可以看出信号的频率分布，
但是丢失了时域信息，无法看出频率分布随时间的变化情况。为了解决这个问题，可以采
用短时傅立叶变换(STFT)进行时频域分析。所谓短时傅立叶变换，顾名思义是对短时的信
号做傅立叶变化。STFT 的原理非常简单，把一段长信号分帧、加窗，再对每一帧做傅立
叶变换(FFT)，最后把每一帧的结果沿另一个维度堆叠起来，得到类似于一幅图的二维信
号形式，其过程如图 6-18 所示。对于原始声音信号，通过 STFT 展开得到的二维信号就是
所谓的声谱图。

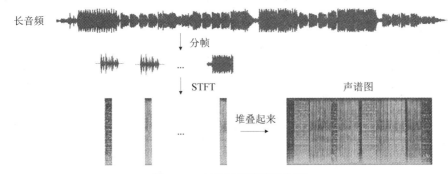

图 6-18　声音信号时频域分析

基于声谱图就可以进行声音的时频域分析了。

下面代码(STFT.py)实现了基于 STFT 的声音声谱图绘制，绘制效果如图 6-19 所示。

```
x, sr = librosa.load(audio_path, sr=16000, mono=True)
X = librosa.stft(x)
Xdb = librosa.amplitude_to_db(abs(X))
plt.figure(figsize=(14, 5))
librosa.display.specshow(Xdb, sr=sr, x_axis='time', y_axis='hz')
plt.colorbar()
plt.show()
```

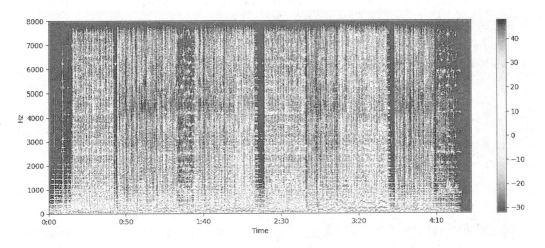

图 6-19　声音声谱图

上述代码利用函数 librosa.stft 实现了 STFT 计算，利用 librosa.amplitude_to_db 函数将振幅谱图转换为频谱图，并使用 librosa.display.specshow 函数进行声谱图的绘制。

2) Mel 域变换

通常声谱图数据量很大，为了得到合适大小的声音特征，往往通过梅尔标度滤波器组 (Mel-Scale Filter Banks)，把它变换为梅尔频谱，这样的变换称作 Mel 域变换。

Mel 域变换源于 Mel 频率分析。Mel 频率分析是基于人类听觉感知实验发现的。人耳就像一个滤波器组一样，它只关注某些特定的频率分量(人的听觉对频率是有选择性的)，即只让某些频率的信号通过。但是这些滤波器在频率坐标轴上不是统一分布的，在低频区域有很多滤波器，它们的分布比较密集，但在高频区域，滤波器的数目就变得比较少，分布很稀疏，如图 6-20 所示。

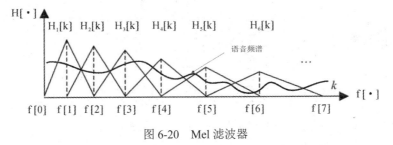

图 6-20　Mel 滤波器

将声音的普通频谱通过一组 Mel 滤波器就得到 Mel 频谱，其计算公式是：

$$mel(f)=2595 \lg(1+f/700)$$

式中，f 为频率。通过 Mel 域变换，人耳不敏感的部分就被过滤掉了，声谱图数据量显著减少，但是对于识别效果没有太大影响。

在上述 STFT.py 增加一步 Mel 变换(Mel_trs.py)，得到的声谱图如图 6-21 所示。实现代码如下：

```
audio_path = './wildflower.wav'
x, sr = librosa.load(audio_path, sr=16000, mono=True)
X = librosa.stft(x)
ps = librosa.feature.melspectrogram(y=x, sr=sr, n_mels=128)
Xdb = librosa.amplitude_to_db(abs(X))
psdb = librosa.amplitude_to_db(abs(ps))

plt.figure(figsize=(14, 5))
plt.subplot(2,1,1)
plt.title("without Mel transformation", x=0.9)
librosa.display.specshow(Xdb, sr=sr, y_axis='hz')

plt.subplot(2,1,2)
plt.title("Mel transformation",x=0.9)
librosa.display.specshow(psdb, sr=sr, x_axis='time', y_axis='hz')
plt.show()
```

上述代码中 Mel 谱的获得调用了函数 feature.melspectrogram，它的定义如下：

```
feature.melspectrogram(audio_data, sr=self.sr, hop_length=160, win_length=400, n_mels=40)
```

其中，n_mels 是梅尔滤波器的个数。

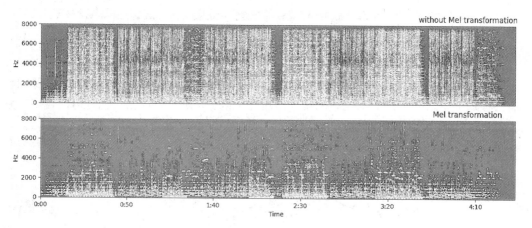

图 6-21　Mel 域变换声谱图与未经过 Mel 变换声谱图比较

从图 6-21 中可以看出，经过 Mel 变换，特征被显著地减少了。

3) 倒谱特征提取

语音的频谱图中，频谱的峰值就表示语音的主要频率成分，这些峰值称为共振峰(formants)，因而共振峰就携带了声音的辨识属性。若在声音的频谱图 6-16 中，顺序连接单边谱中所有共振峰，就形成一条不平滑的曲线。从信号分析的角度来看，这条曲线是低频和高频两部分相乘的结果。对该曲线取对数就把高低频成分相乘关系变为相加关系，再进行快速傅立叶逆变换(IFFT)就可以按照加法的关系将高频与低频部分区分开来，这就是倒谱分析的思想。变换后，可以用下面公式表示：

$$x[k]=h[k]+e[k]$$

其中，x[k]就是语音信号的倒谱，其计算流程如图 6-15 所示的后两步，即 In| · |→逆 DFT(IFFT)，得到倒谱；h[k]为倒谱的低频部分，即语音主要特征的包络；e[k]为倒谱的高频部分，即语音细节特征。

图 6-22 由程序 cepstrum.py 实现，不但完成了倒谱(子图 1)的计算还实现了共振峰的计算(子图 2)。

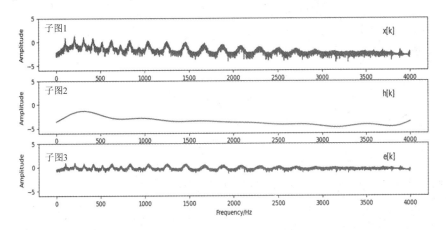

图 6-22 声音信号倒谱分析

为了提取低频部分，上述倒谱的 IFFT 通常可以采用在声谱图上做 DCT 变换(见 5.3.1 小节)，利用 DCT 变换的"能量集中"，取 DCT 变换后排序靠前的若干个系数就可以获得声谱图的低频分量，即为包络线部分。所获得的特征就是 MFCC。

利用 librosa 可以方便地、一步到位地提取 MFCC，实现代码如下：

```
def mfcc(y=None, sr=22050, S=None, n_mfcc=20, **kwargs):
    if S is None:
        S = logamplitude(melspectrogram(y=y, sr=sr, **kwargs))
    return np.dot(filters.dct(n_mfcc, S.shape[0]), S)
```

上述代码中，原始的时域信号为 y(即当参数 S 为 None)，librosa 会先通过 melspectrogram()函数提取时域信号 y 的梅尔频谱，然后利用 logamplitude()函数进行对数尺度频谱计算，并将结果值存放到 S 中，再通过 filters.dct()函数做 dct 变换提取其中 n_mfcc 个系数，即得到 y 的 MFCC (读者亦可采用 python_speech_features 模块的 mfcc()函数同样可以实现音频文件的 mfcc 特征提取)。

librosa.feature.mfcc 函数的返回值就是 MFCC 序列。

有了语音的特征就可以直接对两段语音进行对比，这就实现了声纹对比，即判断这两段语音是否属于同一个人。设计特征提取函数如下：

```python
def load_data(data_path):
    wav, sr = librosa.load(data_path, sr=16000)
    intervals = librosa.effects.split(wav, top_db=20)
    wav_output = []
    for sliced in intervals:
        wav_output.extend(wav[sliced[0]:sliced[1]])
    assert len(wav_output) >= 8000, "有效音频小于 0.5s"
    wav_output = np.array(wav_output)
    ps = librosa.feature.melspectrogram(y=wav_output, sr=sr, hop_length=256).astype(np.float32)
    ps = ps[np.newaxis, ..., np.newaxis]
    return ps


def infer(audio_path):
    data = load_data(audio_path)
    feature = intermediate_layer_model.predict(data)
    return feature
```

有了上面 load_data 和 infer 两个函数，就可以做声纹识别了。输入两个语音，通过预测函数获取他们的特征数据，使用这个特征数据可以求他们的对角余弦值，得到二者的相似度(相似度的阈值读者可以根据自己项目的准确度要求进行修改)，代码如下：

```python
if __name__ == '__main__':
    # 要预测的两个人的音频文件
    person1 = 'dataset/ST-CMDS-20170001_1-OS/20170001P00011A0001.wav'
    person2 = 'dataset/ST-CMDS-20170001_1-OS/20170001P00011I0081.wav'
    feature1 = infer(person1)[0]
    feature2 = infer(person2)[0]
    # 对角余弦值
    dist = np.dot(feature1, feature2) / (np.linalg.norm(feature1) * np.linalg.norm(feature2))
    if dist > 0.7:
        print("%s 和 %s 为同一个人，相似度为：%f" % (person1, person2, dist))
    else:
        print("%s 和 %s 不是同一个人，相似度为：%f" % (person1, person2, dist))
```

基于语音特征，更常见的做法就是利用特征提取函数对样本进行训练，实现代码如下：

```python
train_x, train_y = [], []                                    #❶
# 遍历各类的样本..
for label, filenames in train_samples.items(): # 字典 items 方法，返 rain_samples 回元组(键,值)
```

```
mfccs = np.array([])
for filename in filenames:
    x, sr = librosa.load(filename, sr=16000, mono=True)          #❷
    mfcc = librosa.feature.mfcc(x, sr, n_mfcc=13)
    if len(mfccs)==0:
        mfccs = mfcc
    else:
        mfccs = np.append(mfccs, mfcc, axis=0)
        # 注意音频样本要一样长，否则这里会出错

train_x.append(mfccs)                                            #❸
train_y.append(label)
```

上述代码首先声明两个列表，train_x, train_y，分别用于存储话音的 mfcc 值和对应的类别❶；通过字典的 items 方法，遍历训练文件夹后形成的样本字典(train_samples)，变换出(分类: 文件)样式的元组，然后对每个元组所对应的音频文件进行 mfcc 特征提取❷；将同类型所有的音频文件特征合并成 mfccs，特征 append 加入列表 train_x，类别 append 加入列表 train_y❸。

对一个形如图 6-23 所示结构的训练文件夹内容(可以通过执行 dos 命令:"tree /F"得到该图)，进行遍历的函数代码如下:

```
C:\pytest\train>tree /F
Folder PATH listing
Volume serial number is E8B9-ECE7
C:.
└───speaker_audio
    ├───Alice
    │       2021-01-11_23_37_23.wav
    │       2021-01-11_23_37_32.wav
    │       2021-01-11_23_37_43.wav
    │
    ├───Bob
    │       2021-01-11_22_54_07.wav
    │
    └───Charlie
            2021-01-11_22_52_53.wav
            2021-01-11_22_53_10.wav
```

图 6-23　训练文件夹结构

```
def search_file(directory):
    directory = os.path.normpath(directory)
    objects = {}
    # curdir: 当前目录
    # subdirs: 当前目录下的所有子目录
    # files: 当前目录下的所有文件名
    for curdir, subdirs, files in os.walk(directory):
        for file in files:
            if file.endswith('.wav'):
```

```
        label = curdir.split(os.path.sep)[-1]
        if label not in objects:
            objects[label] = []
        # 把路径添加到 label 对应的列表中
        path = os.path.join(curdir, file)
        objects[label].append(path)
    return objects


train_samples=search_file(".\speaker_audio")
```

函数 search_file 将目标文件夹 directory 整理成形如图 6-24 所示的字典。

```
{'Alice': ['speaker_audio\\Alice\\2021-01-11_23_37_23.wav', 'speaker_audio\\Alice\\2021-01-11_23_37_32.wav',
'speaker_audio\\Alice\\2021-01-11_23_37_43.wav'], 'Bob': ['speaker_audio\\Bob\\2021-01-11_22_54_07.wav'], 'C
harlie': ['speaker_audio\\Charlie\\2021-01-11_22_52_53.wav', 'speaker_audio\\Charlie\\2021-01-11_22_53_10.wa
v']}
```

图 6-24　函数 search_file 对目标文件夹的整理效果

该字典的"键"为声音文件的类别，字典键对应的"值"，就是每一个声音文件的路径。

3. 模型训练

在获取了各类音频文件的 mfcc 特征后，就可以利用这些特征进行说话人识别的模型训练了。

Python 第三方库(如 sklearn)提供多种模型，包括 K 近邻模型(KNeighborsClassifier)、随机森林模型(RandomForestClassifier)、支持向量机模型(SVC)等。此处，选择 hmmlearn 库的隐马尔科夫模型(HMM)。hmmlearn 的安装执行"pip install hmmlearn"即可完成。hmmlearn 实现了 GaussianHMM、GMMHMM、MultinomialHMM 三种 HMM 模型类，它们可以按照观测状态是连续状态还是离散状态分为两类。GaussianHMM 和 GMMHMM 是连续观测状态的 HMM 模型，而 MultinomialHMM 是离散观测状态的模型。

使用 hmmlearn 过程分为以下三步：

(1) 创建模型。代码如下：

model =GaussianHMM(n_components=4,covariance_type='diag', n_iter=1000)

(2) 训练模型。代码如下：

models[label] = model.fit(mfccs)

(3) 打分。代码如下：

score = model.score(mfcc_test)

要注意的是 score 函数返回的是以自然对数为底的对数概率值。

在本识别程序中，实现训练模型的代码如下：

```
models = {}
for mfccs, label in zip(train_x, train_y):
    model = hl.GaussianHMM(n_components=4,covariance_type='diag', n_iter=1000)
    models[label] = model.fit(mfccs)
```

上述代码对 train_x 中的各 mfcc 特征进行训练，得到的 model 存入到字典 models 中待用。当然，读者还可以尝试使用其他的模型训练 mfcc 特征分类器。

4. 打分/判决

利用上一步获得的分类器就可以进行识别分类了。

同样，对于待测试的.wav 文件也要进行 mfcc 特征提取，实现代码如下：

```python
x, sr = librosa.load(".//t.wav", sr=16000, mono=True)
mfcc_test = librosa.feature.mfcc(x, sr, n_mfcc=13)

mp.matshow(mfcc, cmap='gist_rainbow')
mp.show()
```

其中，t.wav 为待测试的说话人声音文件。接着将得到的 mfcc 特征与模型进行比对打分，实现代码如下：

```python
best_score, best_label = None, None
for label, model in models.items():
    score = model.score(mfcc_test)
    print(score)
    if (best_score is None) or (best_score < score):
        best_score = score
        best_label = label

print(best_score)
print(best_label)
```

上述代码通过遍历所有模型，找到分值最高的类型作为输出。对于说话人验证的二元分类任务：即给定一个声明身份的说话者的输入话语，确定该声明身份是否正确，可以设定一个 score 判定门限值进行最终判决。

其他说话人识别的方法，本书不再作详细地讨论。

身份认证是个体进入电子系统所必经的安全检查项目。基于声称人所持口令或具有的特征可以对其身份进行甄别。当前，随着图像识别、声音识别、人工智能、生物特征识别等技术的飞速发展，基于个体特征的身份认证技术逐渐成熟起来。此外，还有车牌识别、指纹识别等，方法类似，篇幅原因不作更多介绍。

思 考 题

1. 分别介绍身份认证的定义和分类。
2. 为什么要提出挑战-响应口令方案？简要介绍挑战-响应口令方案的实现思想。
3. 介绍常见的人脸识别工具，并比较各自优缺点。
4. 以本书示例程序为基础，修改 tolerance 系数，尝试识别不同的人脸图片并比较效果。
5. 什么是说话人识别，有哪些分类？

6. 结合说话人识别系统框图说明其工作过程。

7. 解释高斯混合模型工作原理。

8. 简要介绍 Mel 滤波器。

9. 选取 10 个研究对象，建立语音样本库，对本书说话人识别程序进行测试和调参。

第 7 章 主机安全编程

在整个计算机网络中,主机是与用户交互最密切的设备,因此蕴含有大量重要、敏感、私有的信息。主机除了因其信息本身具有入侵价值外,主机也可以作为黑客入侵的跳板构成隐蔽入侵通道。此外,随着更大规模集成电路芯片的采用,主机的信息处理能力越来越强,也逐渐变成一种重要的算力资源,因此面临的攻击风险也在增加,所以以加强主机的安全保护显得更加重要。

本章讨论基于 Python 的主机安全编程技术。

7.1 主机安全概述

7.1.1 主机安全威胁

为了实施主机的安全保护,首先要了解计算机的工作原理。

计算机的产生源自图灵的论文《论可计算数及其在判定问题上的应用》。该论文初步提出了图灵机的设计,也就是现代计算机的基本思想。基于图灵设计的图灵机,由冯诺依曼进行了工程化设计,从而构造出了现代计算机的体系结构。现代计算机由硬件和软件系统构成,主机硬件结构如图 7-1 所示。

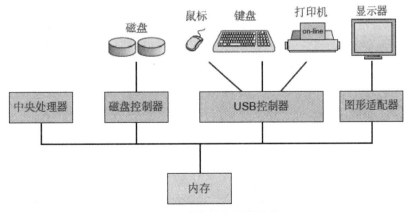

图 7-1 计算机主机硬件结构

所谓主机安全保护,就是要确保主机系统及其合法进程连续可靠正常地运行,软硬件完整性不被破坏。由于主机通常是置于半开放的空间和电磁环境中,同时还需要面对与外界多种形式的数据交互，并且运行过程中，内存中的数据处于时变的状态，因此主机安全的保护不可避免的，是一个动态、多层次、多内容的复杂过程，这与前面介绍的密码、认证等安全技术有很大不同。

在主机安全保护方面，人们已经开发出了多种技术，然而，由于主机存在难以根绝的软硬件漏洞、管理缺陷等问题，不可避免地会遭受众多安全威胁。此处，抛开物理安全不谈，主机面临的软件安全威胁可以简单地概括为操作系统完整性破坏、软件进程可控性破坏、文件数据机密性破坏三个方面。

1. 操作系统完整性破坏

软件是主机的灵魂，而操作系统是软件的核心。主机操作系统完整性破坏是当前主机面临的主要安全威胁。现有主机操作系统，从开机启动到运行服务过程中，对执行代码不做任何完整性检查，导致病毒、木马程序可以嵌入到执行代码程序或者直接替换原有程序，实现病毒、木马等恶意代码的传播。这些恶意代码一旦被激活，就会继承当前用户的权限，从而肆无忌惮地进行传播，为所欲为地破坏主机操作系统的完整性，导致主机无法正常运作等。

2. 软件进程可控性破坏

在主机运行过程中，正常的进程都应处于操作系统的可控范围内的，然而由于存在漏洞，很可能导致进程流可控性发生破坏。攻击者利用软件安全漏洞，如：过滤输入的条件设置缺陷、变量类型转换错误、逻辑判断错误、指针引用错误等，构造恶意输入导致软件在处理输入数据时出现非预期错误，将输入数据写入内存中的某些特定敏感位置，从而劫持软件控制流，转而执行外部输入的指令代码，造成目标系统被远程控制或拒绝服务。主机内存的保护与攻击对抗一直是主机安全的核心焦点问题之一，它源于现代计算机体系结构设计缺陷，短期内很难根除。

3. 文件数据机密性破坏

主机中往往存放着大量的重要信息，而随着信息化的高度发展，重要信息越来越容易被复制和传播，从而导致重要信息的失/窃密事件频繁发生，严重损害相应组织机构的形象和利益，甚至威胁到了社会秩序、公共利益和国家安全。另外，出于各种利益的驱使，信息系统中的一些合法用户也可能有意规避主机安全防护措施，利用现有主机防护技术的漏洞，通过网内攻击、恶意植入木马等手段进行非法操作，导致失/窃密事件发生。

当然，关于主机安全威胁还有更详细的描述，这里不进行更深入地探讨。

7.1.2 主机安全技术

为了给主机运行提供安全保障，人们设计了许多主机安全保护技术。

1. 安全的操作系统

操作系统是现代计算机软件的基石，人们通过设计新型或加固现有操作系统，使主机在自主访问控制、强制访问控制、标记、身份鉴别、客体重用、审计、数据完整性、隐蔽信道分析、可信路径、可信恢复等方面满足相应的安全技术要求，能够抵御已知的攻击和恶意软件入侵。

2. 主机安全运维

主机的使用者不能保证一定是精通计算机安全的专家，对于系统入侵和系统安全异常并不具有专业的防治能力，因此可以将主机置于专业的软件或管理员的监视、控制下，随时处理可能发生的安全问题，这就是主机安全运维。主机安全运维会监控目标主机运行过程中产生的各种信息，利用专业工具从中甄别可能的入侵，并针对性实施管理反制，以确保主机安全。

3. 反病毒技术

病毒及各种恶意代码，是威胁主机安全的重要因素，通过病毒监测、病毒检测、病毒分析等手段的运用，发现恶意程序和攻击进程，并进行保护处理，可以最大限度地减少病毒的危害。反病毒技术的关键在于对病毒的检测，通常可以从静态、动态两种手段对病毒的特征与产生的异常进行对比分析，并根据检测结论删除病毒程序或终止异常进程。

4. 漏洞挖掘与补丁

根据网络安全事件的教训，安全专家认为：一切网络攻击事件的原因基本都可以概括为漏洞(详见 7.4.1 小节)利用、密码泄露和管理疏忽三个方面，对于前者安全防御人员可先于攻击者对主机软件进行漏洞挖掘、分析，并及时设计对应的补丁软件修补漏洞，进而从主机安全的源头大大加强安全防护的水平。

除此之外，关于各种加密、认证、网络防御、隔离等技术，请参阅本书其他相关章节的介绍。

7.2　主机安全运维管理

7.2.1　安全运维管理工作

计算机安全运维管理工作由管理员或管理软件对保护目标进行监控，一旦发现异常立即进行处置。根据保护目标的不同，安全运维管理又可以划分为主机安全运维和网络安全运维。本节讨论主机安全运维，其在实施过程中首先要获取主机的运行信息，然后基于信息反映出的异常进行对软硬件的管理。

1. 主机信息检测

主机自身信息是实施主机安全防护的依据，这些信息包括硬件信息、系统信息、配置信息、进程信息、网络信息等，各种信息又可细分为一些更具体的参数。

硬件信息：CPU、内存、硬盘、网卡，以及其他外设信息等。

系统信息：有关操作系统的类型、版本、位数、补丁等。

配置信息：系统注册表、服务、网络参数等。

进程信息：进程名称、PID 号、存储位置、资源占用情况、调用危险 API 地址及频次等。

网络信息：网络地址、网络流量、网络数据统计等。

主机安全防护软件将依据这些信息和它们的变化，发现异常，进而实施防护。当然，并不是所有的信息都与主机安全紧密相关，与此同时又受到程序运行资源限制，所以在进行主机运维的时候，应择其要点进行监视。

2. 主机安全运维

主机管理利用管理员的安全权限，对于安全规则的落实进行监督评判，对于可疑问题实施处置，全面的主机运维管理包括以下内容。

(1) 维持安全隔离：对不同系统的安全网络之间利用专门的安全设备进行隔离防护，使用专用的传输数据接口，并对传输数据加密保护，同时关闭不必要的数据通道。根据秘钥管理规定，对各级密钥和口令进行全生命周期管理。

(2) 安全分析告警：实现多视角的告警信息和集中展现，以及安全响应和预警，对重要网络设备产生的主机日志、威胁日志、网络异常流量等信息统一管理，基于对这些日志的审计，发现针对主机设备的攻击、隐藏的系统安全漏洞等。

(3) 安全响应处置：对各个安全区的安全事件进行统一的收集、归纳、归一化分析整理，基于规则库对内外部攻击和误操作进行实时检测，发现后进行及时响应、处置和处罚。

主机安全运维，通常也是网络管理的一项重要工作，由网络管理员承担，利用辅助软件来完成。

7.2.2 主机安全运维工具

Python 能够获取主机信息的主机安全运维工具很多，常用的包括 Psutil 库、Popen、PIPE、PyWin32、paramiko、fabric 与 pexpect 库等。

1. Psutil 库

Psutil 是一个跨平台库(http://pythonhosted.org/psutil/)，它能够轻松地获取系统运行的进程和系统利用率(包括 CPU、内存、磁盘、网络等)信息，主要用来做系统监控，性能分析和进程管理，实现了同等于命令行工具提供的功能，如 ps、top、lsof、netstat、ifconfig、who、df、kill、free、nice、ionice、iostat、iotop、uptime、pidof、tty、taskset、pmap 等。目前，Psutil 库支持 32 位和 64 位的 Linux、Windows、OS X、FreeBSD 和 Sun Solaris 等操作系统。Psutil 的安装执行 pip install psutil。

2. WMI 模块

Windows 提供了 WMI(Windows Management Instrumentation)用于管理组件的常规机制，并查看系统信息。用户可以通过安装配套的 WMI 库来使用 Python 调用 WMI。WMI 库需要依赖 PyWin32。PyWin32 是一个第三方模块库，主要的作用是方便 Python 开发者快速调用 Windows API。PyWin32 也被很多 Windows 第三方 Python 模块库依赖(例如 7.2.3 小节 3.中的 win32serviceutil、win32service win32event 等)。因此，要成功安装 WMI 库，需要完成以下相关软件包的安装：

(1) Python win32 扩展，可以通过执行"pip install pywin32"实现；

(2) Python WMI，可以通过执行"pip install wmi"实现。

此外还有很多其他的远程运维工具，如 paramiko 等，因篇幅关系，不再详细介绍。

7.2.3　运维信息的查看与代理

1. 使用 Psutil 库查看系统信息

下面程序展示了利用 Psutil 库查看本机系统信息的实现方法，具体代码如下 (OS_info.py)：

```python
import psutil

a = psutil.cpu_count() # CPU 逻辑数量
b = psutil.cpu_times() #CPU 运行时间
c = psutil.cpu_percent(interval=1, percpu=True) #当前逻辑 CPU 使用率
d = psutil.virtual_memory() #物理内存使用情况
e = psutil.net_io_counters()#网络输入输出

print("CPU 数量={}".format(a))
print("当前逻辑 CPU 使用率{}".format(c))
print("CPU 运行时间{}".format(b))
print("运行内存总{:0.2f}G--使用量{:0.2f}G--使用率{}%--空闲{:0.2f}G"\
                    format(d[0]/(1024*1024*1024), \
                    d[3]/(1024*1024*1024), d[2], d[4]/(1024*1024*1024)))
print("网络接口信息发包流量{:0.2f}G--收包流量{:0.2f}G--发包个数{}--收包个数{}"\
                format(e[0]/(1024*1024*1024), e[1]/(1024*1024*1024), e[2], e[3]))
```

上面代码在导入 Psutil 库后，调用了 cpu_count()、cpu_times()、cpu_percent()、virtual_memory()、net_io_counters()几个函数，将系统信息进行提取并打印出来。

2. 使用 PyWin32 库查看系统信息

下面程序(OS_info_wmi.py)展示了使用 PyWin32 库查看本机系统信息的实现方法，代码如下：

```python
class OS_info_wmi(object):
    _c = None
    _cs = None
    _os = None
    _pfu = None
    _dsk = None
    _net = None


    def __init__(self):
        self._c = wmi.WMI()                          #❶
        self._cs = self._c.Win32_ComputerSystem()    #❷
        self._os = self._c.Win32_OperatingSystem()
```

```python
        self._pfu= self._c.win32_Processor()
        self._dsk=self._c.Win32_DiskDrive()
        self._net=self._c.Win32_NetworkAdapterConfiguration(IPEnabled=1)
        self.hostname = self._os[0].CSName

    def get_cpu(self):
        data_dict = {}
        for cpu in self._pfu:
            device = cpu.DeviceID.lower()
            data_dict[device] = {'volume': float(cpu.LoadPercentage), \
                                            'usage_percent': float(cpu.LoadPercentage)}
        return data_dict

    def get_disk(self):
        data_dict = {}
        for physical_disk in self._dsk:
            for partition in physical_disk.associators("Win32_DiskDriveToDiskPartition"):
                for logical_disk in partition.associators("Win32_LogicalDiskToPartition"):
                    caption=logical_disk.Caption
                    data_dict[caption]={'total_capacity':logical_disk.Size,\
                        'usage':round(int(logical_disk.FreeSpace)/int(logical_disk.Size)*100,2)}
        return data_dict

    def get_mem(self):
        data_dict = {}
        data_dict["MemTotal"] = {'volume': float(self._cs[0].TotalPhysicalMemory) / (1024 * \
                                            1024), 'unit': 'MB'}
        data_dict["MemFree"] = {'volume': float(self._os[0].FreePhysicalMemory) / 1024,\
                                            'unit': 'MB'}
        return data_dict

    def get_process(self):
        data_dict = {}
        # 获取当前运行的进程
        for process in self._c.Win32_Process():
            name=process.Name
            data_dict[name] ='PID:'+ str(process.ProcessId)
        return data_dict
```

```
        def combine(self):                                              #❸
            combine_data = {}
            combine_data['data'] = {}
            combine_data['hostname'] = self.hostname
            try:
                combine_data['data']['CPUUsage_info'] = self.get_cpu()
                combine_data['data']['DiskUsage_info'] = self.get_disk()
                combine_data['data']['Mem_info'] = self.get_mem()
                combine_data['data']['Process_info'] = self.get_process()
            except Exception:
                print("agent ERROR!")
            finally:
                combine_data['timestamp'] = time.asctime(time.localtime())    #❹
                return combine_data


    if __name__=="__main__":
        info=OS_info_wmi()
        print(info.combine())
```

上面代码创建了一个名为 OS_info_wmi 的类,该类的构造函数创建了一个 wmi 对象❶,各成员变量/函数❷分别调用了 wmi 对象的 Win32_ComputerSystem()、Win32_Operating-System()、win32_Processor()、Win32_DiskDrive()、Win32_Process()几个函数,将主机系统信息进行提取出来。成员函数❸combine 完成对采集数据的整合,并打上时间戳❹。

3. 主机运维的代理设计

实现批量主机安全运维的方法很多,目前主流的技术就是在被监控主机上安装安全代理,通过代理由管理员对本地主机进行管控,主机安全代理的工作示意图如图 7-2 所示。

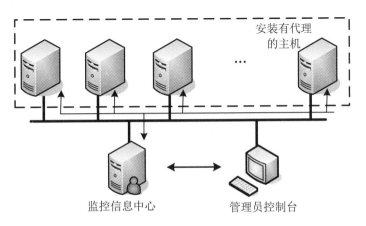

图 7-2　主机安全代理工作示意

基于上例的 OS_info_wmi 类，设计运维代理的程序如下：

```python
import win32serviceutil
import win32service
import win32event
import time
import json
import urllib.request
from OS_info_wmi import OS_info_wmi
import servicemanager


def wr_data(url, obj):
    data = json.dumps(obj)
    res = None
    try:
        #req = urllib.Request(url, data, {'Content-Type': 'application/json'})
        #res = urllib.urlopen(req, timeout=5)
        #return res.read()
        pass
    except Exception:
        return False
    finally:
        if res:
            res.close()


class Agent_win_manager(win32serviceutil.ServiceFramework):    #❶
    _svc_name_ = "Agent_win_manager"
    _svc_display_name_ = "Agent_win_manager"
    _wp = None
    _wr_url = None
    _poll_intvl = None


    def __init__(self, args):
        win32serviceutil.ServiceFramework.__init__(self, args)
        self.hWaitStop = win32event.CreateEvent(None, 0, 0, None)
        self._wr_url = 'http://127.0.0.1:8655/'
        self._wp = OS_info_wmi()                                #❷
        self._poll_intvl = 20
        print('Service start.')
```

```
        def SvcDoRun(self):                                              #❸
                servicemanager.LogMsg(servicemanager.\         #记录日志
                EVENTLOG_INFORMATION_TYPE, \
                servicemanager.PYS_SERVICE_STARTED, (self._svc_name_, ''))
                self.timeout = 100
                while True:
                        rc = win32event.WaitForSingleObject(self.hWaitStop, self.timeout)
                        if rc == win32event.WAIT_OBJECT_0:
                                break
                        else:
                                wr_obj = self._wp.combine()
                                if wr_obj:
                                        # ❹向本地文件追加
                                        f = open('c:\\time.txt', 'a')
                                        f.write('%s %s' % (str(wr_obj), '\n'))
                                        f.close()
                                        # ❺向 Http 服务器写入数据
                                        # wr_data('%s%s' % (self._wr_url, 'setdata'), wr_obj)
                                        time.sleep(self._poll_intvl)
                return

        def SvcStop(self):                                               #❻
                self.ReportServiceStatus(win32service.SERVICE_STOP_PENDING)
                win32event.SetEvent(self.hWaitStop)
                print('Service stop')
                return

if __name__ == '__main__':
        win32serviceutil.HandleCommandLine(Agent_win_manager)
```

上述代码❶创建了一个名为"Agent_win_manager"的服务类(继承自 Windows 服务框架父类 win32serviceutil.ServiceFramework)，该类的构造函数创建了一个 OS_info_wmi 对象❷，利用该对象的方法获取本地主机的运行信息。本程序中的 Agent_win_manager 类只实现了 SvcDoRun❸、SvcStop ❻两个成员，分别用于服务的运行和停止。SvcDoRun 每隔 20秒查询一次本地运行状态数据，采用了两种方法：一方面写入本地文件中❹，另外一方面通过对外提供数据的接口(即 wr_data)向一个 Http 服务器写入数据(可以通过创建一个具有读写功能的 Http 服务器接收该数据)❺。

操作上述服务命令(包括 install、start、stop 等)，如图 7-3 所示(必须要用管理员权限运行)。

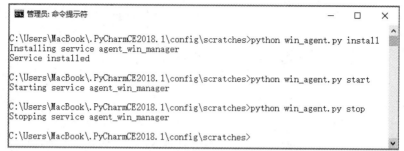

图 7-3　服务操作命令

在图 7-4 中的任务管理器服务列表中可以看到该服务已经处于运行状态。

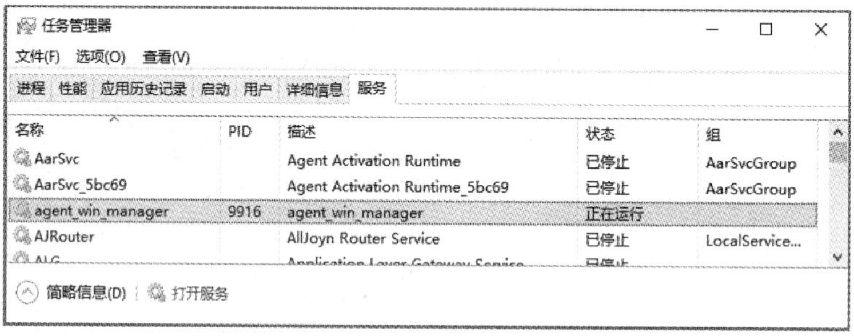

图 7-4　主机代理服务工作示意

根据收集的信息就可以进行基于人工或自动化的工具管控。

7.3　主机恶意软件分析

7.3.1　恶意软件查杀原理

1. 恶意代码工作原理

恶意代码(Malicious Code)是指故意编制或设置的、对网络或系统会产生威胁或潜在威胁的计算机代码。最常见的恶意代码有计算机病毒(简称病毒)、特洛伊木马(简称木马)、计算机蠕虫(简称蠕虫)、后门、逻辑炸弹等。

以病毒为例,恶意代码的工作过程如图 7-5 所示。

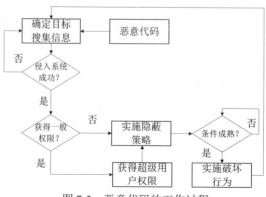

图 7-5　恶意代码的工作过程

　　为了能够实现上述功能，恶意代码设计了复杂的功能结构，这些结构大致可以分为感染模块、破坏模块(表现模块)、引导模块(主控模块)、触发模块。为了抵御恶意代码的攻击，人们开发出了对抗恶意代码的检测技术，而恶意代码为了提高自身的顽存性，也发展出了许多专门技术，包括驻留内存、变种技术、反跟踪/加密隐蔽技术、多态技术、插入技术等。

2. 恶意代码分析原理

　　影响主机安全的很大因素来自恶意代码的破坏，为了对其进行抑制，就需要利用恶意代码检测技术。这种技术也称为反病毒技术，是指采用多种方法和技术，实现防病毒、查病毒、杀病毒，以保证计算机系统正常运行的技术手段。

　　检测是反恶意代码的关键，通常有三种方法可以实现。

　　(1) 特征检测(signature detection)：这种方法是最为普通的，依赖于在某些特定恶意软件中找出它所固有的一种模式或特征。

　　(2) 变化检测(change detection)：这种方法就是检测发生了变化的文件。文件意外地发生某些变化可能就暗示着一次不良的感染。

　　(3) 异常检测(anomaly detection)：检测目标是非正常的或类似病毒的文件及行为。

　　第一种方法可以采用静态方式，也就是不运行恶意代码来分析；后两种方法可以将恶意代码置于沙箱中，观察其变化以实现自动化分析或由有经验的病毒分析人员通过动态分析进行人工排查。目前用于恶意软件分析的工具已经非常丰富了，常见的如表 7-1 所示。

表 7-1　恶意软件分析工具

分类	工具名称	功　能	分类	工具名称	功　能
蜜罐	Conpot	ICS/SCADA 蜜罐	在线扫描沙盒	APK Analyzer	APK 免费动态分析
	Cowrie	基于 Kippo 的 SSH 蜜罐		AndroTotal	免费在线 App 分析器
	Dionaea	用来捕获恶意软件的蜜罐		AVCaesar	在线扫描器和恶意软件的集合
	Glastopf	Web 应用蜜罐		Cryptam	分析可疑的 Office 文档
	Honeyd	创建一个虚拟蜜罐		Cuckoo Sandbox	开源、自主沙盒自动分析器
	HoneyDrive	蜜罐包的 Linux 发行版		DeepViz	机器学习分类分析器
	Mnemosyne	Dinoaea 蜜罐标准化工具		detux	Linux 恶意流量分析沙盒
	Thug	恶意网站低交互蜜罐	调试和逆向工程	binnavi	可视化二进制分析 IDE
恶意软件样本库	Clean MX	恶意软件/域名实时数据库		IDA Pro	Windows 反汇编和调试器
	Contagio	近期恶意软件样本及分析		OllyDbg	Windows PE 汇编级调试器
	Exploit Database	Exploit/shellcode 样本		PANDA	动态分析平台
	Malshare	恶意网站样本库		Pyew	恶意软件分析 Python 工具
	MalwareDB	恶意软件样本库		X64Dbg	Windows 开源 x64/x32 调试器
	Open Malware Project	样本信息和下载	网络分析	chopshop	协议分析和解码框架
	Ragpicker	malware crawler 插件		Malcom	恶意软件通信分析仪
	theZoo	分析人员的实时恶意样本库		Maltrail	恶意流量检测系统，利用公开黑名单检测恶意/可疑通信流

续表

分类	工具名称	功能	分类	工具名称	功能
检测与分类器	AnalyzePE	Windows PE 文件的分析器	内存取证	PcapViz	网络拓扑与流量可视化
	chkrootkit	本地 Linux rootkit 检测		Tcpdump	收集网络流
	ClamAV	开源反病毒引擎		tcpick	从网络流量中重构 TCP 流
	Detect-It-Easy	用于确定文件类型的程序		tcpxtract	从网络流量中提取文件
	ExifTool	读、写、编辑文件的元数据		Wireshark	网络流量分析工具
	File Scanning Framework	模块化的递归文件扫描器		BlackLight	Windows/Mac OS 原始内存分析取证客户端
	hash deep	用各种算法计算哈希值		FindAES	内存 AES 加密密钥搜索器
	Loki	基于主机的 IOC 扫描器		Volatility	先进的内存取证框架
	YARA	模式识别分析工具		VolUtility	Volatility 内存分析 Web 接口
存储和工作流	Aleph	开源恶意软件分析管道系统		WinDbg	Windows 系统的实时内存检查和内核调试工具
	CRITs	开展关于威胁、恶意软件的合作研究	杂项工具	al-khaser	一个旨在突出反恶意软件系统的 PoC 恶意软件
	Malwarehouse	存储、标注与搜索恶意软件		Binarly	海量恶意软件字节搜索引擎
	Polichombr	恶意软件分析平台，旨在帮助分析师逆向分析恶意软件		DC3-MWCP	反网络犯罪中心的恶意软件配置解析框架
	stoQ	分布式内容分析框架，具有广泛的插件支持		MalSploitBase	包含恶意软件利用的漏洞的数据库
	Viper	分析人员的二进制管理和分析框架		Pafish	采用多种技术来检测沙盒和分析环境的演示工具

恶意代码与检测技术是一对矛盾体的两方，此消彼长，对抗发展。

7.3.2　恶意软件分析工具

不同操作系统下的恶意代码其工作实现方式有很大不同，因此进行分析的工具也不尽相同，下面介绍几种具有代表性的且 Windows 平台适用的分析工具。

1. 静态分析工具

恶意代码特征检测，是指检测静态的程序是否包含特征库中的特征，以此来判断代码是否为恶意代码。下面介绍支持 Python 静态分析的几款工具。

1) PE 文件

恶意代码多为可执行文件。PE 文件的全称是 Portable Executable，意为可移植的、可执行的文件，常见的 EXE、DLL、OCX、SYS、COM 都是 PE 文件。PE 文件是微软 Windows 操作系统上的程序文件(可能是间接被执行，如 DLL)，其结构如图 7-6 所示。

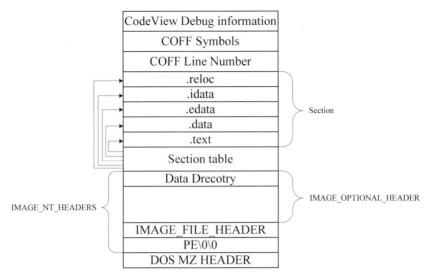

图 7-6 PE 文件结构

PE 文件主要包含以下内容：

(1) .DOS 头：用来兼容 MS-DOS 操作系统，目的是当这个文件在 MS-DOS 上运行时提示一段文字，大部分情况下是 This program cannot be run in DOS mode。.DOS 头还有一个目的，就是指明 NT 头在文件中的位置。

(2) NT 头：包含 PE 文件的主要信息，其中包括"PE"字样的签名、PE 文件头(IMAGE_FILE_HEADER)和 PE 可选头(IMAGE_OPTIONAL_HEADER32)。

(3) 节表：是 PE 文件后续节的描述，Windows 会根据节表的描述加载每个节。

(4) 节：每个节实际上是一个容器，可以包含代码、数据等。每个节可以有独立的内存权限，比如代码节默认有读/执行权限。节的名字和数量可以自己定义。

通过解析 PE 文件的格式，可以获取相关的内容，比如常常用到的静态的病毒启发式检测模型建立、病毒样本分类、查壳脱壳等。由于 PEfile 已经做了非常充分的解析，所以程序员进行二次开发非常方便。

进行恶意软件的分析时，PE 文件可以提供待测软件的充分静态信息。

2) IDA Python 工具

交互式反汇编器专业版(Interactive Disassembler Professional)即 IDA Pro(或简称为 IDA)，是一款静态反编译软件，提供交互式、可编程、可扩展、多处理器、交叉分析程序功能。IDA 可以通过 IDAPython 进行软件分析。IDAPython 创建于 2004 年，其设计目标是结合强大的 Python 与自动化分析的 IDA 工具，它由 IDC、Idautils、Idaapi 三个独立模块组成。其中，IDC 封装了 IDA 中 IDC 函数的兼容性模块；Idautils 是 IDA 里的一个高级实用功能模块；Idaapi 用来访问更加底层的数据。

IDAPython 的安装可以伴随 IDA 的安装一同进行。此处以安装 IDA Pro v6.8 为例进行介绍。安装界面如图 7-7(a)所示，只需勾选 Install Python 2.7 即可。

IDAPython 使用 Python 插件的方式有三种：

(1) 打开 IDA 后，在界面最下面(状态栏上面)输入命令脚本，但仅限一行。

(2) 在菜单栏 File-python command 里输入命令脚本。

(3) 在菜单栏 File-Script file 里导入命令脚本文件。

(a)   (b)

图 7-7   IDAPython 安装与操作

IDA Pro 安装完毕后，可点击桌面图标启动。在 IDA Pro 运行界面，可以选择 File->Script command(Shift+F2)执行 Python 脚本。在界面的底部，也可以在 Python 一栏直接执行 Python 的命令行，如图 7-7(b)所示。

3) ClamAV

要进行恶意代码的静态分析，还可以利用现有的杀毒软件来实现，其中一种解决方案就是采用 ClamAV+ pyClamd 库进行查毒。下面分别对 ClamAV 和 pyClamd 进行介绍。

(1) ClamAV。Clam AntiVirus(ClamAV)是免费而且开放源代码的防毒软件，软件与病毒码的更新皆由社群免费发布。目前 ClamAV 主要用在由 Linux、FreeBSD 等 Unix-like 系统架设的邮件服务器上，提供电子邮件的病毒扫描服务。ClamAV 本身是在文字接口下运作，但也有许多图形接口的前端工具可用。另外，由于其开放源代码的特性，在 Windows 与 Mac OS X 平台都有 ClamAV 的移植版。

在 Windows 平台安装 ClamAV 需下载非官方版(http://hideout.ath.cx/clamav/或 http://oss.netfarm.it/clamav/)并安装 VS2019(https://support.microsoft.com/it-it/topic/download-delle-pi%C3%B9-recenti-versioni-di-visual-c-supportate-2647da03-1eea-4433-9aff-95f26a218cc0)。将下载的二进制版解压到 c:\clamav 目录下，以管理员身份执行 "clamd.exe --install"，则在系统服务中可以得到一个名为 "ClamWin Free Antivirus Scanner Service" 的新服务，如图 7-8 所示(ClamAV 的守护进程就是 ClamD)。

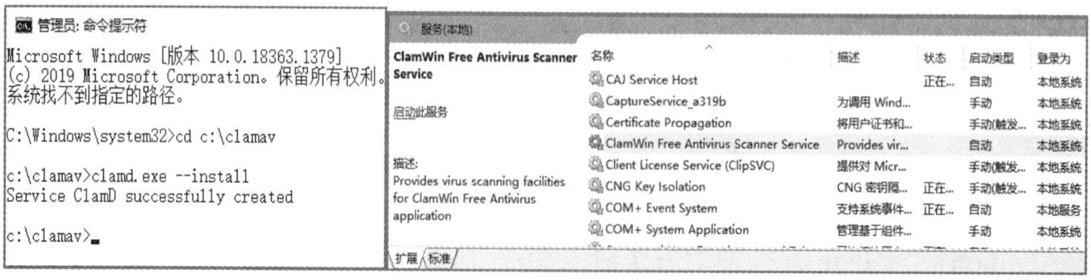

图 7-8   ClamD 安装

图 7-8 中已经将 ClamD 注册为系统服务(尚未启动该服务)。然后以管理员身份执行可执行文件"freshclam.exe"，进行病毒数据的更新。更新过程如图 7-9 所示。

图 7-9　病毒数据更新过程

数据库更新后，在服务窗口点击"启动此服务"，启动过程如图 7-10(a)所示。打开任务管理器，可以看到 ClamD 服务已经启动，如图 7-10(b)所示。

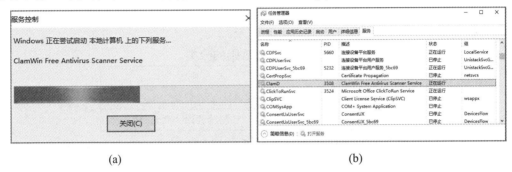

(a)　　　　　　　　　　　　　　　　　　(b)

图 7-10　启动服务过程

通过 telnet 服务，可以成功连接到该服务(telnet 127.0.0.1 3310)。

(2) pyClamd。pyClamd 是 ClamD 的 Python 接口，支持 Windows、Linux、Mac OS X 等平台运行。通过使用 pyClamd，用户可以以一种高效且简单的方式将 ClamAV 的病毒检测功能添加到 Python 软件中。pyClamd 还提供源码(https://github.com/duggan/pyclamd)，用户可以根据自身要求对其进行修订。

pyClamd 的安装执行"pip install pyclamd"命令。

4) Yara 工具

Yara 是一款旨在帮助恶意软件研究人员识别和分类恶意软件样本的开源工具，使用 Yara 可以基于文本或二进制模式创建恶意软件家族描述与匹配信息，进而对恶意软件进行识别。Yara 目前已被广泛使用，包括知名软件赛门铁克、火眼、卡巴斯基、McAfee、VirusTotal 等。

Yara 运行于 Windows、Linux 和 Mac OS X 等多种平台，也可以通过其命令行界面或从 Python 脚本中调用使用。用户可以到 github 的 Yara 官网 (https://github.com/VirusTotal/yara/releases)下载自己主机对应的二进制版压缩包。下载到本地之后直接将压缩包中的两个.exe 文件解压到 C:\Windows 目录下并分别重命名为 yarac.exe 和 yara.exe，然后设置环境变量后就可以执行。以管理员身份打开命令行窗口，执行"yara64 --help"，如图 7-11 所示。

Yara 识别的关键在于其规则。规则定义的字符串有三种类型，即文本字符串、十六进制字符串、正则表达式。文本字符串用来定义文件或进程内存中的可读型内容，十六进制字符串用来定义字节内容，正则表达式可用在文本字符串和十六进制字符串中。

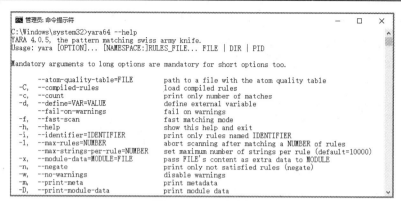

图 7-11　Yara 调用

目前，Yara 的规则有 11 大类，如表 7-2 所示。

表 7-2　Yara 规则的分类

规则类名	规则含义
Antidebug_AntiVM	反调试/反沙箱类 Yara 规则
CVE_Rules	CVE 漏洞利用类 Yara 规则
Exploit-Kits	EK 类 Yara 规则
malware	恶意软件类 Yara 规则
Packers	加壳类 Yara 规则
Webshells	Webshell 类 Yara 规则
Crypto	加密类 Yara 规则
email	恶意邮件类 Yara 规则
Malicious_Documents	恶意文档类 Yara 规则
Mobile_Malware	移动恶意软件类 Yara 规则
utils	通用类 Yara 规则

用户可以自己定义规则，也可以下载 Yara 的开源规则(https://github.com/Yara-Rules/rules)。Yara 的使用将结合其编程在 7.3.3 小节进行介绍。

Yara 还提供 Python 编程扩展。Yara 的安装执行"pip install yara-python"即可。

此外，进行静态分析的软件还有很多，受篇幅所限，这里不一一介绍。需注意，更高级别的静态分析还需要借助于程序员的经验进行推理分析。当前使用人工智能技术进行辅助分析的方法也逐渐流行起来，如《基于数据科学恶意软件分析》中介绍的内容，本书将不再赘述。

2. 动态分析工具

恶意代码的攻击一般利用被系统调用后的进程发起，因此仅分析待测程序的静态形态很难对其性质进行判断。为了解决这个问题，通常采用动态分析。下面介绍两种支持 Python 的动态分析工具——Volatility 和 WinDbg 工具。此外，为了进一步提高动态测试的自动化，常会采用沙箱工具，下面也选择几种具有代表性的沙箱进行介绍。

1) Volatility 工具

Volatility 是用 Python 写的高级内存取证框架。它可以用来对可疑软件进行内存分析并取证。内存分析技术是指从运行的电脑中取出内存镜像来进行分析的技术，其在恶意软件分析、应急响应和调查中扮演着重要的角色，它能够从计算机内存中提取取证线索，比如运行的进程，网络连接，加载的模块等，同时还支持脱壳、Rootkit 检测和逆向工程。Cuckoo 与 Volatility 配合，可以更深度和全面地分析，并防止恶意软件利用 Rookit 技术逃脱沙箱的监控。

Volatility 可以安装在多个系统(Windows、Linux、Mac OS X) 上。如果只是用 Volatility 本体的话，则不需要安装依赖包。Volatility 的安装有以下三种方法：

方法一：下载 Volatility 安装包(https://github.com/volatilityfoundation/volatility)，执行 python setup.py install 或 pip install volatility3。

如果要进行更加全面的分析，可以安装反编译库 Distorm3、恶意软件分类工具 Yara、依赖库、加密工具包 PyCrypto 等辅助库。

方法二：使用单独 Windows 可执行文件(https://www.volatilityfoundation.org/releases)，进入 DOS 界面以命令提示符方式运行该程序即可，无须其他任何额外操作。

方法三：使用的是 Windows 安装文件，双击执行安装即可。

2) WinDbg 工具

目前 Windows 系统中常见的支持动态调试的工具包括 OllyDbg、WinDbg、x64Dbg。其中，WinDbg 是微软开发的一套调试器中的组件(http://www.windbg.org/)，属于内核级别调试器，不仅可以用来调试应用程序，也可以调试内核级的代码，如驱动程序等。WinDbg 由于其易用性、丰富的命令和对 Windows 的原生支持，在 Windows 环境具有较大用户群。在 Python 支持方面，pykd 是 WinDbg 的 Python 扩展。该扩展提供支持 WinDbg 绝大多数功能的 API，可以采用在 "!pycmd" 中进行命令交互或是在 "!py file1.py" 中输入脚本两种方式执行。

WinDbg 及 pykd 的安装如下：

(1) 安装 WinDbg 软件。Windows 软件开发工具包(SDK)中包含 WinDbg，下载安装包(下载链接 https://developer.microsoft.com/zh-cn/windows/downloads/sdk-archive/)，选取 "Debugging Tools for Windows"，如图 7-12 所示。

图 7-12　WinDbg 下载与安装

安装完成后，将 WinDbg 的路径(以 C:\Program Files (x86)\Windows Kits\10\Debuggers\ x64 为例)添加到环境变量。为了提供符号解释，在系统变量中创建一个变量，名为 _NT_

SYMBOL_PATH, 值为 SRV*C:\Debug_Symbol\Symbols32* http://msdl.microsoft.com/ download/ symbols(将符号文件自动下载到本地 C:\Debug_Symbol\Symbols32 路径下)。

(2) 安装 Python 插件。下载 WinDbg 插件(https://githomelab.ru/pykd/pykd-ext),把解压后的 pykd.dll 文件拷入目录%ProgramFiles(x86)%\Windows Kits\10\ Debuggers\ x64\winext, 安装说明详见 https://githomelab.ru/pykd/pykd-ext。winext 目录是 WinDbg 放置插件的目录。注意:该插件是 pykd-ext,是用于支持 WinDbg 运行 Python 的插件,不要与后面将要安装的 pykd 第三方库混为一谈。完成该插件的拷贝后,启动 windgb,打开一个 ".exe" 进程(可以使用快捷键 Ctrl+E),在弹出的操作窗口最下面的命令行输入框中输入命令 ".load pykd", 调用该 Python 插件,随后就可以在命令行后续执行 Python 命令了,如图 7-13 所示。

输入命令 "!pykd.info" 可以列出本机安装的 Python 解释器。如图 7-13 所示,该主机安装有 python2.7、3.8 两个版本。在调用 Python 时,可以通过版本参数("-2""-2.x""-3" 或 "-3.x")指定 WinDbg 调用的解释器版本。

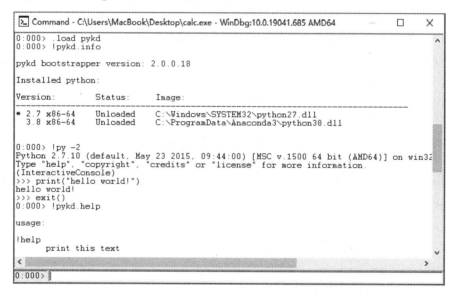

图 7-13　WinDbg 的 Python 运行

WinDbg 支持两种调用 Python 的方式,其一是采用命令 "!py -2" 进入 Python 命令行。另外使用如下命令:

> "!py C:\Users\ma\Desktop\python_test\helloword.py"

就可以执行 C:\Users\ma\Desktop\python_test\下的 helloword.py 脚本。关于 WinDbg 的更多操作,可以执行命令 "! pykd.help" 进行查询。

(3) 安装 pykd。由于在后续的 Python 脚本中要调用 pykd 库中的函数,因此应为 Python 安装 pykd。在 Windows 命令行窗口中执行命令 "pip install pykd",对该库进行安装。安装完成后,在 WinDbg 中就可以执行包含 pykd 库函数的脚本。

OllyDbg 是用户态调试器(http://www.ollydbg.de/),功能非常完善,并具有一定的智能分析能力。逆向分析者经常用 IDA 来阅读代码,用 Olly 来动态跟踪程序,实现动静配合分析。OllyDbg 适合 32 位程序调试分析,且作者也不再更新,因此其使用受到一定限制。

在 Python 支持方面，自 OllyDbg 2.01h 版本后提供 OllyPython 的是插件，其主要功能就是为 OllyDbg 提供 Python 支持，可通过 Python 脚本控制 OD 执行一些重复性工作。

x64Dbg 是 Windows 下的 32/64 位开源调试器(https://x64dbg.com/)。x64Dbg 采用 QT 平台编写，支持多国语言，并具有界面简洁明晰、操作方便快捷，设计人性化等优点。它为调试 64 位应用专门设计，因此在这类应用中具有显著优势。在 Python 支持方面，x64Dbg 的 Python 插件是 x64Dbgpy，支持所有 x64Dbg 的命令功能调用。

对于 OllyDbg 与 x64Dbg 的 Python 插件的安装方法，此处不再一一介绍。

3) 沙箱工具

近些年来，随着病毒技术的发展，手工处理成千上万的恶意软件样本已经变得非常困难，因此沙箱(sandbox)技术被自动化分析技术所逐渐采用。沙箱将待分析的恶意软件样本运行于一个与外界隔离的虚拟环境之中，在样本运行过程中，沙箱会收集其动态行为，并从中分析是否存在恶意行为。沙箱技术发展到今天形成了三种主要类型：基于应用程序虚拟化沙箱、基于部分虚拟化沙箱和基于完全虚拟化沙箱。

下面介绍几种支持 Python 的沙箱工具。

(1) Cuckoo 沙箱。Cuckoo 沙箱是一个开源的恶意文件自动化分析系统，采用 Python 和 C/C++开发，同时支持多款操作系统，包括 Windows、Android、Linux 和 Darwin 四种，可以对二进制的 PE 文件(exe、dll、com)、PDF 文档、Office 文档、URL、HTML 文件、各种脚本(PHP、VB、Python)、jar 包、zip 文件等，实施恶意文件的静态二进制数据分析和动态运行后的进程、网络、文件等行为的分析。

Cuckoo 分析需要主机(host)和分析客户机(Analysis Guests)配合工作，其工作机制如图 7-14 所示。图中主机与多台客户机构成的分析机群通过虚拟网络相连。在 Cuckoo 分析系统中，主机实施控制，客户机实施分析。一般在测试时，由主机将待分析的软件传入客户机，客户机分析(主要由 Cuckoo 的 process 模块完成)结束后主机输出分析报告。分析人员通过报告，了解待测软件的行为表现。

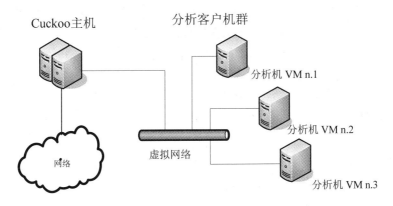

图 7-14　Cuckoo 沙箱系统

读者可以通过 Cuckoo 的官网(https://www.cuckoosandbox.org/download.html)下载安装包。Cuckoo 运行后提供一个基于 Web 的操作界面，用户也可以对基于 Python 的 Cuckoo 源码进行修改。

(2) Noriben 沙箱。Noriben 是一个基于 Python 的脚本,它与 Sysinternals Procmon 一起工作,可以自动收集、分析和报告恶意软件运行时的指示器。简而言之,它允许分析者运行恶意软件,并获取恶意软件活动的简单文本报告。该工具只需要 Sysinternals procmon.exe(或 procmon64.exe)即可运行(Noriben 的 Noriben.py 文件需要与 procmon64.exe 放在同一目录下)。Noriben 所依赖的 Procmon(https://docs.microsoft.com/zh-cn/sysinternals/ downloads/procmon)软件,是微软出品的用于监视 Windows 系统里程序运行情况的一款软件。监视内容包括该程序对注册表的读写、对文件的读写、网络的连接、进程和线程的调用情况。Procmon 是一款超强的系统监视软件。支持全面的系统监视,其运行界面如图 7-15 所示。

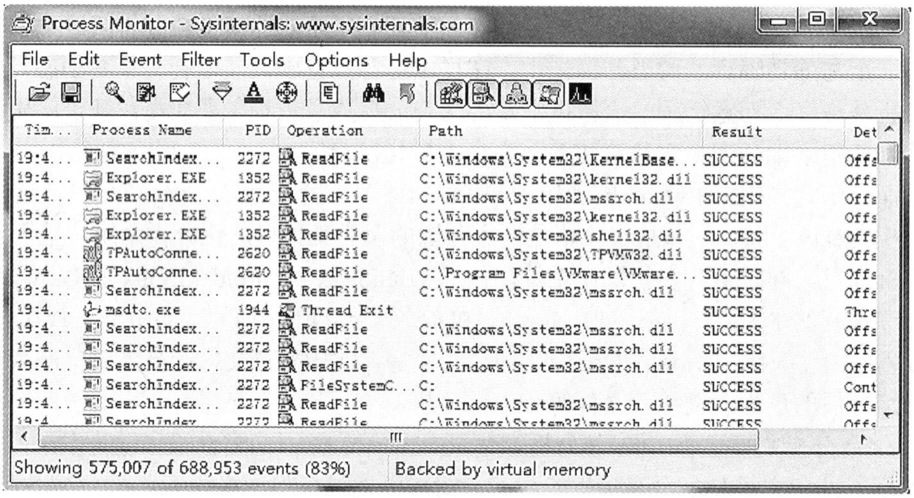

图 7-15　Procmon 界面

Noriben 是许多异常恶意软件实例的理想解决方案。例如,那些不能从标准沙箱环境中运行的恶意软件实例,其中的文件可能需要命令行参数,或者必须进行有效调试的 VMware/OS 检测或经过非常长的睡眠周期,这些问题都可以被 Noriben 克服。分析者只需运行 Noriben,然后运行恶意软件,使其运行足够长的分析时间收集数据即可。使用 Noriben 沙箱时,可以利用虚拟机,将 Noriben 和 Procmon 置于其中,然后将待测文件导入,开始分析并最终形成报告(编程实现详见 7.3.3 小节介绍)。

除上述两款 Python 沙箱外,沙箱工具还有 Malwr、HaboMalHunter(腾讯哈勃沙箱)等,多基于 Linux 系统,本书不一一列举。

7.3.3　恶意软件分析实现

本节分别采用静态分析、动态分析两种手段(合称"全态"),实现主机恶意软件分析。

1. 静态分析

静态分析可以对程序文件的反汇编代码、图形图像、可打印字符串和其他磁盘资源进行分析,是一种不需要实际运行程序的逆向工程。虽然静态分析技术有欠缺之处,但是它可以帮助安全人员理解各种各样的恶意软件特征,了解恶意软件的攻击用意,并了解攻击者如何隐藏并继续攻击受感染计算机等。

1) PE 文件逆向分析

下面代码(PE_analy.py)基于 pefile 库实现对计算器可执行文件的静态分析。

```python
import pefile

pe = pefile.PE("calc.exe")
for section in pe.sections:
    print("段名： ",section.Name,"段信息： ", hex(section.VirtualAddress), ❶
                        hex(section.Misc_VirtualSize)❷, section.SizeOfRawData)❸

for entry in pe.DIRECTORY_ENTRY_IMPORT: ❹
    print("显示动态链接库： ",entry.dll)
    for function in entry.imports:
        print('\t',"函数名： ", function.name)
```

上述代码首先创建了一个指向计算器(calc.exe)的 pefile 文件对象，然后从 PE 对象五个不同的节中提取了数据，即.text、.rdata、.data、.idata 和.reloc，输出以五元组的形式给出。其中，0x1000❶是加载这些节的虚拟内存地址基址，也可以将其视为节的内存地址基址。在虚拟大小(virtual size)字段中的 0x32830❷指定了节被加载后所需的内存大小。第三个字段中的 207360❸表示该节将在该内存块中所占用的数据量。除了使用 pefile 解析程序的节之外，还可以使用 PE 对象列出二进制文件，用于调用加载的 DLL 文件，以及它将在这些 DLL 文件中请求的函数。上述代码通过查询 PE 对象的 DIRECTORY_ENTRY_IMPORT 参数实现❹。对于一些敏感、危险的函数的调用尤其要重视，如 WriteFile、CreateFileA、CreateProcessA 等。

2) IDA Pro 工具分析

在操作系统内存中有两个存储空间：一个是堆，另一个是栈。堆主要用于存储用户动态分配的变量，而栈则是存储进程中的临时变量，二者在程序运行过程中都具有极其重要的作用，也是恶意程序攻击的重点。

启动 IDA Pro 工具软件，将待测软件(.exe 文件)拖入主窗口，进入如图 7-16 所示的界面。

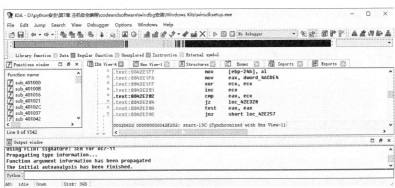

图 7-16　IDAPro 软件测试界面

在恶意代码中，经常会通过调用一些敏感函数实施破坏，因此也可以使用 IDA Pro 编写脚本对特定敏感的系统函数调用的地址进行提取。编写脚本得到程序在函数调用时的栈内信息，利用 Alt+F7 调用执行，实现代码如下：

```
from idaapi import *

f1 = file('danger_call.txt','w')
danger_funcs = ["strcpy","sprintf","strncpy"]              #❶
for func in danger_funcs:
    addr = LocByName(func)                                 #❷
    if addr != BADADDR:
        cross_refs = CodeRefsTo(addr, 0)
        f1.write("###############\n")
        for ref in cross_refs:
            f1.write(str(hex(ref)) + '\n')
f1.close()
```

上面的代码选了“strcpy”“sprintf”“strncpy”三个库函数作为监控对象❶，检索程序对它的调用。这里用到了 CodeRefsTo()，用来查询调用的具体地址❷。

此外，还可以得到程序在函数调用时的栈内信息，实现代码如下：

```
from idaapi import *

var_size_threshold = 16
current_addr = ScreenEA()

for f in Functions(SegStart(current_addr), SegEnd(current_addr)):
    stack_frame = GetFrame(f)                 #❶
    frame_size = GetStrucSize(stack_frame)    #❷

    frame_counter = 0
    prev_count = -1
    distance = 0

    while frame_counter < frame_size:
        stack_var = GetMemberName(stack_frame, frame_counter)
        # get one from stack
        if stack_var != "":
            if prev_count != -1:
                distance = frame_counter - prev_distance
                prev_distance = frame_counter    # record last location
```

```
        if distance >= var_size_threshold:
            print("[*] Function: %s - > Stack Variable: %s \
                    (%d bytes)" % (GetFunctionName(f),\
                        prev_member, distance)) ❸

    else:
        prev_count = frame_counter
        prev_distance = frame_counter
        prev_member = stack_var
    try:
        frame_counter = frame_counter + \
                        GetMemberSize(stack_frame, frame_counter)
            # compute offset
    except:
        frame_counter += 1
else:
    frame_counter += 1
```

上述程序调用 GetFrame 函数获得栈帧❶，并利用 GetStrucSize 函数获得栈帧大小❷；如果帧的成员不为空，则对其进行显示打印❸。

关于 IDAPro 的更多功能读者可以参考相关资源获得。

3) clamCV 工具分析

如前所述，基于 clamCV，通过向搭建起来的 clamD 服务发送测试文件，由 clamCV 进行检测然后通过网络反馈的方式可以实现查毒。clamCV 从分析机制上而言，主要是利用自身收集的特征库进行比较，因此也属于静态分析。

在完成 7.3.2 小节介绍的 clamD 服务搭建后，可以通过下面实现代码(clamav.py)对导入的待测文件实施病毒检测。

```
import os
import pyclamd

cd =pyclamd.ClamdNetworkSocket()   # ❶连接 clamD 服务，默认为 127.0.0.1 3310

print(cd.ping())                   # ❷查看与服务器的连接情况
print(cd.version())                # 查看 clamD 的版本号

virus_sample=cd.EICAR()            # ❸生成一个病毒测试样本
print(cd.scan_stream(virus_sample))# ❹对病毒测试样本进行检测
```

```
isExists = os.path.exists('./tmp')
if not isExists:
    os.mkdir('./tmp')
    # ❺将病毒测试样本字符串写入文件，代表病毒文件
    void = open('./tmp/EICAR.exe','+wb').write(cd.EICAR())
    # ❻将无毒文本字符串写入文件，代表无毒文件
    void = open('./tmp/NO_EICAR.exe','+wb').write('no virus in this file'.encode())

#❼二进制文件测试
f1 = open("./tmp/NO_EICAR.exe", "+rb")
file1_content1=f1.read()
print(cd.scan_stream(file1_content1))
f1.close()
f2 = open("./pycharm64.exe", "+rb")
file2_content=f2.read()
print(cd.scan_stream(file2_content))
f2.close()
```

上述代码首先创建一个 ClamdNetworkSocket 类对象，向 clamD 服务发起连接请求❶，连接完成后可以通过 ping 和 version 函数了解连接情况和服务的 clamAV 版本号❷。连接的地址默认为 127.0.0.1 3310，可以通过修改 ClamdNetworkSocket 类的初始化方法修改此地址。为了测试程序，上述代码调用了 EICAR 方法❸，即生成具有病毒特征的字符串，然后调用 scan_stream 对该字符串进行测试，并打印测试结果❹。为了进一步测试，程序各生成了一个测试病毒文件❺和一个无病毒文件。接着，程序采用读入二进制文件的方式分别测试了❼ 两个可执行文件。

除了上述使用到的函数，pyClamd 还提供如下方法进行病毒扫描和扫描管理：

(1) contscan_file 方法，实现扫描指定的文件或目录，在扫描时发生错误或发现病毒将不终止。

(2) multiscan_file 方法，实现多线程扫描指定的文件或目录，多核环境速度更快，在扫描时发生错误或发现病毒将不终止。

(3) scan_file 方法，实现扫描指定的文件或目录，在扫描时发生错误或发生病毒将终止。

(4) shutdown 方法，实现强制关闭 clamD 进程并退出。

(5) stats 方法，获取 Clamscan 的当前状态。

(6) reload 方法，强制重载 clamD 病毒特征库，扫描当前建议做 reload 操作。

需要注意的是，上述方法主要针对 Linux 系统设计，由于 Windows 与 Linux 的文件格式等存在差异，不是所有上述方法都可以在 Windows 平台执行。

4) Yara 病毒检测与分类实现

Yara 病毒检测可以直接使用 7.3.3 小节中的可执行二进制文件。具体方法是调用 yara64

命令，并指向规则(自定义或开源规则)。

基于命令行和批处理脚本的 Yara 使用方法示例如下所述。

首先利用记事本创建一个.yara 文件编写规则脚本，代码如下(demo.yara)：

```
rule silent_banker : banker                    #❶
{
    meta:                                      #❷
        description = "This is just an example"
        thread_level = 3
        in_the_wild = true
    strings:                                   #❸
        $a = {6A 40 68 00 30 00 00 6A 14 8D 91}
        $b = {8D 4D B0 2B C1 83 C0 27 99 6A 4E 59 F7 F9}
        $c = "UVODFRYSIHLNWPEJXQZAKCBGMT"
        $d = {4D 5A}
    condition:                                 #❹
        $a or $b or $c or $d
}
```

代码中的第一行❶ rule silent_banker : banker，是声明该规则用于检出 banker 类型的样本；❷ meta 后面的是一些描述信息，比如规则说明、作者信息等；❸ strings 定义了$a、$b、$c、$d 四个特征字符串，其中三个十六进制字符串(十六进制字符串用大括号括起来)和一个文本字符串(文本字符串直接用双引号括起来)；最后❹ condition 规定了匹配的条件，这里写的是 or，表明样本中只要匹配到了四个特征中的任意一个，那么样本就会被识别为 banker。

在该 demo.yara 文件同一个文件夹(c:\test)下建立子文件夹"\111"放入待检文件，然后用命令行执行如下命令：

```
c:\test>yara64 demo.yara c:\test\111
```

运行结果如图 7-17 所示。

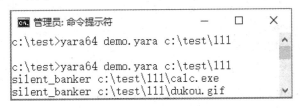

图 7-17　Yara 命令行文件测试

图 7-17 中,表明命中 2 个符合条件的文件(因为两个文件都满足包含条件$d字符串,该条件仅为示例所用并不是真正意义的恶意特征代码),认为属于 silent_blanker 恶意代码类。

上述工作完全可以利用 Yara-Python 完成(使用手册：https://yara.readthedocs.io/en/v3.7.0/)，示例代码如下(yara_test.py)：

```python
import yara
import os

# 获取目录内的 yara 规则文件并将 yara 规则进行编译
def getRules(path):
    filepath = {}
    for index, file in enumerate(os.listdir(path)):
        rupath = os.path.join(path, file)
        key = "rule" + str(index)
        filepath[key] = rupath
    yararule = yara.compile(filepaths=filepath)        #❶
    return yararule


# 扫描函数
def scan(rule, path):
    for file in os.listdir(path.encode('utf-8').decode("utf-8")):
        mapath = os.path.join(path, file)
        print(malpath)
        fp = open(mapath, 'rb')
        matches = rule.match(data=fp.read())           #❷
        if len(matches) > 0:
            print(file, matches)


if __name__ == '__main__':
    rulepath = "c:\\test\\rules"   # yara 规则目录
    malpath ="c:\\test\\111" # simple 目录
    # yara 规则编译函数调用
    yararule = getRules(rulepath)
    print(yararule)
    # 扫描函数调用
    scan(yararule, malpath)
```

上述代码的 getRules 函数首先利用 yara.compile❶ 将 rulepath 目录下的.yara 文件统一编译成可直接调用的规则集合；然后导入待测文件，调用 scan 函数进行扫描，scan 利用了 rule.match 方法❷ 进行静态匹配，输出结果与前面命令行的方法完全一致。

读者可以通过病毒样本线上资源(https://github.com/ytisf/theZoo/tree/master/malwares) 和前述规则资源展开基于 Yara 的深入研究。

2. 动态追踪

动态测试(dynamic testing)指的是实际运行被测程序，输入相应的测试数据，检查实际输出结果和预期结果是否相符的过程。

1）Volatility 编程实现

使用 Volatility 可以分析运行可执行文件系统的内存镜像，给出分析结论。此处采用 moonsolsdumpit(官方网站：http://www.moonsols.com/)的免费版，获取内存镜像，界面如图 7-18 所示。

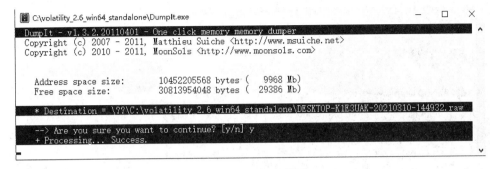

图 7-18　DumpIt 界面

图 7-18 中，是否继续输入"Y"后，经过一段时间生成当前系统的内存副本待分析。

此处，按照前面描述的 Volatility 第一种方法安装 Volatility Framework 取证工具(运行直接使用可执行程序 volatility-2.2.standalone.exe)，也通过 MoonSols DumpIt 获取了内存的实时副本文件。现在对内存数据进行分析，就是对该副本文件 DESKTOP-K1E3UAK-20210310-144932.raw 进行分析。

下来调用 Volatility 进行分析。

(1) 查看内存的基本信息，执行命令：

> volatility_2.6_win64_standalone timers vol.py
>
> -f ./DESKTOP-K1E3UAK-20210310-144932.raw imageinfo

这条命令使用了 imageinfo，该命令可以查看内存副本的摘要信息，可以显示主机所使用的操作系统版本、服务包以及硬件结构(32 位或 64 位)、页目录表的起始地址和获取该内存镜像的时间等基本信息。

(2) 查看进程和动态链接库信息，执行命令：

> volatility_2.6_win64_standalone timers vol.py -f
>
> ./DESKTOP-K1E3UAK-20210310-144932.raw --profile==Win10x64_14393
>
> psscan >psscan.txt

上述程序执行了 psscan 命令，该命令能够通过内存池标签查找的方式枚举系统中的所有进程，不仅能够显示当前内存中活跃的进程信息，还能够枚举以前终止的进程和被隐藏以及被 rootkit 破坏的未在活跃进程链表中出现的进程。这些隐藏的或掉链的进程在内存取证中具有重要的参考价值，很有可能就属于恶意代码。上面命令通过>psscan.txt 将其输出结果重定向到 psscan.txt 文件中。

2）WinDbg 编程实现

WinDbg 是 Microsoft 公司免费调试器调试集合中的 GUI 的调试器，支持 Source 和 Assembly 两种模式的调试。WinDbg 不仅可以调试应用程序，还可以进行 Kernel Debug。

结合 Microsoft 的 Symbol Server，可以获取系统符号文件，便于应用程序和内核的调试。WinDbg 支持的平台包括 X86、IA64、AMD64。虽然 WinDbg 也提供图形界面操作，但它最强大的地方还是有着强大的调试命令，一般情况会结合 GUI 和命令行进行操作，常用的视图有局部变量、全局变量、调用栈、线程、命令、寄存器、白板等，其中"命令"视图是默认打开的。

下面代码用于 WinDbg 检查堆是否被破坏。

```python
import sys
from pykd import *


def check_heap():
    heapliststring = dbgCommand('!heap')                    #❶
    for heapstring in heapliststring.split('\n'): #❷
        if heapstring.find(':') == -1:
            continue
        else:#❸
            heapstring = heapstring.expandtabs(4)
            heapstring = heapstring.replace("", "")
            heapaddr = heapstring[-8:]
            result = dbgCommand("!heap -v " + heapaddr)#❹
            println(result)


def main(argv):
    check_heap()


if __name__ == "__main__":
    print("it is starting!")
    main(sys.argv)
```

其中，堆(HEAP)的分配、使用、回收都是通过 Windows API 来管理，最常见的 API 是 malloc 和 new，而在底层这两个函数都会调用 HeapAlloc(RtlAllocateHeap)。同样的相关函数还有 HeapFree 用来释放堆，HeapCreate 用来创建自己的私有堆。

上述程序非常简单，实现了对堆破坏的检测。代码主要是通过调用 WinDbg 的"!heap"命令❶，枚举当前可执行文件的堆，然后逐行检测返回值❷，如果返回值中不存在":"❸，则是放生堆破坏的特征，然后调用"!heap -v"命令❹，查询详情并打印显示。

当然，利用 WinDbg 还可以进行更加复杂的动态检测，如蓝屏溯源、对喷射等，读者可以参考相关资料进行更全面的学习。

3) Noriben 沙箱工具实现

使用沙箱进行病毒检测是一种强大而且安全的方法。Python 沙箱检测有很多选择，其中大多数分析者使用前述的 Cuckoo 搭建沙箱。但是，Cuckoo 搭建沙箱过程非常复杂，且对于 Windows 系统的支持也不够好，并且提供的编程方式主要是通过对源码修改而实现，为了解决这个问题，可以选择 Noriben。

基于 Win7 系统的 Noriben 沙箱搭建，需要完成以下工作。

(1) 安装 VMware 软件虚拟机，安装镜像系统。

(2) 在虚拟机中安装 Python，拷入 Noriben.py 和 procmon.exe 到桌面。

(3) 固化系统，记录快照。

(4) 在主机上运行处理软件，将待检测的文件导入虚拟机。

(5) 在虚拟机中启动运行 Procmon 和待检测的文件。

(6) 经过一段时间，收集待测文件的行为。

(7) 导出监测报告，进行分析。

上述工作可以利用 VMware 的 vmrun.exe 完成，即执行如下 Noriben 包自带的批处理文件，实现代码如下：

```
@echo off
if "%1"=="" goto HELP
if not exist "%1" goto HELP


set DELAY=10
set CWD=%CD%
set VMRUN="C:\Program Files (x86)\VMware\VMware Workstation\vmrun.exe"
set VMX="e:\VMs\WinXP_Malware\WinXP_Malware.vmx"
set VM_SNAPSHOT="Baseline"
set VM_USER=Administrator
set VM_PASS=password
set FILENAME=%~nx1
set NORIBEN_PATH="C:\Documents and Settings\%VM_USER%\Desktop\Noriben.py"
set LOG_PATH="C:\Noriben_Logs"
set ZIP_PATH="C:\Tools\zip.exe"


%VMRUN% -T ws revertToSnapshot %VMX% %VM_SNAPSHOT%#❶
%VMRUN% -T ws start %VMX%#❷
%VMRUN% -gu %VM_USER%   -gp %VM_PASS%
          copyFileFromHostToGuest %VMX% "%1" C:\Malware\malware.exe       #❸
%VMRUN% -T ws -gu %VM_USER% -gp %VM_PASS% runProgramInGuest %VMX%
          C:\Python27\Python.exe %NORIBEN_PATH% -d -t %DELAY%
          --cmd "C:\Malware\Malware.exe" --output %LOG_PATH% #❹
if %ERRORLEVEL%==1 goto ERROR1


%VMRUN% -T ws -gu %VM_USER% -gp %VM_PASS% runProgramInGuest
          %VMX% %ZIP_PATH% -j C:\NoribenReports.zip %LOG_PATH%\*.*     #❺
```

```
%VMRUN% -gu %VM_USER%   -gp %VM_PASS% copyFileFromGuestToHost
        %VMX% C:\NoribenReports.zip %CWD%\NoribenReports_%FILENAME%.zip#❻
goto END


:ERROR1
echo [!] File did not execute in VM correctly.
goto END


:HELP
echo Please provide executable filename as an argument.
echo For example:
echo %~nx0 C:\Malware\ef8188aa1dfa2ab07af527bab6c8baf7
goto END


:END
```

　　上述批处理首先利用 revertToSnapshot 命令装入固化的快照❶，接着利用 start 命令启动虚拟机到该快照❷，用 copyFileFromHostToGuest 命令将待测文件("%1"指向的文件)拷贝至虚拟机的 C:\Malware 目录，并将其命名为 Malware .exe❸，通过 runProgramInGuest 命令运行虚拟机上的 Noriben.py(会调用 Procmon.exe 文件)，并在时间间隔 DELAY 后运行待测的 Malware .exe❹，经过一段时间的行为观察，接着通过 runProgramInGuest❺命令执行虚拟机上的 zip 压缩工具 7z.exe (https://sparanoid.com/lab/7z/)，将报告文件打包，最后利用 copyFileFromGuestToHost 命令将打包的文件从虚拟机中拷贝到主机❻。

　　关于 vmrun 命令更多的语法可以参考官网介绍，链接为 https://docs.vmware.com/cn/ VMware-Fusion/11/com.vmware.fusion.using.doc/GUID-24F54E24-EFB0-4E94-8A07-2AD79 1F0E497.html。

　　在执行 vmrun 命令时，要特别注意权限要求。例如，在 Windows Vista 和 Windows 7 或更高版本的客户机上，仅 administrator 账户才能用 copyFileFromHostToGuest 和 deleteFileInGuest 选项在系统文件夹中写入和删除文件，或者使用 createDirectoryIn Guest 和 deleteDirectoryInGuest 选项修改系统目录。常规用户则无法执行这些操作，即使具有管理员权限的用户也是如此。

　　此外，上述 vmrun 操作虚拟机的工作也可以利用 Python 的 pySphere 或 pyVmomi 工具实现。pySphere 除了本身的安装(执行"pip install pysphere"命令)还需依赖 VMware vCenter Server(简称 vCenter Server)。vCenter Server 提供了一个可伸缩、可扩展的平台，为虚拟化管理奠定了基础。该平台可集中管理 VMware vSphere 环境，与其他管理平台相比，极大地提高了管理员对虚拟环境的控制。

　　vCenter Server 在整个数据中心内将可供所有虚拟机共享的独立主机的资源统一起来。其实现原理是：根据系统管理员设定的策略，由平台管理主机的虚拟机分配，以及给定主机内虚拟机的资源分配，其工作机制如图 7-19 所示。

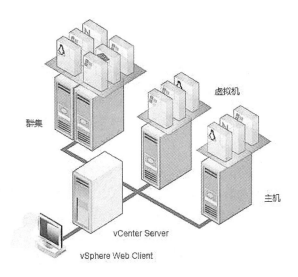

图 7-19　VMware vCenter Server 工作机制

关于 pySphere 操作虚拟机实现沙箱的编程方法本书将不作介绍,读者可参考相关资料自主学习。

7.4　主机漏洞模糊测试

7.4.1　漏洞挖掘技术概述

1. 漏洞的简介

漏洞可以定义为存在于一个系统内的弱点或缺陷,这些弱点或缺陷会导致系统对某一特定的威胁攻击或危险事件具有敏感性,或具有被攻击威胁的可能性。漏洞的概念经常被与软件缺陷(Bug)混为一谈,实际上二者存在很大区别。大部分 Bug 影响功能性,并不涉及安全性,也就不构成漏洞;一部分漏洞可能来源于 Bug,但并不是全部,它们之间存在一定交集,如图 7-20 所示。

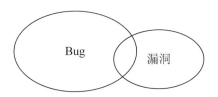

图 7-20　漏洞与 bug 之间的关系

漏洞的种类可以划分为功能性逻辑漏洞和安全性逻辑漏洞。功能性逻辑漏洞是指影响软件的正常功能,例如执结果错误、执行流程错误等。安全性逻辑漏洞是指通常情况下不影响软件的正常功能,但如果漏洞被攻击者成功利用后,有可能造成软件运行错误甚至执行恶意代码,例如缓冲区溢出漏洞、网站中的跨站脚本漏洞(XSS)、SQL 注入漏洞等。

漏洞产生的原因有很多，可总结为以下几个方面：

(1) 在软/硬件的设计和实现中由于开发人员有意或无意的失误造成。

(2) 因为技术进步，利用新技术，观察、测试陈旧技术，由技术代差导致的缺陷。

(3) 开发商为了调试、管理、获取用户数据或控制预留的自用后门。

当然，也有些漏洞可能是上述几种因素的综合产物。

2. 漏洞挖掘

顶级的漏洞意味着不菲的价值，攻击者可以利用它攫取信息、获得系统控制权，安全防御者也可以修补漏洞提升系统、网络的安全性，使之得到更多的信赖。因此二者都试图利用漏洞挖掘技术获取漏洞。漏洞挖掘，顾名思义就是寻找漏洞，主要是通过综合应用各种技术和工具，尽可能地找出软件中潜在的漏洞。

对于漏洞挖掘的竞争，可以说是日趋激烈，这样的竞争也导致漏洞都具有一个声明周期，如图 7-21 所示。

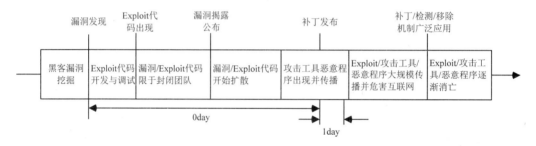

图 7-21　漏洞生命周期

图 7-21 中，由左至右将漏洞的生命周期分为七个阶段，始于黑客漏洞挖掘，终于 Exploit/攻击工具/恶意程序逐渐消亡，经历漏洞发现、Exploit(入侵)代码出现、漏洞揭露公布、补丁发布、补丁/检测/移除机制广泛应用五个时间节点。其中在漏洞发现与补丁发布时间节点中间的阶段，漏洞称作 0day 漏洞。这一阶段漏洞首先为攻击方所先行发现，而未被防御方知晓。0day，中文意思"0 日/零日"或"零日漏洞"或"零时差攻击"。零日这个词历史很悠久，最早出现是在战争中，将一些大规模可毁灭世界的事物(一般是武器)称之为零日危机(类似的还有末日时钟)，在世界毁灭之后，重新建立新文明的第一天，即称之为第 0 天。后来引入到黑客文化，将一些大规模、致命性、高威胁性、能够造成巨大破坏的漏洞也称为零日漏洞(并不是所有漏洞都叫 0day)，缩写即为 0day。

围绕着漏洞发现，安全对抗的双方纷纷聚焦于漏洞挖掘技术。漏洞挖掘技术可以分为基于源代码的漏洞挖掘技术、基于目标代码的漏洞挖掘技术和混合漏洞挖掘技术三大类。基于源代码的漏洞挖掘又称为静态检测，是通过对源代码的分析，找到软件中存在的漏洞。基于目标代码的漏洞挖掘又称为动态检测，首先将要分析的目标程序进行反汇编，得到汇编代码；然后对汇编代码进行分析，来判断是否存在漏洞。混合漏洞挖掘技术结合静态检测和动态检测的优点，对目标程序进行漏洞挖掘。

不可否认，从冗长的代码或庞大的系统中挖掘漏洞非常耗费时间，为此人们提出了模糊测试(Fuzzing)的技术。Fuzzing 技术可以追溯到 1950 年，当时计算机的数据主要保存在打孔卡片上，计算机程序读取这些卡片的数据进行计算和输出。如果碰到一些垃圾卡片或一些废弃不适配的卡片，对应的计算机程序就可能产生错误和异常甚至崩溃，这样，Bug就产生了，继而可以从这些 Bug 里面甄别出漏洞。

Fuzzing 技术首先是一种自动化技术，即软件自动执行相对随机的测试用例。因为是依靠计算机软件自动执行，所以测试效率相对人来讲远远高出几个数量级。比如，一个优秀的测试人员，一天能执行的测试用例数量最多也就是几十个，很难达到 100 个。而 Fuzzing工具可能几分钟就可以轻松执行上百个测试用例。另外，Fuzzing 技术本质是依赖随机函数生成随机测试用例，随机性意味着不重复、不可预测，可能有意想不到的输入和结果。根据概率论里面的“大数定律”，只要我们重复的次数够多、随机性够强，那些概率极低的偶然事件就必然会出现。Fuzzing 技术就是大数定律的典范应用，足够多的测试用例和随机性，就可以让那些隐藏得很深、很难出现的漏洞成为必然现象。

目前，Fuzzing 技术已经是软件测试、漏洞挖掘领域的最有效的手段之一。Fuzzing技术特别适合用于发现 0Day 漏洞，也是众多黑客发现软件漏洞的首选技术。Fuzzing虽然不能直接达到入侵的效果，但是 Fuzzing 非常容易找到软件或系统的漏洞，以此为突破口深入分析，这样就更容易找到入侵路径，这就是黑客喜欢 Fuzzing 技术的原因之一。当然，安全防御专家也可以利用 Fuzzing 技术对自己的软件、系统进行测试，发现漏洞并修补之。

7.4.2　漏洞模糊测试工具

考虑到漏洞模糊测试的强大应用性，软件工程师开发出大量测试工具，目前应用较广的工具如表 7-3 所示。

表 7-3　Fuzzing 工具概览

模糊测试工具	检测方式	是否开源	支持内存测试	模糊测试工具	检测方式	是否开源	支持内存测试
BEF	黑盒	√		classfuzz	灰盒		
CLsmish	黑盒			CoIIAFL	灰盒	√	√
DELTA	黑盒			DeadlockFuzzer	灰盒	√	
DIFUZE	黑盒	√		honggfuzz	灰盒	√	
Digtool	黑盒			kAFL	灰盒	√	
Doupe	黑盒			LibFuzzer	灰盒	√	√
FOE	黑盒	√		MagicFuzzer	灰盒	√	
GLADE	黑盒	√		RaccFuzzer	灰盒	√	
IMF	黑盒	√		Steelix	灰盒		
jsfunfuzz	黑盒	√		Syzkaller	灰盒	√	
LangFuzz	黑盒	√		Angora	灰盒/白盒		
Miller	黑盒	√		Cyberdyne	灰盒/白盒	√	√

续表

模糊测试工具	检测方式	是否开源	支持内存测试	模糊测试工具	检测方式	是否开源	支持内存测试
Peach	黑盒	√		Driller	灰盒/白盒	√	
PULSAR	黑盒	√		T-Fuzz	灰盒/白盒	√	
Radamsa	黑盒	√		Vuzzer	灰盒/白盒		
TULS-Attacker	黑盒	√		BitFuzz	白盒		
zuff	黑盒	√		Buzzfuzz	白盒		√
FLAX	黑盒/白盒			CAB-Fuzz	白盒		
IoTFuzzer	黑盒/白盒			Chopper	白盒	√	√
SymFuzz	黑盒/白盒	√		Dowser	白盒		√
AFL	灰盒	√	√	GRT	白盒		
AFLFast	灰盒	√	√	KLEE	白盒	√	√
AFLGo	灰盒	√	√	Mowf	白盒		
AssetFuzzer	灰盒			MutaGen	白盒		
AtomFuzzer	灰盒	√		Narada	白盒	√	√
CalFuzzer	灰盒	√		SAGE	白盒		

目前，Fuzzing 工具及其技术还在快速发展，如 REDQUEEN、ProFuzzer、Hawkeye、Perffuzz、CollAFL、V-Fuzz、Tensorfuzz 等，并且还在不断地推出或更新版本。

在此，仅介绍几款具有代表性，同时支持 Python 的 Fuzzing 工具。

1. Hypothesis

Hypothesis 是基于 Python 的高级测试库(https://pypi.org/project/hypothesis/)，也是一种基于属性的测试工具。所谓基于属性的测试，是指编写对代码而言为真的逻辑语句(即 "属性")进行测试，测试采用自动化工具来生成测试输入(一般来说，是指某种特定类型的随机生成输入数据)，并观察程序接受该输入时属性是否保持不变。如果某个输入违反了某一条属性，则用户证明程序存在一处错误，并找到一个能够演示该错误的便捷示例。Hypothesis 可以方便地生成简单可理解的示例，尝试引发被测函数的异常，从而可以通过耗费较少的时间代价，在代码中找到更多的 bug。

Hypothesis 安装需要执行命令 pip install hypothesis。

2. Kitty

Kitty(https://github.com/cisco-sas/kitty#egg=kitty)是一个用 Python 编写的模块化及可扩展的开源模糊化框架，其灵感来自 Peach Fuzzer。Kitty 的设计目标就是为了规避 TCP/IP 通信通道上专有和秘密协议的繁冗编写工作，从而设计一个通用的、抽象的框架。这个框架将包含测试者所能想到的每个模糊过程的通用功能，并允许用户轻松地扩展和使用它来测试他们的特定目标。因此，Kitty 具有模块化、可扩展、富数据、跨平台，支持多阶段测试，以及客户机与服务器测试等很多优秀特征。

Kitty 作为一个框架，实现了模糊测试器的主循环，并提供了用于创建一个完整 fuzzing

会话所需要的建模数据和基类的语法。但是考虑到通用性，Kitty 并不提供 HTTP、TCP 或 UART 上进行数据传输的实现，这是使用者需要注意的。Kitty 各种类的实现都可以在免费的存储库 Katnip 中找到。

Kitty 安装需要执行命令 pip install kittyfuzzer。

3. Dizzy

Dizzy 是一个基于 Python 的模糊框架(https://github.com/ernw/dizzy)。

Dizzy 具有多种实用的功能，包括：可以发送到链路层以及上层(TCP/UDP/SCTP)的数据包，能够处理奇长度分组字段(无须匹配字节边界，因此即使是单个标志或 7 位长字 Dizzy 也可以实现对其进行表示和模糊)。此外，Dizzy 还具有语法简单，能够做多包状态的完全模糊，能够使用接收到的目标数据作为响应等优点。

Dizzy 安装需要执行命令 pip install Dizzy。

关于更多的 Fuzzing 工具本节将不再进行详细介绍。

7.4.3　分层模糊测试实现

本节利用基于 Python 的 Fuzzing 工具，对包括文件、函数、服务器、应用在内的四层实现典型测试。

1. 文件模糊测试对象生成

以下代码实现生成文件模糊测试数据。

```
from sys import *
from math import ceil
from random import randrange

XFACTOR = 0.5                                   #❶Fuzz 系数介于 0.0 和 1.0 之间

def main():
    print("Fuzzing is starting!")
    if len(argv) != 3:
        print("Usage: %s <file_to_mutate><num_of_files_to_generate>")
        exit(-1)

    buf = ''
    fname= argv[1]
    nfiles = int(argv[2])
    inbytes = list(open(fname, 'rb').read())              #❷

print("[+] Creating %d test cases [sizeof(sample) == %d bytes]\n" %\
                                    (nfiles, len(inbytes)))
```

```
        for i in range(1, nfiles+1):
            buf = list(inbytes)
            nchanges= randrange(ceil(len(inbytes) * XFACTOR)) + 1#❸
            for j in range(nchanges):
                buf[randrange(len(buf))] = "%c" % (randrange(256))#❹
                f = open('testcase' + str(i) + '_' + fname, 'wb')
                f.write("".join(buf))
                f.close()
            print("[+] Generating test case %2d\t[nchanges=%6d]" % (i, nchanges))
        print("[+] Done.")


if __name__ == "__main__":
    main()
```

此脚本包含两个参数、一个文件和一个数字，用于生成测试用例的初始示例。第一个参数是文件名，支持多种格式的文件，如 mp3、pdf、exe 等；第二个参数是想要生成的文件数。

下面的命令可获取一个 PDF 文件，并创建 15 个格式错误的 PDF：

```
randy.py input.pdf 15
```

该段代码工作过程要点是：首先定义随机因数 **XFACTOR**❶；赋值输入的参数后，打开文件❷；选择从 1 到随机因数倍数的字节长度之间的一个随机长度❸；将原文件中的内容更换为 1 到 256 之间的一个随机数❹。采用这种方法，通过多次循环生成所需个数的随机文件。将这些随机文件作为测试对象，导入应用软件触发异常，进而发现漏洞。

2. 使用 Hypothesis 进行函数模糊测试

可以利用 Hypothesis 配合 pytest 进行 py 文件函数测试，实现代码如下：

```
Fromhypothesisimport given, strategies as st

@given(st.integers(), st.integers())                          #❶❷
deftest_ints_are_commutative(x, y):
    assert x + y == y + x                                     #❸


@given(x=st.integers(), y=st.integers())
deftest_ints_cancel(x, y):
    assert (x + y) - y == x


@given(st.lists(st.integers()))
deftest_reversing_twice_gives_same_list(xs):
    # 产生 0-100 个整数的列表.
    ys =list(xs)
```

```
        ys.reverse()

        ys.reverse()

        assert xs == ys


    @given(st.tuples(st.booleans(), st.text()))

    deftest_look_tuples_work_too(t):

        # 生成一个元组

        assertlen(t) ==2

        assertisinstance(t[0], bool)

        assertisinstance(t[1], str)
```

上述代码是一个被测试文件(test_hp.py)，里面包含有四个待测函数(函数名以 test_ 开头)。这四个函数都需要导入变量，变量的值就是由 hypothesis 的 strategies 方法随机产生。第一个测试是函数 test_ints_are_commutative❶，这个函数有两个整型变量输入，利用 hypothesis 的修饰器@given，说明如何产生这两个变量；下面是函数的定义，最后利用断言 assert 发现满足条件的输入值❸。读者不难发现，后面的三个函数的结构与 test_ints_are_commutative 类似：函数都是以"test_"开头；通过修饰器@given 为函数创建输入量(分别是整数、列表、元组)；使用断言 assert 判定是否满足考察条件。

上述测试程序需要 pytest 配合。pytest 是 Python 的一种单元测试框架，在 Windows 系统中安装执行"pip install pytest"。

安装完成后就可以调用 pytest 对其他 py 文件进行测试了。测试时任意采用三种方法之一：运行 pytest 命令、运行 py.test 命令或 Python –m pytest 命令，pytest 就会对当前文件夹中的 py 文件进行测试。

值得注意的是，pytest 并不是对所有文件和函数都进行测试，pytest 的运行必须满足以下命名规则：

(1) 查找当前目录及其子目录下以 test_*.py 或*_test.py 命名的文件。

(2) 找到文件后，在文件中找到以 test_开头函数执行。

所以在创建 pytest 被测文件的时候必须要注意需要以 test 开头或者结尾，而被测函数要以 test 开头，如上面代码中的函数 test_ints_are_commutative(x, y)。如果函数名为 ints_are_commutative，则 pytest 就不会对其进行测试。

3. 网络服务器测试

以下代码基于 kitty 库实现网络服务器的模糊测试。

```
    import six

    from kitty.fuzzers import ServerFuzzer

    from kitty.interfaces import WebInterface

    from katnip.targets.file import FileTarget

    from kitty.model import GraphModel

    from kitty.model import String

    from kitty.model import Template
```

```
from kitty.remote.actor import RemoteActor

t1 = Template(name='T1', fields=[        String('The default string', name='S1_1'),])

# ❶文件写入 Fuzzed 内容
target =FileTarget('FileTarget', 'tmp/', 'fuzzed')

#基于 RPC 连接服务器
controller = RemoteActor('127.0.0.1', 25002)                          #❷
target.set_controller(controller)

model = GraphModel()                                                  #❸
model.connect(t1)

fuzzer = ServerFuzzer(name='Example 4 - File Generator(Remote Controller)')#❹
fuzzer.set_interface(WebInterface(port=26001))
fuzzer.set_model(model)
fuzzer.set_target(target)

fuzzer.start()                                                        #❺
print('-------------- done with fuzzing -----------------')
six.moves.input('press enter to exit')
fuzzer.stop()
```

上述代码调用 FileTarget 函数写入测试文件❶；利用 RemoteActor 函数生成目标控制器对象与服务器建立远程连接❷；接着生成图像模型对象❸；利用 ServerFuzzer 创建服务器对象，并进行相应参数设置❹；然后启动测试，直至用户按下回车键❺，结束测试。

可以利用下面代码模拟服务器。

```
from kitty.controllers import EmptyController
from kitty.remote.actor import RemoteActorServer

controller = EmptyController('Empty controller')
server = RemoteActorServer('127.0.0.1', 25002, controller)
server.start()
```

4. Web 应用模糊测试

通过按照一定规则生成的 URL，可以对 Web 应用进行测试，下面代码实现对 Web 应用的测试。

```
import requests, sys
```

```
fuzz_zs =\
['/*','*/','/*!','/**/','?','/','*','=',',','~','@','|','!','%',',','-','+','%00','%20','%09','%0a','%0d','%0c','%0d','%a0']
fuzz_sz = ['']
fuzz_ch =\
['%0a','%0d','%0c','%0d','%0e','%0f','%0g','%0h','%0i','%0j','%0h','%0i','%0j','%0k','%0l','%0m','%0n','%0o','%0p','%0q','%0r','%0s','%0t','%0u','%0v','%0w','%0x','%0y','%0z']
fuzz = fuzz_zs + fuzz_sz + fuzz_ch                              #❶
headers = {'User-Agent': 'Mozilla/5.0 (Windows NT 10.0; Win64; x64)\
    AppleWebKit/537.36 (KHTML, like Gecko) Chrome/65.0.3325.181 Safari/537.36'}
url_start = 'http://192.168.25.133/sql.php?id=1'


lens = len(fuzz)**4
num = 0
for a in fuzz:                                                  #❷嵌套了 4 层
    for b in fuzz:
        for c in fuzz:
            for d in fuzz:
                num += 1
                payload = "/*!union" + a + b + c + d + "select*/ 1,2,3"#❸
                url = url_start + payload              #❹
                print("Now URL:" + url)
                print("Process %s / %s"%(num,str(lens)))
                # sys.stdout.write("Process：%s / %s r"%(num,str(lens)))
                # sys.stdout.flush()
                res = requests.get(url,headers=headers)       #❺
                if "hhhhtest" in res.text:                    #❻
                    with open('Result.txt','a') as r:
                        r.write(url + "n")
```

上述代码首先声明一个随机字符字典列表❶；然后通过嵌套 4 层❷组成一个 payload❸；用构成的 pyload 与 url 头组合形成一个 Web 访问链接❹，通过 requests 的 get 方法访问该链接❺；如果链接出现响应关键字❻，则证明该链接下的 Web 接口存在异常，需要进行更进一步的漏洞挖掘分析。

关于漏洞挖掘还需要配合大量的人力分析工作，这里不做更深入的介绍。

思 考 题

1. 简述主机面临哪些威胁，以及防范手段。
2. 什么是主机运维？主机运维需要收集哪些参数？

3. 介绍恶意代码的工作过程。

4. 简述恶意代码检测的主要方法。

5. 简要介绍 PE 文件结构。

6. 什么是代码静态分析？

7. 什么是代码动态分析？

8. 简要介绍沙箱工具，并举例。

9. 尝试搭建 vCenter Server 环境。

10. 什么是漏洞挖掘？漏洞挖掘的主要方法有哪些？

11. 什么是模糊测试？

12. 将文件模糊测试输出导入 Word，尝试诱发异常并分析。

第 8 章　网络安全编程

计算机网络在大大提高通信便捷性的同时，还丰富了通信服务，是推动人类社会发展的重大技术发明。随着计算机网络的普及和服务内容的进一步丰富，以 Internet 为主导的计算机通信网络已经成为了最重要的通信基础设施，其影响已经渗透到了社会生活的方方面面。然而，计算机网络在设计之初，其安全设计就存在缺陷，因此也成为安全问题的重灾区。为此，人们设计了不同的安全防护技术予以应对。

本章探讨基于 Python 的网络安全技术编程，具体包括网络嗅探、网络扫描、防火墙、入侵检测四种典型的网络安全技术。

8.1　网络安全概述

8.1.1　计算机通信网简介

计算机网络技术的产生源自二战后美国 ARPA 的网络计划。ARPA 是美国国防部高级研究计划局 DARPA(Defense advanced Research Projects Agency)的前身，负责国防先进技术的研发。早在 1961 年，在美国空军 RAND 计划的研究报告中，由保罗·布朗提出将通信的内容分成一个一个很短的小块，以确保军事通信安全。基于分组交换的思想，结合当时的计算机技术，1968 年 ARPA 为 ARPAnet 网络项目立项。项目的主导思想是，网络必须能够经受住故障的考验而维持正常工作，一旦发生战争，当网络的某一部分因遭受攻击而失去工作能力时，网络的其他部分应当能够维持正常通信。最初，ARPAnet 主要用于军事研究目的，并具有以下五大特点：

(1) 支持资源共享;

(2) 采用分布式控制技术;

(3) 采用分组交换技术;

(4) 使用通信控制处理机;

(5) 采用分层的网络通信协议。

1980 年，ARPA 将 TCP/IP 协议加入 UNIX(BSD4.1 版本)的内核中，从此 TCP/IP 协议即成为 UNIX 操作系统的标准通信模块，也为其日后的发展奠定了基础。1982 年，ARPAnet、MILNET 等几个计算机网络合并，形成了 Internet 的早期骨干网。到了 1983 年，ARPAnet 分裂为两部分，即 ARPAnet 和纯军事用的 MILNET，前者把 TCP/IP 协议作为标准协议，人们称呼这个以 ARPAnet 为主干网的网际互联网为 Internet。与此同时，局域网和其他广域网的产生，也对 Internet 的进一步发展起到了重要的作用。其中，最为引人注目的就是美国国家科学基金会 NSF(National Science Foundation)建立的美国国家科学基金网 NSFnet。1986 年，NSF 建立起了六大超级计算机中心，为了使全美的科学家、工程师能够共享这些超级计算机设施，NSF 建立了自己的基于 TCP/IP 协议簇的计算机网络 NSFnet。经过数年的迅速发展，NSFnet 于 1990 年 6 月彻底取代了 ARPAnet 而成为 Internet 的主干网。基于 Internet 巨大的发展潜力，1993 年 9 月，美国克林顿政府正式宣布实施高科技计划——"国家信息基础设施"(National Information Infrastructure，NII)，旨在以因特网为雏形，兴建信息时代的"信息高速公路"，这一计划为互联网发展注入强劲动力。到了 1994 年，Internet 上的主机数目已达到了 320 万台，连接了世界上的 35 000 个计算机网络。自此，各种互联网科技公司如雨后春笋般地成长起来，全球正式进入到了互联网时代。

今天的 Internet 已不再是计算机人员和军事部门进行科研的领域，而是变成了一个开发和使用信息资源的、覆盖全球的信息海洋。在 Internet 上，按从事的业务分类包括了广告、航空、农业生产、艺术等 100 多类，覆盖了社会生活的方方面面，构成了一个信息社会的缩影。

8.1.2　TCP/IP 协议的组成

协议是计算机通信的通用标准和互通的语言，如前所述，TCP/IP 协议是互联网发展的重要因素。

TCP/IP 传输协议，即传输控制/网络协议，也叫作网络通信协议。它是在网络使用中的最基本的通信协议。TCP/IP 传输协议对互联网中各部分进行通信的标准和方法进行了规定。并且，TCP/IP 传输协议是保证网络数据信息及时、完整传输的两个重要的协议，它是一个四层的体系结构，包含应用层、传输层、网络层和数据链路层。

TCP/IP 协议能够迅速发展起来并成为事实上的标准，是因为它完全适应了世界范围内数据通信的需要，因此它具有以下特点：

(1) 协议标准是完全开放的，可以供用户免费使用，并且独立于特定的计算机硬件与操作系统。

(2) 独立于网络硬件系统，可以运行在广域网，更适合于互联网。

(3) 网络地址统一分配，网络中每一设备和终端都具有一个唯一地址。

(4) 高层协议标准化，可以提供多种多样可靠的网络服务。

实际上 TCP/IP 是一个协议簇，它由多种协议组成，其中比较重要的有 SLIP 协议、PPP 协议、IP 协议、ICMP 协议、ARP 协议、TCP 协议、UDP 协议、FTP 协议、DNS 协议、SMTP 协议等，如图 8-1 所示。

TCP/IP 各层之间采用封装和分用实现交互。封装是指数据被送入协议栈中，要通过每一层直到被当做一串比特流传入网络中，而其中每一层收到数据时都会对数据增加一些首部信息(有的还需要尾部信息)。分用是指当目的主机收到了一个以太网的数据帧时，数据要从协议栈中，由底往上传输，同时去掉各层协议上的报文首部。

ISO/OSI	TCP/IP					TCP/IP模型
应用层	文件传输协议 FTP	远程登录协议 Telnet	电子邮件协议 SMTP	文件服务协议 NFS	网络管理协议 SNMP	应用层
表示层						
会话层						
传输层	TCP　　　　　　　　　UDP					传输层
网际层	IP					网际层
数据链路层	Ehternet IEEE 802.3	FDDI	Token-Ring/IEEE 802.5	ARCnet	PPP/SLIP	网络接口层
物理层						硬件层

图 8-1　TCP/IP 协议簇

关于更多的 TCP/IP 协议知识可以参考其他相关书籍。

8.1.3　网络安全威胁与防御

互联网和 TCP/IP 协议在开始设计时，由于没有充分考虑安全问题，因此不可避免地存在安全缺陷。

1. 网络安全威胁

互联网是对全世界都开放的网络，任何单位或个人都可以在网上方便地传输和获取各种信息，互联网这种具有开放性、共享性、国际性的特点就对计算机网络安全提出了挑战。互联网的不安全性主要有以下几项：

(1) 网络的开放性：网络的技术是全开放的，这使得网络所面临的攻击来自多方面，或是来自物理传输线路的攻击，或是来自对网络协议的攻击以及对计算机软件、硬件的漏洞实施攻击等。

(2) 网络的国际性：这意味着对网络的攻击不仅是来自本地网络的用户，还可以是互联网上其他国家的黑客，所以，网络的安全面临着国际化的挑战。

(3) 网络的自由性：大多数的网络对用户的使用没有技术上的约束，用户可以自由地上网，发布和获取各类信息。

因为存在这些不安全因素，互联网每时每刻都要遭受巨量的诸如：欺骗、越权、劫持、冒用、拒绝服务(DOS)、数据泄露等攻击，造成无法估计的损失。

2. 网络安全防御技术

为了强化网络安全，保护网络数据安全，人们开发出各种安全技术，包括流量安全、防火墙、入侵防御、服务器安全几个方面，如图 8-2 所示。

图 8-2　网络安全防御技术组成

1) 流量安全

流量安全就是指通过监听、分析网络节点流经的数据流，进行安全保护。流量安全可以从流量中发现大量安全隐患，挖掘出系统中存在的木马、蠕虫、勒索、挖矿、弱口令及各种漏洞利用攻击、SQL 注入攻击、缓冲区溢出攻击的情况，并且能精准定位到设备的 IP、MAC 等，也能直接在线查看相关数据的原始数据包。可以说，所有的网络访问活动(包括网络入侵)都是以网络流量的形式实现的。随着大数据时代的来临，传统的实时检测与防御已不能胜任对海量数据中细微异常的甄别，为解决这一问题 DPI(Deep Packet Inspection)深度包检测技术应运而生，它可以发现很多深层次的安全问题，为网络安全的防护提供了更好的支持。与此同时，获取数据包流量的网络嗅探和了解网络运行状况的网络扫描也是必不可少的技术。

2) 防火墙技术

防火墙属于访问控制的一种实现，访问控制是保护与防范网络安全的主要策略。由于每一个系统要访问用户数据是要有访问权限的，只有拥有访问权限才能允许访问，这样的机制就被称为访问控制。访问控制主要包括两个方面的功能，一个是从网络外部发起的对内部访问进行合法性检查，另一个就是防止内部发起对外部不安全的站点访问，这就是防火墙的主要功能。防火墙技术的核心是在不安全网络环境中构建相对安全的子网环境，以保证内部网络安全。我们可以将其想成一个阻止/允许输入的开关。

3) 入侵检测技术

入侵检测技术是近些年兴起的网络安全技术。该技术属于一种动态安全技术，通过对入侵行为特点与入侵过程进行分析，然后做出实时响应。它可以在攻击者尚未完成有害动作的情况下实施拦截与防护。入侵监测系统也属于网络安全问题研究中的重要内容，借助该技术可对防火墙技术实现逻辑补偿，实时阻止内部入侵、误操作以及外部入侵，还具有实时报警功能，为网络安全防护增添了一道保护网。目前，入侵检测技术有智能化入侵检测、全面安全防御方案与分布式入侵检测三个发展方向。

4) 服务器安全

服务器可看作是特殊的主机，主要用于实现信息、服务的网络分发与共享，所以可以参考第 7 章的内容来实现更严格的主机防护，从而达成服务器的安全防护。

网络安全技术与主机安全技术相配合，可以起到更好的安全防御效果。

8.2　网络嗅探技术

8.2.1　网络嗅探原理

网络嗅探亦称为网络监听技术，它本来是网络安全管理人员用于管理的工具，可以用来监视网络的状态、数据流动情况以及网络上传输的信息等。只要将网络接口设置成监听模式，便可以源源不断地将网上传输的信息读取下来。网络监听可以在网上的任何一个位置实施，如局域网中的一台主机、网关上或远程网的调制解调器之间等。

网络嗅探的实现是基于以太网协议，其工作方式是：将要发送的数据包发往连接在一起的所有主机，数据包中包含着应该接收该数据包主机的正确地址，只有与数据包中目标地址一致的那台主机才能接收。但是，如果主机工作在监听模式下，无论数据包中的目标地址是什么，主机都将接收(当然只能监听经过自己网络接口的那些包)。因此当主机工作在监听模式下时，所有的数据帧都将被交给上层协议软件处理。而且，当连接在同一条电缆或集线器上的主机被逻辑地分为几个子网时，如果一台主机处于监听模式下，它依然能接收到发向与自己不在同一子网(使用了不同的掩码、IP 地址和网关)的主机的数据包。也就是说，在同一条物理信道上传输的所有信息都可以被接收到。

在 Windows 中，利用 WinPcap 工具实现网络嗅探。WinPcap 工具的嗅探基于网卡的结构设计，如图 8-3 所示，网卡分为内核模式和用户模式。内核模式由网卡、NDIS(Network Driver Interface Specification，网络驱动程序接口规范)和协议驱动程序配合工作。

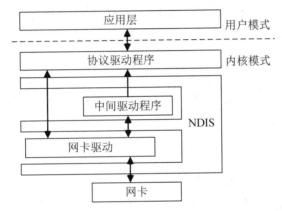

图 8-3　网卡软硬件体系结构

嗅探的操作步骤如下：

(1) 打开网卡，并设为混杂模式。

(2) 当调用的回调函数 Network Tap 得到监听命令后，从网络设备驱动程序处收集数据包并负责把监听到的数据包传送给过滤程序(Packet filter)。

(3) 当 Packet filter 监听到有数据包到达时，NDIS 中间驱动程序首先调用分组驱动程序，该程序将数据传递给每一个参与进程的分组过滤程序。

(4) 由 Packet filter 过滤程序决定哪些数据包应该丢弃，哪些数据包应该接收，是否需要将接收到的数据拷贝到相应的应用程序。

(5) 等待系统缓冲区满后，将数据包拷贝到用户缓冲区。监听程序可以直接从用户缓冲区中读取捕获的数据包。

(6) 关闭网卡。

网络嗅探技术是一把双刃剑，既可以用于网络管理也可以用于黑客窃密和攻击。

8.2.2　网络嗅探工具

基于 Python 实施网络流量嗅探，常用的第三方库有 pylibpcap、pycapy、pypcap、impacket、scapy。其中，scapy 是一个可用于网络嗅探的非常强大的第三方库，在众多库中功能最强大使用也最灵活。它具有以下几个特点：

(1) 支持交互模式，用作第三方库。

(2) 可以用来做 packet 嗅探和伪造 packet。

(3) 已经在内部实现了大量的网络协议(DNS、ARP、IP、TCP、UDP 等)。

(4) 可以用它来编写非常灵活实用的工具。

Scapy 还能够伪造或者解码大量的网络协议数据包，能够发送、捕捉、匹配请求和回复包等。它可以很容易地处理一些典型操作，比如端口扫描，tracerouting，探测，单元测试，攻击或网络发现(可替代 hping、NMAP、arpspoof、ARP-SK、arping、tcpdump、tethereal、P0F 等)。除此以外，它还有很多更优秀的特性，比如发送无效数据帧，注入修改的 802.11 数据帧，在 WEP 上解码加密通道(VOIP)，ARP 缓存攻击(VLAN)等，这也是其他工具无法企及的。

Scapy 的使用依赖模块 Npcap 或 WinPcap(https://www.winpcap.org/install/bin/WinPcap_4_1_3.exe)，因此首先要安装二者其一。

Scapy 的安装可以使用 pip 工具，执行如下命令安装：

```
pip install scapy
```

完成安装后直接运行 Scapy，在命令行窗口执行命令 scapy，显示如图 8-4 所示的界面，表示安装成功。

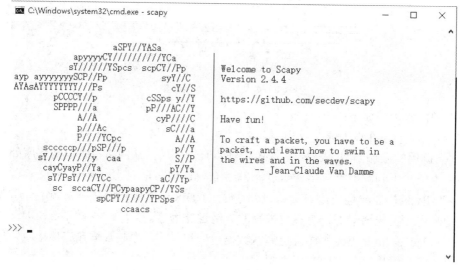

图 8-4　scapy 命令运行

安装完成后，就可以通过 scapy 命令和函数使用 Scapy 了。

8.2.3　网络嗅探安全开发

1. 网络嗅探

要进行网络嗅探，首先要选择一个本地存在的网络接口。可以在 Scapy 中使用 ifaces 指令查询本地网络接口，在 cmd 命令行窗口依次输入 "scapy" "ifaces" 命令查询，效果如图 8-5 所示。

```
>>> ifaces
INFO: Table cropped to fit the terminal (conf.auto_crop_tables==True)
INDEX  IFACE               IPv4             IPv6               MAC
12     Microsoft Wi-Fi Dir_ 169.254.227.184  fe80::e132:3b7f:f197_ d6:61:9d:34:5a:72
15     Microsoft Wi-Fi Dir_ 169.254.8.237    fe80::ecda:87a:dde4:_ d6:61:9d:34:52:72
5      Broadcom 802.11ac N_ 192.168.31.179   fe80::fdc1:bf7:7fad:_ d4:61:9d:34:52:72
```

图 8-5　运行 ifaces 命令查询本地网络接口

图 8-5 中显示了本地 IPv4 的三个网络接口。

可采用函数方法抓包。Scapy 抓包的主要函数 sniff 的定义如下：

```
sniff(prn=abc, filter='tcp port 80 and ip 192.168.1.1', store=1, timeout=30, iface='eth0')
```

其中，各参数的含义如下：

prn 指向一个回调函数，意为将收到的包丢给 prn 指向的函数处理(每收到一个包就丢到回调函数里执行一下，执行完了才再继续抓包)；

filter 为包过滤规则(其语法参照 tcpdump 过滤规则)；

store 为是否要存储抓到的包(注意，如果不存储，则不会将抓到的包赋值给 a，因为没有存储就没有东西可以赋值，此参数默认开启)；

timeout 为抓包时长，比如抓 30 秒就结束(注意：如果没有指定抓包时长，则会持续抓下去，将导致程序阻塞)；

iface 为指定抓包的网络接口，可以使用函数 IFACES.dev_from_index(INDEX)获取接口，INDEX 即为 ifaces 指令查到的接口索引值。

抓包的代码如下：

```python
from scapy.all import *

def pack_callback(packet):
    print(packet.show())
    if packet['Ether'].payload:
        print(packet['Ether'].src)
        print(packet['Ether'].dst)
        print(packet['Ether'].type)

    if packet['ARP'].payload:
        print(packet['ARP'].psrc)
        print(packet['ARP'].pdst)
        print(packet['ARP'].hwsrc)
        print(packet['ARP'].hwdst)

filterstr="arp"
sniff(filter=filterstr,prn=pack_callback, iface= IFACES.dev_from_index(12), count=0) #❶
```

上述代码抓取网络接口 index(12)上的 arp 数据包并显示❶。

2. 数据包构造

构造 UDP 数据包，并发送到网络，代码如下：

```
import sys
import struct
from scapy.all import *


data = struct.pack('=BHI', 0x12, 20, 1000)                              #❶
pkt = IP(src='192.168.1.81', dst='192.168.1.10')/UDP(sport=12345,dport=5555)/data   #❷


print(pkt.show())
#可以先通过 pkt.show()函数查看数据包的构成部分
send(pkt, inter=1, count=5)                                             #❸
```

上面的代码构造用户数据为 0x12：unsigned short；20:unsigned char；1000:unsigned int❶；然后由 IP 地址 192.168.1.81、端口 12345IP 地址 192.168.1.10、端口 5555 发送 UDP 包❷，间隔 1 s，共发送 5 次❸。

构造 TCP 数据包，并发送到网络，代码如下：

```
from scapy.all import *


src_ip = "10.60.17.46"#    发信人地址
des_ip = "192.168.209.153"#    收信人地址
src_port = 9999 # source port (sport)
des_port = 80 # destination port (dport)
payload = "hello world!, he he!"#❶包的载荷
spoofed_packet = IP(src=src_ip, dst=des_ip)/TCP(sport=src_port, dport=des_port)/payload #❷


print(spoofed_packet)
send(spoofed_packet)          #❸
```

上面代码构造 TCP 数据包，在写入地址、端口参量后，写入包载荷❶，然后进行整体封装❷，再通过 send 函数发送出去❸。

3. 流量监控报警

当局域网中有攻击者运用 ARP 毒化时，流量监控报警启动，它会在 IP 地址和 MAC 地址不对应时，打印出不对应的字符，如果该局域网没有 IP 地址，也会打印没有该主机。

下面这段流量监控报警代码对于防黑客有很大功效，当黑客发送一些异常数据包时，可以运用此段 Python 代码来报警，告知管理员有异常数据包发来，并提示其做出相应的对策。相对 wireshark 抓包工具，这段代码完全不需要网管持续关注，代码量极少，不但能抓包显示，还能发出报警。

```
from scapy.all import *

#❶定义地址对应字典
arp_table = {"192.168.1.102":"00:0c:29:63:08:6c","192.168.1.1":"0c:d8:6c:65:c2:52"}
```

```
def telnet_monitor(pkt):
    if arp_table .get(pkt[ARP].psrc): #❷判断接收到的数据包中 IP 地址在 arp_table 是否存在
        if arp_table [pkt[ARP].psrc] == pkt[ARP].hwsrc:      # ❸IP 地址和 MAC 地址匹配判断
            print(pkt[ARP].psrc + ' : ' + pkt[ARP].hwsrc + ' matching')
        else:                                    # ❹不匹配告警
            print(pkt[ARP].psrc + ' : ' + pkt[ARP].hwsrc + ' mismatching')
            #打印 IP 地址和 MAC 地址并与 arp_table 中不匹配
    else:#如果接收到的数据包中 IP 地址在 arp_table 没有相对应的，执行
        print(pkt[ARP].psrc + ' : ' + pkt[ARP].hwsrc + ' can not find host')
        #打印改数据包中的 IP 地址和 MAC 地址并显示没有该主机


if __name__ == '__main__':
    #嗅探 ARP 数据包后执行 telnet_monitor 函数，store=1 是存储嗅探到的数据包，超时时间
    是 15
    PTKS = sniff(prn = telnet_monitor,filter = "arp",store=1,timeout=15)
    wrpcap("ARP.cap",PTKS)           #在该 Python 代码目录下存储数据包为 ARP.cap
```

上述代码中，首先定义一个字典 arp_table，字典里面存储 IP 地址和对应的 MAC 地址
❶；对接收的数据包进行分析，看是否在表 arp_table 中有记录❷；进一步对 IP 地址和 MAC
地址匹配性进行判断❸；如果接收到的数据包中 MAC 地址在 arp_table 没有相对应的 MAC
地址，执行打印告警❹。

对于抓取到的数据包可以使用 wireshark 进行分析，简洁清晰，极易处理，如图 8-6
所示。

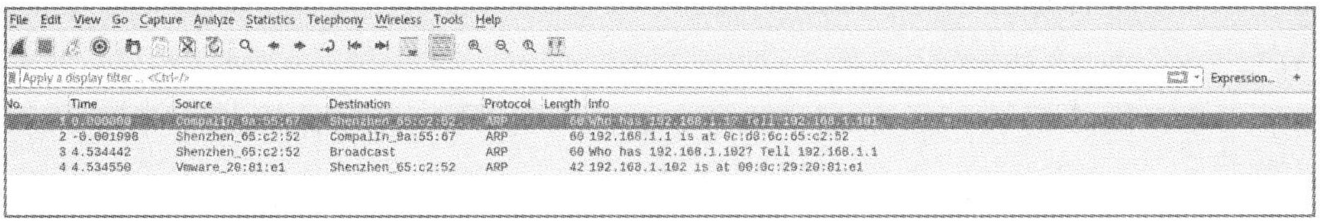

图 8-6　wireshark 数据分析

Scapy 是一个可以让用户发送、侦听和解析并伪装网络报文的 Python 程序。这些功能
可以用于制作侦测、扫描和攻击测试网络的工具，https://scapy.readthedocs.io/en/latest/提供
更加详细的 Scapy 使用说明。

8.3　网络扫描技术

8.3.1　网络扫描基础

1. 网络扫描的定义

网络扫描是探测远端网络或主机信息的一种技术。它是保证系统和网络安全必不可少

的一种手段。扫描可以协助网管人员洞察目标主机的运行情况和内在的弱点/漏洞(不能直接修复网络漏洞)。

网络安全扫描的功能和步骤一般包括以下几步:

首先,能够探测一个主机或网络的活动性,是其工作的第一阶段;

其次,探测何种服务正运行在这台主机上是其工作的第二阶段,通常采用端口号的扫描进行识别。进一步可以对目标信息服务软件的版本、运行的服务、操作系统类型等进行搜索。基于这些信息,可以了解目标系统的组成结构、网络拓扑、网络设备型号等;

最后,扫描者根据线索做出判断并且进一步测试网络和主机系统存在的安全漏洞,可以通过各个步骤的扫描,搜索网络、探测服务、发现漏洞,并以此为依据,为漏洞提出解决方案。

网络扫描也是一把双刃剑,入侵者利用它来寻找对系统发起攻击的途径,而系统管理员则利用它来有效地防范黑客入侵。

2. 网络扫描的分类

扫描技术按照扫描目标进行分类,可以分为主机扫描、端口扫描、漏洞扫描。

1) 主机扫描技术

主机扫描技术也被称为 PING 扫射,其目的是发现目标主机或网络是否存活,采用的主要方法就是通过发送各种类型的 ICMP、TCP 或者 UDP 请求报文,通过报文发送结果判断目标是否存活。

2) 端口扫描技术

端口扫描,顾名思义,就是逐个对一段端口或指定的端口进行扫描。通过扫描结果可以知道一台计算机上都提供了哪些服务。

3) 漏洞扫描

漏洞扫描是对目标网络或者目标主机进行安全漏洞检测与分析,发现可能被攻击者利用的漏洞。

基于上述扫描的结果,就可以知道网络上计算机的工作与服务情况,以及可能存在的安全问题。

8.3.2　扫描编程工具

Python 提供多种工具为网络扫描提供支持,其中常用的有 Socket 模块、Scapy 模块、Impacket 库等(它们的安装都可利用 pip 工具)。

1. socke 模块

socket(套接字)是应用层与传输层(TCP/UDP 协议)的接口。它是对 TCP/IP 的封装,也是操作系统的通信机制。应用程序通过 socket 进行网络数据的传输。Python 中的 socket 是系统自带的模块,无须专门安装,此外 Python 还将 socket 模块进一步封装成 socketserver 模块,也提供类似功能。

2. Scapy 模块

Scapy 除了嗅探之外,还是一个功能强大的交互式数据包操作程序。它能够伪造或解码大量协议的数据包，通过线路发送或捕获它们，匹配请求和回复等。Scapy 可以轻松处理大多数经典任务，如扫描、跟踪路由、探测、单元测试、攻击或网络发现等。

3. Impacket 库

Impacket 是一个 Python 类库，它用于对 SMB1-3 或 IPv4/IPv6 上的 TCP、UDP、ICMP、IGMP、ARP、IPv4、IPv6、SMB、MSRPC、NTLM、Kerberos、WMI、LDAP 等协议进行低级编程访问。

此外，Python 安全人员还开发了许多第三方的扫描工具模块或库，如 Nmap 等，这里不再一一进行介绍。

8.3.3　网络主机/端口/漏洞扫描

如前所述，网络扫描包括主机扫描、端口扫描和漏洞扫描，本节将对典型的扫描编程方法进行示范介绍。

1. 主机扫描

主机扫描用于发现处于活动状态的主机，是开展后续安全扫描的首要工作。使用 ICMP 询问应答数据包(简单主机扫描技术)是最常见的方法，具体步骤如下：

(1) 发送 ICMP Echo Request 数据包到目标主机；

(2) 检测回显；

(3) 判断主机存活情况。

基于上述步骤，实现代码如下：

```
import os, sys, socket, struct, select, time

ICMP_ECHO_REQUEST = 8    # Seems to be the same on Solaris.

def ping(host, timeout=2, count=1):

    #dest_addr = socket.gethostbyname(host)            #❶目标地址导入
    dest_addr =host
    print("ping %s..." % dest_addr)
    try:
        delay = do_one(dest_addr, timeout)
    except socket.gaierror as e:
        print("failed. (socket error: '%s')" % e)
    if delay == None:
        print("failed. (timeout within %ssec.)" % timeout)
    else:
        delay = delay * 1000
```

```python
        print("get ping in %0.4fms" % delay)

def do_one(dest_addr, timeout):
    icmp = socket.getprotobyname("icmp")
    try:
        my_socket = socket.socket(socket.AF_INET, socket.SOCK_RAW, icmp)    #②
    except socket.error as e:
        raise    # raise the original error
    my_ID = os.getpid() & 0xFFFF
    send_one_ping(my_socket, dest_addr, my_ID)                              #③
    delay = receive_one_ping(my_socket, my_ID, timeout)                     #④
    my_socket.close()
    return delay


def send_one_ping(my_socket, dest_addr, ID):
    my_checksum = 0
    # ⑤ 构造 ICMP 包
    header = struct.pack("bbHHh", ICMP_ECHO_REQUEST, 0, my_checksum, ID, 1)
    bytesInDouble = struct.calcsize("d")
    data = (192 - bytesInDouble) * b"Q"
    data = struct.pack("d", time.process_time()) + data
    my_checksum = checksum(header + data)
    header = struct.pack(
    "bbHHh", ICMP_ECHO_REQUEST, 0, socket.htons(my_checksum), ID, 1
    )
    packet = header + data
    my_socket.sendto(packet, (dest_addr, 1))


def checksum(source_string):
    sum = 0
    countTo = (len(source_string) / 2) * 2
    count = 0
    while count < countTo:
        thisVal = (source_string[count + 1] << 8) + source_string[count]
        sum = sum + thisVal
        count = count + 2

    if countTo < len(source_string):
        sum = sum + source_string[len(source_string) - 1]
```

```
            sum = (sum >> 16) + (sum & 0xffff)
            sum = sum + (sum >> 16)
            answer = ~sum
            answer = answer & 0xffff
            answer = answer >> 8 | (answer << 8 & 0xff00)
            return answer

    def receive_one_ping(my_socket, ID, timeout):
        timeLeft = timeout
        while True:
            startedSelect = time.process_time()
            whatReady = select.select([my_socket], [], [], timeLeft)
            howLongInSelect = (time.process_time() - startedSelect)
            if whatReady[0] == []:   # 超时 Timeout
                return

            timeReceived = time.process_time()
            recPacket, addr = my_socket.recvfrom(1024)
            icmpHeader = recPacket[20:28]
            type, code, checksum, packetID, sequence = struct.unpack("bbHHh", icmpHeader)
            if type != 8 and packetID == ID:
                bytesInDouble = struct.calcsize("d")
                timeSent = struct.unpack("d", recPacket[28:28 + bytesInDouble])[0]
                return timeReceived - timeSent

            timeLeft = timeLeft - howLongInSelect
            if timeLeft <= 0:
                return

    if __name__ == '__main__':
        des=input("输入目标 IP")
        ping(des)
```

上述代码实现了基于 ICMP 协议的主机扫描,这里设计了 ping 函数来完成该操作。ping 函数首先导入目标地址后❶,调用 do_one 函数进行 ICMP 包的发送;do_one 函数采用原始套接字的方法打开一个 Socket 接口❷,然后利用 send_one_ping 函数将包发送出去❸,继而利用 receive_one_ping 函数接受目标的响应❹;send_one_ping 函数构造的 ICMP 包具有完整的包头、负载、时间戳、奇偶校验值等要素,完全符合 TCP/IP 协议规范❺;receive_one_ping 函数对接收到的响应进行计时和类型鉴别,并实施判断。

2. 端口扫描

端口与服务相关联,端口可以分为标准端口和非标准端口。标准端口的范围是 0~1023,一般固定分配给一些应用服务,如 FTP 的 21 端口、SMTP 的 25 端口、HTTP 的 80 端口和 RPC(远程过程调用)的 135 端口等。非标准端口的范围是 1024~65535,一般不固定分配给某个应用服务,即许多服务都可以使用这些端口。通过端口扫描,可以让安全人员了解所管理的网络状况,找出没有必要开放的端口并关闭,这是保证业务网络安全的第一步。

端口扫描主要可分为全连接扫描、半连接扫描、UDP 扫描、秘密扫描、欺骗扫描等。

1) 全连接扫描

全连接扫描是最基本的 TCP 扫描方法,也成为"全连接扫描"(一次完整的 TCP 连接包括三次握手和四次挥手,如图 8-7 所示),这里使用操作系统提供的 connect()函数来与目标主机的特定 TCP 端口进行连接尝试。如果目标端口处于监听状态,connect()就可以连接成功;若该端口没有开放,则会提示连接失败。该扫描的优点是,不需要任何特殊权限,系统中任何用户都可以调用 connect()函数,而且扫描速度快。其缺点是容易被安防软件过滤,而且在目标主机的日志文件中会产生一系列的有关该服务连接建立并马上断开的错误信息。

图 8-7　三次握手与四次挥手

全连接扫描代码如下:

```python
from socket import *
import threading

lock = threading.Lock()
openNum = 0
threads = []

def main():
    setdefaulttimeout(1)
```

```
        ip = input('please enter your host: ')
        for p in range(1,4000):
            t = threading.Thread(target=portScanner,args=(ip,p))        #❶
            threads.append(t)                                           #❷
            t.start()                                                   #❸

        for t in threads:
            t.join()                                                    #❹

        print('[+] The scan is complete!')
        print('[+] A total of %d open port ' % (openNum))


    def portScanner(host,port):
        global openNum
        try:
            s = socket(AF_INET,SOCK_STREAM)
            s.connect((host,port))
            lock.acquire()                                              #❺

            openNum+=1
            print('[+] %d open' % port)
            lock.release()
            s.close()
        except:
            pass


    if __name__ == '__main__':
        main()
```

上述代码实现对主机 host 的 1～4000 端口的 TCP 扫描，扫描采用全连接方式，为了提高效率，采用了多线程技术。程序利用 threading.Thread 函数创建线程，创建线程的回调函数指向 portScanner❶；再将创建好的线程 t 装到 threads 数组中❷；通过 start()开始线程活动❸；该 main 函数还会调用 join()方法，用于等待线程终止❹，join 的作用是在子线程完成运行之前，使这个子线程的父线程一直被阻塞。注意：join()方法的位置是在 for 循环外的，也就是说必须等待 for 循环里的两个进程都结束后，才去执行主进程；为了防止线程之间的数据冲突，为每个线程设置了线程锁❺。

2）半连接扫描

TCP SYN 扫描技术也称为"半连接的扫描"，这种扫描只发送一个 SYN 数据包，若返回 SYN/ACK 数据包则表示目标端口处于监听状态，若返回 RST 数据包则表示该端口没有开放。如果收到 SYN/ACK 数据包,则扫描程序再发送一个 RST 数据包来终止该连接过程。这种方法的优点是比较隐蔽,因为它不需要建立一个完整的 TCP 连接,即使日志中对扫描有所记录,但是尝试进行连接的记录也要比全扫描少得多。其缺点是在大部分操作系统下,发送主机需要对扫描所使用 IP 包进行构造,这就比较麻烦,而且构造 SYN 数据包需要超级用户或者授权用户来访问专门的系统调用。

下面代码实现了对单个 IP 全端口扫描的半连接扫描:

```python
import time
import socket
import threading
from scapy.all import *


class SingelIP_Scan:
    def portScan(self, tgtHost, name):
        try:
            tgtIP = socket.gethostbyname(tgtHost)
        except:
            logger.warning(' [-] ' + tgtIP + ' can not connect')      #IP 获取失败
            return

        if '_' in name:
            result = name.split('_')
            name = result[0]
            if result[1].isdigit():
                port = int(result[1])
                self.connScan(tgtHost, port, name)
            else:
                for port in range(0, 65535):
                    time.sleep(1)
                    print("scanning port:" + str(port))
                    t2 = threading.Thread(target=self.connScan, args=(tgtHost, port, name))
                    t2.start()
        else:
            for port in range(0, 65535):
                time.sleep(1)
                t3 = threading.Thread(target=self.connScan, args=(tgtHost, port, name))
                t3.start()

    def connScan(self, tgtHost, tgtPort, name):
        try:
```

```
            syn = IP(dst=tgtHost)/TCP(dport=tgtPort, flags=2)            # ❶构建包头
            result_raw = sr(syn, iface='enp6s0f0', timeout=1, verbose=False)   #❷SYN 扫描
            result_list = result_raw[0].res
            for i in range(len(result_list)):
                if result_list[i][1].haslayer(TCP):
                    TCP_fields = result_list[i][1].getlayer(TCP).fields
                    if TCP_fields['flags'] == 18:
                        port = TCP_fields['sport']
                        n = News(tgtHost, port, name)
                        n.insert()
                        logger.warning('from: ' + name + ' insert [+] ' + tgtHost + ' [+] ' + \
                                       str(port) + ' : is open')

        except:
            pass                                                         #端口关闭
```

上面代码定义了一个 SingelIP_Scan 类。该类实现半连接扫描的关键在于成员函数 connScan，基于 Scapy 库提供函数构建了一个 TCP 包，首先利用 IP 和 TCP 函数构建包头❶；然后利用 sr 函数进行 SYN 标记发送，并等待响应❷。在 Scapy 中使用 sr 函数、sr1 函数来发送和接收第三层的数据包(IP、ARP 等)，而 srp 函数用于发送和接受第二层的数据包(Ethernet，802.3 等)。sr 函数会返回两个列表，第一个列表是收到应答的包和其对应的应答，第二个列表是未收到应答的包。

3) UDP 扫描

UDP 端口扫描与 TCP 扫描不同，它是基于面向非连接的 UPD 协议对端口发起的探测。UDP 扫描对目标端口发送特殊定制的 UDP 数据报文，则开放的端口会发送 UDP 反馈，关闭端口的网络会导致响应 ICMP port unreachable 的报文。通过判断 UDP 回显的报文，就可以探知端口是否开放，代码如下：

```
from scapy.all import *
import optparse
import threading

def scan(target,port):
    pkt=IP(dst=target)/UDP(dport=int(port))
    res=sr1(pkt,timeout=0.1,verbose=0)
    if res==None:
        print(port,' is online')

def main():
    parser=optparse.OptionParser("%prog"+"-t <target> -p <port>")
    parser.add_option('-t',dest='target',type='string',help='Target')
```

```
        parser.add_option('-p',dest='port',type='string',help='Port(split with \',\')')
        (options,args)=parser.parse_args()
        target=options.target
        ports=str(options.port).split(',')
        if(target==None) or (ports[0]==None):
            print('Please input target(-t) and port(-p)!')
            exit(0)
        for port in ports:
            t=threading.Thread(target=scan,args=(target,port))
            t.start()

    if __name__ =='__main__':
        main()
```

上述代码非常好理解，利用 Scapy 的 IP 和 UDP 函数构造 UDP 包头，然后利用 sr1 将该 UDP 包发送出去。上述代码还使用了 optparse 模块，用来为脚本传递命令参数，它可以采用预先定义好的选项来解析命令行参数，这样就提高了扫描的效率。

3. 漏洞扫描

为了提高网络主机的安全性，在获得地址和端口信息后，就可以针对不同的漏洞展开扫描，发现是否存在目标漏洞，为后续打补丁、改进安全策略提供参考。

漏洞扫描的基本方法是，根据漏洞主机对扫描请求发出的响应所存在的特征进行判断。何种响应会被认为存在漏洞，是根据漏洞挖掘的发现判断的。各种漏洞的响应特征各不相同，下面以 OpenSSH 漏洞扫描为例进行程序设计说明。

OpenSSH 是 ssh 协议的一个开源实现，这里 SSH 协议族是可以用来进行远程控制或在计算机之间传送文件的关键协议。paramiko 是 Python 的一个库，实现了 SSHv2 协议(底层使用 cryptography)。有了 paramiko 以后，就可以在 Python 代码中直接使用 SSH 协议对远程服务器执行操作。由于 paramiko 属于第三方库，所以需要使用如下命令先行安装：

```
pip3 install paramiko
```

OpenSSH 漏洞扫描程序(Scan_openssh.py)如下：

```
import paramiko

server = []
sjl_sign = "Server certificate\n"
freak_sign = "Server certificate\n"

def scan(ip,username,pwd,serv):
    cmd_sjl = "openssl s_client -connect" + "" + serv + ":443 -cipher RC4"
    cmd_freak = "openssl s_client -connect" + "" + serv + ":443 -cipher EXPORT"
```

```
        print("\nScanning %s..."%ip)
        scanbody(ip, username, pwd, cmd_sjl, cmd_freak)


def scanbody(ip, username, pwd, cmd_sjl, cmd_freak):
    try:
        ssh = paramiko.SSHClient()
        ssh.set_missing_host_key_policy(paramiko.AutoAddPolicy())
        ssh.connect(ip, 22, username, pwd,banner_timeout=100,timeout=5)  #❶连接服务器
        stdin, stdout, stderr = ssh.exec_command(cmd_sjl)
        sjl = stdout.readlines()
        stdin, stdout, stderr = ssh.exec_command(cmd_freak)
        freak = stdout.readlines()                              #❷读取响应
        ssh.close()


        list_sjl = []
        list_freak = []
        for k in sjl:
            list_sjl.append(k)
        for j in freak:
            list_freak.append(j)


        if sjl_sign in list_sjl:                                #❸分析判断漏洞类型
            if freak_sign in list_freak:
                print("危险：服务器存在 OpenSSL 受戒礼漏洞和 Freak 漏洞")
            else:
                print("危险：服务器存在 OpenSSL 受戒礼漏洞")
        else:
            if freak_sign in list_freak:
                print("危险：服务器存在 OpenSSLFreak 漏洞")
            else:
                print("恭喜：服务器不存在 OpenSSL 受戒礼漏洞和 Freak 漏洞")
    except :
        print('Error')


if __name__ == '__main__':
    ip = input("Please Input Plart IP:")
    username = input("Username:")
    pwd = input("Password:")
```

```
serv= input("Server:")


scan(ip,username,pwd,serv)
```

上述代码进行漏洞扫描的主要工作是由 scanbody 函数完成的。该函数尝试向用户输入的服务器发起连接❶；之后发送扫描特征字符串(cmd_sjl、cmd_freak) ❷；接收服务器响应后，判断是否有漏洞所特有的响应(sjl_sign、freak_sign)，进而推知是否存在漏洞，以及是哪种漏洞❸。

其他网络漏洞扫描的方法与之类似，本节不再赘述。

8.4 防火墙技术

8.4.1 防火墙技术原理

1. 防火墙的概念

防火墙是指设置在不同网络或网络安全域(公共网和企业内部网)之间的一系列部件的组合。防火墙能增强机构内部网络的安全性，保护内部网络不遭受来自外部网络的攻击以及执行规定的访问控制策略。

防火墙类似一堵城墙，将服务器与客户主机进行物理隔离，并在此基础上实现服务器与客户主机之间的授权互访、互通等功能，如图 8-8 所示。

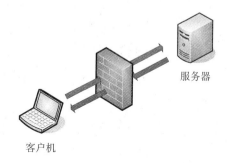

图 8-8　防火墙示意图

2. 防火墙的功能

防火墙的主要功能包括：

(1) 过滤不安全的服务和通信；

(2) 禁止未授权用户访问内部网络；

(3) 控制对内网的访问；

(4) 记录相关的访问事件。

一个防火墙实现对整个网络的分级访问控制，将网络分割成不同的安全等级区域。防火墙可以屏蔽部分主机，使外部网络无法访问，同样可以屏蔽部分主机的特定服务，使得外部网络可以访问该主机的其他服务，但无法访问该主机的特定服务。

3. 防火墙的分类

防火墙技术可根据防范方式和侧重点的不同而分为很多种类型,但总体来讲可分为三大类:分组过滤、应用代理和电路中继.

(1) 分组过滤(Packet filtering):作用在网络层和传输层,它根据分组包头的源地址、目的地址和端口号、协议类型等标志确定是否允许数据包通过。只有满足过滤逻辑的数据包才被转发到相应的目的地出口端,其余数据包则从数据流中被丢弃。

(2) 应用代理(Application Proxy):亦称应用网关,它作用在应用层,其特点是完全"阻隔"了网络通信流,通过对每种应用服务编制专门的代理程序,从而实现监视和控制应用层通信流的作用。实际中的应用网关通常由专用工作站实现。

(3) 电路中继(Circuit Relay):亦称电路网关(Circuit Gateway)或 TCP 代理(TCP-Proxy),其工作原理与应用代理类似,不同之处是该代理程序是专门为传输层的 TCP 协议编制的。

防火墙是进入内网的第一道闸门,具有重要的安全价值,但是它同时也存在着安全缺陷(详见 8.4.1 小节)。

8.4.2 防火墙编程工具

Python 的防火墙编程在 Windows 系统上实现可以采用两种思路,其一是基于 Ctype 调用系统提供的 API 函数实现,另外一种就是基于 Win10 及之后版本的 Linux 子系统。

方法一:基于 Ctype 调用系统 API。Ctypes 是 Python 的一个外部库,提供和 C 语言兼容的数据类型,它可以很方便地调用 DLL 中输出的 C 接口函数。

Ctypes 是 Python2.5 之后自带的模块,因此无须专门安装。

Python 的 Ctypes 要使用 C 函数,需要先将 C 编译成动态链接库的形式,即 Windows 下的.dll 文件。一般,在 Windows 下进行 API 函数的调用要经过:加载动态链接库❶、从加载的动态链接库访问函数(在 Windows 上,有些 dll 不按名称导出函数,而是按顺序导出函数,可以通过使用序号索引导出函数)❷、调用函数❸三个步骤。

代码示例如下:

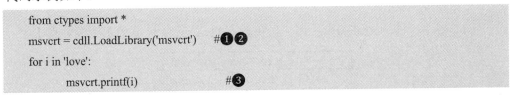

```
from ctypes import *
msvcrt = cdll.LoadLibrary('msvcrt')    #❶❷
for i in 'love':
        msvcrt.printf(i)               #❸
```

在 Windows 平台上,微软提供专门的网络筛选过滤工具,即 Windows 筛选平台(Windows Filtering Platform,WFP)。WFP 是一组 API 和系统服务,可以用于创建网络数据筛选应用程序。使用 WFP API,开发人员可以编写代码,操作系统网络堆栈中的数据进行交互,包括网络数据筛选和修改。借助 WFP API,开发人员可以实现防火墙、入侵检测系统、防病毒程序、网络监视工具和家长控制等安全应用程序。WFP API 工作模式包括用户模式 API(参考见:https://docs.microsoft.com/zh-cn/windows/win32/fwp/windows-filtering-platform-start-page)和内核模式 API(参见 https://docs.microsoft.com/zh-cn/windows-hardware/drivers/network/ introduction- to-windows-filtering-platform-callout-drivers)两种。

读者可以将 WFP 实现的防火墙打包成 dll,然后在 Python 中就可以通过 Ctype 调用了。

由于采用此种方法设计实现的防火墙，大部分工作是在 C 语言环境中编写的，因此本书将不作详细介绍。

方法二：基于 Win10 的 Linux 子系统。Windows Subsystem for Linux(简称 WSL)是一个在 Windows 10 上能够运行原生 Linux 二进制可执行文件(ELF 格式)的兼容层，WSL 即 Windows 下的 Linux 子系统。它由微软与 Canonical 公司合作开发，目标是使纯正的 Ubuntu 14.04"Trusty Tahr"映像能下载和解压到用户的本地计算机，并且映像内的工具和实用工具能在此子系统上原生运行。Win10 中微软商店下载安装 Linux 的界面如图 8-9 所示。

图 8-9　Win10 中微软商店下载安装 Linux

基于 WSL 可以展开 Linux 下的防火墙编程实现，该功能需要如下工具和规则支持。

1. netfilter/iptables 工具

如前所述，Python 由于工作的权限级别太低，无法直接完成涉及内核的操作，因此需要借助于其他工具。在防火墙操作方面，Linux 平台下提供 netfilter/iptables 可以实现防火墙功能。netfilter/iptables(简称为 iptables)组成 Linux 平台下的包过滤防火墙，与大多数的 Linux 软件一样，这个包过滤防火墙是免费的，它可以代替昂贵的商业防火墙解决方案，完成封包过滤、封包重定向和网络地址转换(NAT)等功能。

2. iptables 规则

iptables 按照规则(rules)来检测流经的数据包。流经防火墙的示意图如图 8-10 所示。

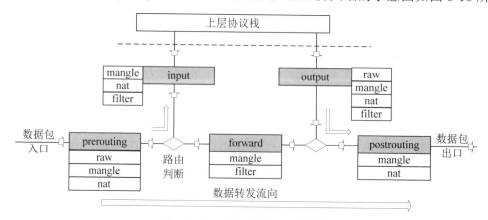

图 8-10 数据包流经防火墙示意图

规则其实就是网络管理员预定义的条件，规则一般的定义为"如果数据包头符合这样的条件，就这样处理这个数据包"。规则存储在内核空间的信息包过滤表中，这些规则分别指定了源地址、目的地址、传输协议(如 TCP、UDP、ICMP)和服务类型(如 HTTP、FTP和 SMTP)等。当数据包与规则匹配时，iptables 就根据规则所定义的方法来处理这些数据包，如放行(accept)、拒绝(reject)和丢弃(drop)等。

配置防火墙主要就是添加、修改和删除这些规则。

3. 规则链与规则表

防火墙的作用就在于对经过的报文匹配"规则"，然后执行对应的"动作"。所以，当报文经过这些关卡的时候，必须匹配这个关卡上的规则。但是，一个关卡上可能不止有一条规则，而是有很多条，那么当我们把这些规则串到一个链条上的时候，就形成了规则"链"，如图 8-11 所示。

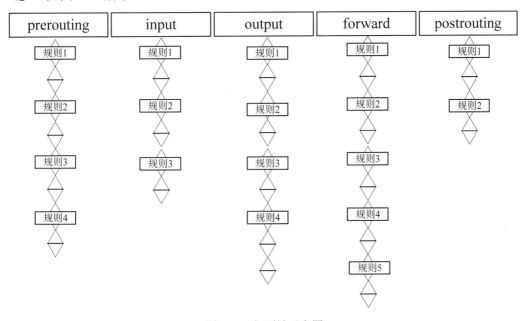

图 8-11　规则链示意图

图 8-11 中有五种链，包括路由前(prefouting)、输入(input)、输出(output)、转发(forward)、路由后(postrouting)。五种链的检测顺序为：路由前->输入->转发->输出->路由后。

进一步而言，将可实现相同功能的规则放在一起，就形成了规则表。则不同功能的规则，可以放置在不同的表中进行管理。iptables 已经为我们定义了 4 种表，每种表对应不同的功能和内核模块。

(1) filter 表负责过滤功能，如防火墙；内核模块为 iptables_filter；

(2) nat 表具有网络地址转换功能；内核模块为 iptable_nat；

(3) mangle 表具有拆解报文，做出修改，并重新封装的功能；内核模块为 iptable_mangle；

(4) raw 表关闭 nat 表上启用的连接追踪机制；内核模块为 iptable_raw。

有了链和表，就可以把二者联系起来，具体如下：

PREROUTING 的规则可以存在于 raw 表、mangle 表、nat 表。

INPUT 的规则可以存在于 mangle 表、filter 表。

FORWARD 的规则可以存在于 mangle 表、filter 表。

OUTPUT 的规则可以存在于 raw 表、mangle 表、nat 表、filter 表。

POSTROUTING 的规则可以存在于 mangle 表、nat 表。

4. 匹配条件与处理动作

基于链和表可以对流经的数据包进行匹配，匹配条件分为基本匹配条件与扩展匹配条件。

基本匹配条件：源地址 Source IP，目标地址 Destination IP。

扩展匹配条件：除了基本条件可以用于匹配，还有很多其他的条件可以用于匹配，这些条件泛称为扩展条件，这些扩展条件其实也是 netfilter 中的一部分，只是以模块的形式存在，如果想要使用这些条件，则需要依赖对应的扩展模块。

根据匹配结果就可以实施处理动作了。处理动作在 iptables 中被称为 target(这样说并不准确，我们暂且这样称呼)，动作也可以分为基本动作和扩展动作。常用的匹配动作如下：

ACCEPT：允许数据包通过。

DROP：直接丢弃数据包，不给任何回应信息，这时候客户端会感觉自己的请求泥牛入海了，过了超时时间才会有反应。

REJECT：拒绝数据包通过，必要时会给数据发送端一个响应信息，客户端刚请求就会收到拒绝的信息。

SNAT：源地址转换，解决内网用户用同一个公网地址上网的问题。

MASQUERADE：是 SNAT 的一种特殊形式，适用于动态的、临时会变的 IP。

DNAT：目标地址转换。

REDIRECT：在本机做端口映射。

LOG：在/var/log/messages 文件中记录日志信息，然后将数据包传递给下一条规则，也就是说除了记录以外不对数据包做任何其他操作，仍然让下一条规则去匹配。

Python 防火墙编程实际就是对 iptables 的规则进行编辑的过程。

8.4.3 防火墙规则实现

本节介绍基于 Windows Linux 子系统的防火墙编程，代码如下：

```
import iptc
import time
import mylogger
from SimpleXMLRPCServer import SimpleXMLRPCServer
from apscheduler.scheduler import Scheduler


vmrouters = set()
logger = mylogger.Logger(logname='myiptc.log', logger='myiptc').getlog()
```

```python
def task():
    logger.debug('rolling task')
    for mac in vmrouters:
        try:
            istarget = insert(mac)
            if (istarget == 0):
                vmrouters.remove(mac)
                logger.debug('rolling task remove not match target ' + mac)
        except Exception, e:
            logger.error(e)


def add_rule(mac):
    logger.debug('add_rule ' + mac)
    ret = 'success'
    try:
        istarget = insert(mac)                                              # ❸
        if (istarget == 1):
            vmrouters.add(mac)
        else:
            ret = 'error'
            logger.error('no match target ' + mac)
    except Exception, e:
        logger.error(e)
        ret = 'error'
    return ret


def insert(mac):
    istarget = 0
    try:
        existrule = 0
        table = iptc.Table(iptc.Table.FILTER)
        for chain in table.chains:
            if (chain.name.startswith('neutron-openvswi-s')):
                break
        for rule in chain.rules:
            for match in rule.matches:
                if (match.mac_source == mac.upper()):
                    istarget = 1
```

```
                        break
            if (rule.src.startswith('0.0.0.0/') and rule.dst.startswith('0.0.0.0/0') and\
                                                                    rule.target.name
== 'RETURN'):
                    existrule = 1

        if (istarget == 1 and existrule == 0):
            rule = iptc.Rule()
            rule.src = '0.0.0.0/0.0.0.0'
            rule.dst = '0.0.0.0/0.0.0.0'
            target = iptc.Target(rule, 'RETURN')
            rule.target = target
            chain.insert_rule(rule)

        if (istarget == 1 and existrule == 1):
            logger.debug(mac + ' rule already added')

    except Exception, e:
        logger.error(e)
    return istarget


if __name__ == '__main__':
    sched = Scheduler(daemonic=False)
    sched.add_cron_job(task, day_of_week='*', hour='*', minute='*/5', second='*') #❶
    sched.start()

    server = SimpleXMLRPCServer(('192.168.5.12', 4501), allow_none=True)
    logger.debug('Listening on port 4501...')
    server.register_function(add_rule, 'add_rule')                          #❷
    server.serve_forever()
```

上述代码，基于 RPC(远程过程调用，Remote Procedure Call)实现了一个对外接口，可以远程添加 iptables 规则。上述规则的添加是一个周期性调度的功能(task 函数)，该功能定期(5 分钟)检测新增的规则是否还存在，如果不存在则添加❶；添加规则调用 add_rule 函数❷；add_rule 函数会判断是否是目标机，是否存在规则，如果是目标机但又不存在规则，则调用 insert 函数为目标机添加规则。

使用 Python 的 iptables 库还可以很轻松地实现对 iptables 规则的管理，这里不再赘述。

8.5　入侵检测技术

8.5.1　入侵检测技术原理

1. 入侵检测的概念

入侵(Intrusion)是指未经授权蓄意尝试访问信息、窜改信息，使系统不可靠或不能使用的行为。入侵行为(Intrusion behavior)是指对系统资源的非授权使用，它会造成系统数据丢失和破坏、系统拒绝对合法用户服务等危害。

入侵检测(Intrusion Detection)是对入侵行为的发觉，而入侵检测技术(Intrusion Detection Technology)是指对入侵行为进行检测的技术。入侵检测技术通过收集和分析计算机网络或计算机系统中一些关键的信息，检查网络或系统中是否存在违反安全策略的行为和被攻击的迹象。

入侵检测系统(Intrusion Detection System，IDS)是指进行入侵检测的软件与硬件的组合。IDS 是用来检测系统或者网络从而发现可能的入侵或攻击的系统。IDS 通过抓取网络上的所有报文，进行分析处理后，报告异常和重要的数据模式和行为模式，使网络安全管理员清楚地了解网络上发生的事件，并能够采取行动阻止可能的破坏。

入侵检测技术的提出与防火墙的局限性有直接关系，具体如下：

(1) 防火墙不能防止通向站点的后门；

(2) 防火墙一般不提供对内部的保护；

(3) 防火墙无法防范数据驱动型攻击；

(4) 防火墙不能防止用户在 Internet 上下载被病毒感染的计算机程序或者电子邮件病毒附件的传输。因此，为了确保网络的安全，就要对网络内部进行实时的检测，这就需要 IDS 无时不在的防护。

2. 入侵检测的分类

根据信息源的不同，入侵检测可分为基于主机的入侵检测系统(Host-Based IDS，HIDS)和基于网络的入侵检测系统(Network-Based IDS，NIDS)两大类。

1) HIDS

HIDS 的系统安装在主机上面，对本主机进行安全检测。

HIDS 的优点：性价比高，审计内容全面，视野集中，适用于加密和交换环境。

HIDS 的缺点：会额外产生安全问题，依赖性强，如果主机数目多则代价过大，且不能监控网络上的情况。

2) NIDS

NIDS 的系统安装在比较重要的网段内。

NIDS 的优点：检测范围广，无须改变主机配置和性能，具有独立性与操作系统无关，安装方便。

NIDS 的缺点：不能检测不同网段的网络包，很难检测复杂的需要大量计算的攻击，协同工作能力弱，难以处理加密的会话。

3. 入侵检测系统结构

入侵检测系统的结构如图 8-12 所示。

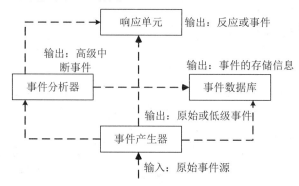

图 8-12　入侵检测系统结构图

4. 入侵检测的分析方式

入侵检测系统主要包括以下几部分：

(1) 事件产生器：其目的是从整个计算环境中获得事件，并向系统的其他部分提供此事件。

(2) 事件分析器：分析得到的数据，并产生分析结果。

(3) 响应单元：是对分析结果做出反应的功能单元，它可以做出切断连接、改变文件属性等强烈反应，甚至发动对攻击者的反击，也可以只是简单的报警。

(4) 事件数据库：存放各种中间和最终数据的地方的统称，它可以是复杂的数据库，也可以是简单的文本文件。

入侵检测的分析方式分为异常检测(Anomaly Detection)和误用检测(Misuse Detection)。

1) 异常检测

异常检测是指根据使用者的行为或资源的使用情况来判断是否入侵，而不依赖于具体行为是否出现来检测。其特点是：与系统相对无关，通用性强，能检测出新的攻击方法，但误检率较高。

2) 误用检测

误用检测是指设定一些入侵活动的特征，通过对现在的活动是否与这些特征匹配来进行检测。这种分析检测技术首先建立各类入侵的行为模式，对它们进行标识或编码，从而建立误用模式库；在运行中，误用检测方法对来自数据源的数据进行分析检测，检查是否存在已知的误用模式。误用模式的缺陷在于只能检测已知的攻击。当出现新的攻击手段时，一般需要由人工得到新的攻击模式并添加到误用模式库中。IDS 的构造也需要考虑这方面的可扩展性和方便性。

8.5.2　入侵检测编程工具

1. Snort 工具

Snort 是一个开源的、免费的、轻量级的网络入侵检测系统软件(https://www.snort.org/)，适用于 Linux 和 Windows。Snort 可以用于检测新出现的威胁，并提供命令行的操作，在

Windows 系统中安装成功后(需要先行安装 WinPcap4.1.1 及以上，https://www.winpcap.org/install/)，输入命令 snort –v 就可以启动，启动效果如图 8-13 所示。

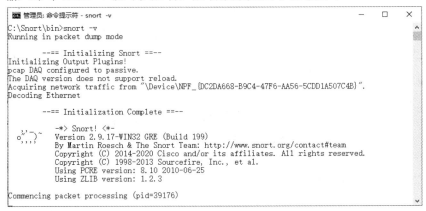

图 8-13　Snort 测试界面

　　Snort 有三种工作模式：嗅探器、数据包记录器、网络入侵检测系统。嗅探器模式仅仅是从网络上读取数据包并作为连续不断的流显示在终端上；数据包记录器模式把数据包记录到硬盘上；网络入侵检测系统是最复杂的，而且是可配置的。用户可以让 Snort 分析网络数据流以匹配用户定义的一些规则，并根据检测结果采取一定的动作。

　　安装好的 Snort，需要对 C:\Snort\etc 下的 snort.conf 文件进行如下修改：手动在 snort\lib 下面新建一个 snort_dynamicrules 文件夹。由于没有使用其他规则，所以将图 8-14 中"Step 7"下的其他规则删除(文件原有的第 548～651 行)。打开 C:\Snort\rules 目录(以安装目录为 C:\Snort 为例)，rules 文件夹中规则是空的，可以到官网下载规则(https://www. snort.org/downloads/#rule-downloads)或自行配置。这里在 rules 目录下(C:\Snort\rules)新建 local.rules 文件，在文件中加入如下规则：alert tcp ![192.168.200.128/32] any -> 192.168.200.128/32 80 (logto:"task1"; msg: "this is task 1"; sid:1000001)。

```
246    # path to dynamic preprocessor libraries
247    dynamicpreprocessor c:\snort\lib\snort_dynamicpreprocessor
248
249    # path to base preprocessor engine
250    dynamicengine c:\snort\lib\snort_dynamicengine\sf_engine.dll
251
252    # path to dynamic rules libraries
253    dynamicdetection c:\snort\lib\snort_dynamicrules
254
255    #################################################
```

```
510       nested_ip inner, \
511       #whitelist $WHITE_LIST_PATH/white_list.rules, \
512       #blacklist $BLACK_LIST_PATH/black_list.rules
```

```
538    #################################################
539    # Step #7: Customize your rule set
540    # For more information, see Snort Manual, Writing Snort Rules
541    #
542    # NOTE: All categories are enabled in this conf file
543    #################################################
544
545    # site specific rules
546    include c:\snort\rules\local.rules
547
548
549
550    #################################################
551    # Step #8: Customize your preprocessor and decoder alerts
```

图 8-14　snort.conf 文件配置修改

上面规则的含义是：alert 表示这是一个警告；tcp 表示要检测 tcp 协议的包；![192.168.200.128/32]表示的就是除了本机之外的所有主机(再后面的一个地址表示端口)；any 表示源 IP 地址任何一个端口发送的包都会被检测；->表明检测包的传送方向，这里表示从源 IP 传向目的 IP(此处是本机 192.168.200.128/32)；80 端口为 Web 服务；括号中的规则选项部分，logto 表示将产生的信息记录到文件，msg 表示在屏幕上打印一个信息，sid 表示一个规则编号(1000000 以上用于用户自行编写的规则)。

配置好规则后，在 C:\Snort\bin 路径下执行下面的命令：

```
snort -de -c C:\Snort\etc\snort.conf -l C:\Snort\log -r c:\Packets.pcap
```

则进入 IDS 模式，对捕获的数据包(c:\Packets.pcap)进行检测，如图 8-15 所示。

```
c:\Snort\bin\snort -de -c C:\Snort\etc\snort.conf -l C:\Snort\log -r c:\Packets.pcap
Running in IDS mode

        --== Initializing Snort ==--
Initializing Output Plugins!
Initializing Preprocessors!
Initializing Plug-ins!
Parsing Rules file "C:\Snort\etc\snort.conf"
PortVar 'HTTP_PORTS' defined :  [ 80:81 311 383 591 593 901 1220 1414 1741 1830 2301 2381 2809 3037 3128 3702 4343 4848 5250 6988 7000:7001 71
44:7145 7510 7777 7779 8000 8008 8014 8028 8080 8085 8088 8090 8118 8123 8180:8181 8243 8280 8300 8800 8888 8899 9000 9060 9080 9090:9091 9443
9999 11371 34443:34444 41080 50002 55555 ]
```

图 8-15　Snort 执行入侵检测工作模式

规则编写和输入的 Python 实现将在 8.5.3 小节中进行介绍。

2. Sklearn 库

Sklearn 库是基于 Python 的第三方库(https://scikit-learn.org/stable/index.html)，它包括机器学习开发的各个方面。

机器学习的算法一般分为两种：一种是既有目标值又有特征值的算法，我们称之为监督学习；另一种是只有特征值的算法，我们称之为无监督学习。其中，监督学习还可以继续细分为分类算法和回归算法。Sklearn 库将绝大部分算法囊括其中。Sklearn 库算法主要有四类：分类，回归，聚类，降维。其中，常用的回归有线性、决策树、SVM、KNN、集成回归、随机森林、Adaboost、GradientBoosting、Bagging、ExtraTrees。常用的分类有线性、决策树、SVM、KNN，朴素贝叶斯。集成分类有随机森林、Adaboost、GradientBoosting、Bagging、ExtraTrees。常用聚类有 k 均值(k-means)、层次聚类(Hierarchical clustering)、DBSCAN。常用的降维有 Linear Discriminant Analysis、PCA 等。关于这些机器学习的使用，Sklearn 目前已经有很多优秀的线上学习资源，如 https://www.jianshu.com/p/6ada34655862，读者可以自行学习和参考，本书将不作过多介绍。

Sklearn 库的安装执行命令 pip install sklearn 即可完成。

Sklearn 库机器学习的开发基本分为六个步骤，即获取数据->数据处理->特征工程->机器学习的算法训练(设计模型)->模型评估->应用，操作非常规范。

8.5.3　入侵检测实现

本节采用三种不同的方法实现基于 Python 的入侵检测编程。

1. 基于 Snort 的编程实现

可以基于 Snort，并利用 Python 去操作 Snort，从而提高其操作的便捷性，代码如下：

```
import subprocess
```

```
command ='snort -de -c C:\Snort\etc\snort.conf -l C:\Snort\log -r c:\Packets.pcap'
process = subprocess.Popen(command, shell=True, stdout=subprocess.PIPE)
process.wait()
print(process.returncode)
```

上述代码完成的功能与 8.5.2 小节的手动操作功能基本一致，只是提高了操作的便捷性。

Snort 记录的事件均记录在日志里，可以通过对该种日志的分析实现入侵检测。Snort 日志示例如下：

```
[**] INFO - ICQ Access [**]
[Classification: content:"MKD / "] [Priority: 1]
05/10-10:02:31.953089 10.1.1.1.:54835 -> 10.2.2.5:80
TCP TTL:127 TOS:0x0 ID:13690 IpLen:20 DgmLen:482 DF
***AP*** Seq: 0x112BDD12 Ack: 0x11B38D8A Win: 0x4510
TcpLen: 20
```

Snort 启动后，它会在硬盘上记录大量的报警信息，通过对日志或者报警文件进行分析，可以得出一些入侵情报。通常可以大致将 Snort 的日志分为两类，即事件日志和连接日志。事件日志的核心是描述曾经发生的事件，连接日志的核心是描述某一网络连接的有关信息。

日志的内容遵循如图 8-16 所示格式(不同平台或版本可能略有区别)。

```
[**][报警的ID]报警名称[**]/n
[Classification:报警属于的类型][严重程度：数字，越大越严重]/n
报警产生时间 攻击发起方IP：端口 方向符号 被攻击方的IP：端口/n
使用的协议号 TTL TOS ID IpLen DgmLen /n
[各大安全组织关于此次攻击的详细说明]
```

图 8-16　日志的内容遵循的格式

基于 Snort 日志，采用下面代码可实现对日志的分析检测。

```
def snort_parse(logfile):
    header = Suppress("[**] [") + Combine(integer + ":" + integer + ":" + integer) + \
                                   Suppress("]") + Regex(".*") + Suppress("[**]")
    cls = Optional(Suppress("[Classification:") + Regex(".*") + Suppress("]"))
    pri = Suppress("[Priority:") + integer + Suppress("]")
    date = integer + "/" + integer + "-" + integer + ":" + integer + "." + Suppress(integer)
    src_ip = ip_addr + Suppress("->")
    dest_ip = ip_addr
    extra = Regex(".*")
    bnf = header + cls + pri + date + src_ip + dest_ip + extra

    return bnf
```

```
def logreader(logfile):
    chunk = []
    with open(logfile) as snort_logfile:
        for line in snort_logfile:
            if line !='\n':
                line = line[:-1]
                chunk.append(line)
                continue
            else:
                yield "".join(chunk)
                chunk = []
    return chunk
```

上述代码由 snort_parse 和 logreader 两个功能函数组成。snort_parse 依据格式标记实现了对上面日志文件的解析，最后返回经过分离的日志事件信息；logreader 实现了对 logfile 文件的逐行分离。由于日志已经包含了基于 Snort 规则的入侵结果，因此只需要进行简单的字符串匹配(见 9.2.3 小节)就可以发现入侵。

2. 浅层特征分析

对于一些特征明显的入侵行为，可以直接利用 Python 的流量分析功能进行检测。下面是对 DDOS 攻击的检测代码(IDS_DDOS.py)。

本程序需要安装 kpkt 库(执行"pipinstalldpkt"的过程略)。该库定义了 Packet 类以及很多网络报文类型的类。这些类可以用于对数据包进行解析。

实现代码如下：

```
import dpkt
import socket

def FindDDosAttack(pcap):
    pktCount = {}                                          #❶
    for timestamp,packet in pcap:
        try:
            eth = dpkt.ethernet.Ethernet(packet)
            ip = eth.data
            tcp = ip.data
            src = socket.inet_ntoa(ip.src)
            dst = socket.inet_ntoa(ip.dst)
            sport = tcp.sport
            # 累计判断各个 src 地址对目标地址 80 端口访问次数
            if sport == 80:
```

```
                    stream = src + ":" + dst
                    if pktCount.has_key(stream):                          #❷记录访问并计数
                            pktCount[stream] = pktCount[stream] + 1
                    else:
                            pktCount[stream] = 1
            except Exception:
                    pass
        for stream in pktCount:
            pktSent = pktCount[stream]
            # ❸如果超过设置的检测阈值 500,则判断为 DDOS 攻击行为
            if pktSent > 500:
                src = stream.split(":")[0]
                dst = stream.split(":")[1]
                print("[+] 源地址: {} 攻击: {} 流量: {} pkts.".format(src,dst,str(pktSent)))#❹


if __name__ == "__main__":
    try:
        fp = open("D://data.pcap","rb")
        pcap = dpkt.pcap.Reader(fp)
        FindDDosAttack(pcap)
    except:
        print("数据包文件不存在或打开错误! ")
```

　　上述代码功能非常简单，累计分析 data.pcap(由抓包工具提前抓取)文件中来自同一源
地址对 80 端口的短时访问次数，如果超过检测阈值 500，则认为发生了 DDOS 攻击。对
该代码的检测功能主要由 FindDDosAttack 函数完成，具体实现流程是：首先通过建立一个
计数字典 pktCount 记录各访问的次数❶；然后遍历各 Packet，如果访问端口为 80(tcp.sport)，
则记录源地址和目的地址，将二者串接起来作为字典的一个键名❷；记录完毕之后对每个
80 端口的访问次数进行检测，如果超过设置的检测阈值 500，则判断为 DDOS 攻击行为❸；
对检出的 DDOS 攻击地址和访问次数进行打印显示❹。

　　由于上述代码只针对特定攻击，且仅是进行浅层特征的分析，因此适用范围有限。

3. 基于机器学习的入侵检测

　　入侵检测系统的核心在于其对入侵特征的分析，目前在特征分析方面机器学习的方法
被广泛采用，因此本例采用机器学习方法对特征进行分析，并发现入侵行为。

　　下面代码利用 Sklearn 的逻辑斯蒂回归，进行基于机器学习的入侵检测分析
(IDS_LR.py)。

```
import numpy as np
from sklearn.linear_model import LogisticRegression
import joblib
```

```python
from sklearn.model_selection import train_test_split


def train():
    feature, weight = ReadData(r'kddcup.data.corrected')     #❶读取数据
    Classify(feature, weight)


def ReadData(path):
    data=open(path).readlines()                             #按行读，一行为列表的一个元素

    data=np.array([i.split(',') for i in data])            #❷拆解成(n,42)的二维张量
    data[:, -1] = [i.replace('\n', '').replace('.', '') for i in data[:, -1]]#去掉末尾的回车符
    print("original data.shape is ", data.shape)
    data_r=np.zeros(shape=data.shape)                      #创建一个与 data 的 shape 一样的空张量
    data_r[:,0]=[float(i) for i in data[:,0]]              #data[:, i]表示矩阵第 i 列的值
    for i in range(4,40):                                  #进行参数整理
        data_r[:, i] = [float(j) for j in data[:, i]]     #❸记录量化参量


        # ❹对于非量化的参量，利用 enumerate(set(data[:,1])枚举 data 对应列中的所有名词
        #输出名词和数据下标构成的元组列表
        protocol_type={k:i for i,k in enumerate(set(data[:,1]))}
        service={k:i for i,k in enumerate(set(data[:,2]))}
        flag={k:i for i,k in enumerate(set(data[:,3]))}
        label={k:i for i,k in enumerate(set(data[:,-1]))}
        # print(protocol_type)，形如：{'tcp': 0, 'icmp': 1}
        data_r[:, 1] = [protocol_type[j] for j in data[:, 1]] #将名称对应的数据下标进行量化
        data_r[:, 2] = [service[j] for j in data[:, 2]]
        data_r[:, 3] = [flag[j] for j in data[:, 3]]
        data_r[:, -1] = [label[j] for j in data[:, -1]]
    data_r = np.c_[data_r[:, 0:9], data_r[:, 22:42]]        #❺将 0～9 列与 22～42 列连接起来
    print("data_refine.shape is ",data_r.shape)
    weight = {}
    for j in range(len(label)):                            #❻权重为 data 数据总长-该类数据的样本数(样本越少,权值
                                                           越高)
        weight[j] = len(data) - len([s for s in data_r if s[-1] == j])
    return data_r, weight


def Classify(feature, weight):
    lr = LogisticRegression()              #❼创建 LR 对象
```

```
# 对样本集进行切割
X_train, X_test, y_train, y_test = train_test_split(feature[:, :-1],\
                                    feature[:, -1], test_size=0.3, random_state=42)
print("X_train.shape",X_train.shape)                              # (5, 28)


w = [weight[i] for i in y_train]
d = [weight[i] for i in y_test]

lr.fit(X_train, y_train, sample_weight=w)              # ❽训练模型
#print(str(lr.score(X_test, y_test, sample_weight=d)))
joblib.dump(lr, 'kdd99lr.m')                           # 输出训练模型



if __name__ =='__main__':
    train()
    clf = joblib.load("kdd99lr.m")
    x=[0, 1, 1, 1, 219, 1098, 0, 0, 0, 1, 1, 0.0, 0.0, 0.0, 0.0, 1.0, 0.0, 0.0, 7, 255,\
    1.0, 0.0, 0.14, 0.05, 0.0, 0.01, 0.0, 0.0]
    test_X=np.zeros((1,28))
    test_X[0, :] = [float(i) for i in x]
    print(test_X.shape)
    predict_labels = clf.predict(test_X)               #❾利用训练的模型进行预测
    print(predict_labels)
```

逻辑回归其实是一种解决分类问题的算法。如上述代码，在原有数据基础上做了适当的选择和特征的向量化，采用 OVR 的方式将二分类器扩展到多分类器。OVR 训练多个分类器，每一个分类器将某一类别的数据视为正样本，将其他视为负样本，训练出 n 个后，输出每个样本对应每个类别的概率，取最大的概率作为最终的输出结果。

上述代码中，首先通过调用函数 ReadData 读出 kddcup.data.corrected 文件中的数据(若本地算力资源有限，数据量过大，可适当裁减)❶。

此处的 kddcup.data.corrected 来自 KDD99(下载路径为 http://kdd.ics.uci.edu/databases/kddcup99/kddcup99.html)数据集，这是从一个模拟的美国空军局域网上采集来的 9 个星期的网络连接数据。这些数据可分成具有标识的训练数据和未加标识的测试数据。测试数据和训练数据有着不同的概率分布。测试数据包含了一些未出现在训练数据中的攻击类型，这使得入侵检测更具有现实性。KDD99 数据集虽然年代久远，但仍然是网络入侵检测领域的事实基准，为基于计算智能的网络入侵检测研究奠定了基础

KDD99 数据集包括如下固定的特征属性(其中 9 个为离散型，其他均为连续型)：duration、protocol_type、service、flag、src_bytes、dst_bytes、land、wrong_fragment、urgent、ho、num_failed_logins、logged_in、num_compromised、root_shell、su_attempted、num_root、 num_file_creations、num_shells、num_access_files、num_outbound_cmds、is_host_login、is_guest_login、count、srv_count、serror_rate、srv_serror_rate、rerror_rate、srv_rerror_rate、same_srv_rate、diff_srv_rate、srv_diff_host_rate、dst_host_count、dst_host_srv_count、dst_host_same_srv_rate、dst_host_diff_srv_rate、dst_host_same_src_port_rate、dst_host_srv_diff_host_rate、dst_host_serror_rate、dst_host_srv_serror_rate、dst_host_rerror_rate、dst_host_srv_rerror_rate、class。

KDD99 部分参数的解释如表 8-1 所示。

表 8-1　KDD99 部分参数的解释

参数	含义
duration	TCP 以 3 次握手建立到 FIN/ACK 连接结束为止的时间
protocol type	协议类型
service	网络服务类型
flag	连接正常或错误
src_bytes	源主机到目标主机的数据字节数
dst_bytes	目标主机到源主机的数据字节数
land	若连接来自或送达同一个主机则为 1，否则为 0
wrong_fragment	错误分段数量

每条 KDD99 的最后一个参数是 class，用来表示该条连接记录是正常的，或是某个具体的攻击类型(正常标识只有"normal"一种，攻击标识有 22 种，如表 8-2 所示)。

表 8-2　KDD99 攻击标识

类型	种类数量	标识
正常	1	normal
DOS 攻击	6	back、land、neptune、pod、smurf、teardropl
Probing 攻击	4	ipsweep、nmap、portsweep、satan
R2L 攻击	8	ftp_wrute、guess_passwd、imap、multipod、phf、spy、warezclient、waremaster
U2R 攻击	4	buffer_overflow、loadmodule、perl、rootkit

以下即为一条 kddcup.data.corrected 记录：

```
0,icmp,ecr_i,SF,1032,0,0,0,0,0,0,0,0,0,0,0,0,0,0,0,0,0,0,0,511,511,0.00,0.00,0.00,0.00,1.00,0.00,
0.00,255,255,1.00,0.00,1.00,0.00,0.00,0.00,0.00,0.00,smurf.
```

根据 KDD99 的参量，ReadData 函数会将读入的数据拆解成(n,42)的二维张量❷，n 为记录条数。对记录中的量化参量(第 4~40 项)，直接进行读取❸；对于解析出的协议类型(protocol_type)、服务(service)、旗标(flag)、类别(label)这些非量化数据，利用 enumerate(set(data[:,1]))枚举 data 对应列中的所有名词，并建立索引，用索引替代原来的数据❹；之后将 0~9 列与 22~42 列连接起来(由于 10~21 项对识别意义不大，因此它们多数情况下都为 0)❺；依据各种样本的数量，为样本计算权值，权重为 data 数据总长减去该类数据的样本数(可见，样本越少权值越高)❻。

调用 Classify 函数，首先创建 LR 对象，之后用 train_test_split 对样本集进行切割，把数据分成训练和测试部分❼。train_test_split 函数可按照用户设定的比例，随机将样本集合划分为训练集和测试集，并返回划分好的训练集和测试集数据。函数 train_test_split (X,y,test_size, random_state)中，参量 X 是待划分的样本特征集合；y 是待划分的样本标签；test_size 若在 0~1 之间，则为测试集样本数目与原始样本数目之比，若为整数，则是测试集样本的数目；random_state 是随机数种子。

将准备好的数据导入 fit 函数进行训练❽，训练结束后，可以将得到的模型导出为文件 kdd99lr.m 待用。

预测时，首先读入模型文件，然后调用对象的 predict 函数就可以进行预测了❾。

上述方法展示了基于 Python 的常规入侵检测实现方法，当然读者也可以仿照 8.4.2 小节的思想，基于 Ctypes 实现对 WindowsAPI 的操作实现入侵检测。如果基于 Windows Linux 子系统，还可以尝试基于 Pytbull 的入侵检测实现。Pybull 是 Python 支持的模块，是任何生成警报文件的入侵检测/预防系统(IDS/IPS，如 Snort、Suricata)的测试框架。它可用于测试 IDS/IPS 的检测和阻止功能，比较 IDS/IPS，比较配置修改和检查/验证配置。

近年来，基于 Python 的网络安全编程技术发展很快，尤其是在智能化分析方面有很多新的成果，这体现了 Python 网络安全编程技术发展的新方向。

思 考 题

1. 介绍计算机网络的主要威胁和防范手段。
2. 结合 TCP/IP 协议的特点介绍 TCP/IP 协议的安全缺陷。
3. 结合网卡的工作原理介绍什么是网络嗅探。
4. 介绍网络扫描及其分类。
5. 什么是防火墙？试解释并对其进行分类。
6. 介绍入侵检测及分析方式。
7. 安装 Snort 获得日志数据，并利用本章介绍的程序进行分析检测。

第9章　内容安全编程

随着互联网的普及与发展，网络信息内容的种类与数量急剧膨胀，使人们的网络文化生活得到了极大丰富。然而，值得关注的是，网络内容在支持信息服务业的同时，也产生了很多负面的社会影响，这就是信息内容安全需要解决的问题。信息内容安全由于涉及国家利益、社会稳定、民心导向和青少年身心健康等多个方面，因此受到社会各方的普遍关注，也成为信息安全领域研究浮现的新课题。

本章探讨基于 Python 的内容安全编程技术，具体包括文本内容、语音内容、图像内容安全三种。

9.1　内容安全概述

9.1.1　内容安全的定义

在互联网传播的信息内容中，面临的不良和非法信息威胁主要有如下三类：

(1) 垃圾信息：主要是指隐藏在文本、评论、弹幕、邮件等中的各种无用的、不需要的信息，包括垃圾文本、垃圾广告、垃圾邮件等。

(2) 色情信息：主要是指有性诱惑、性暗示的和涉黄露点的文字、图片和视频等信息。

(3) 涉政信息：指危害国家安全，影响社会稳定，反党反政府的谣言、虚假信息和暴力恐怖信息等。

为了屏蔽这些有害信息，需要使用信息内容安全技术手段进行甄别、过滤。这里狭义的信息内容安全是指，研究如何在迅速变化且包含海量信息的互联网中，通过计算机对于特定主题相关的数据和信息进行自动采集、分析鉴别和响应控制的技术。广义的信息内容安全既包括信息内容在政治、法律和道德方面的要求，也包括信息内容保密、知识产权保护、信息隐藏、隐私保护等诸多方面。

信息内容安全(简称内容安全)对网络信息传播进行管控，对于加强互联网内容建设、营造清朗的网络空间、保障社会的和谐稳定具有重要意义。

9.1.2　内容安全技术

信息内容安全所涉及的关键技术包括以下内容。

1. 信息获取技术

信息获取技术采用主、被动手段，对信息内容安全检测的对象进行收集。

主动获取是通过向网络注入数据包后的反馈来获取信息，其特点是接入方式简单，能够获取更广泛的信息内容，但会对网络造成额外的负担。

被动获取则是在网络出入口上通过镜像或旁路侦听方式获取网络信息，其特点是接入需要网络管理者的协作，获取的内容仅限于进出本地网络的数据流，但不会对网络造成额外流量。

2. 信息内容识别技术

信息内容识别是指对获取的网络信息内容进行识别、判断、分类，确定其是否为所需要的目标内容。识别的准确度和速度是信息内容识别的重要指标。信息内容识别主要分为文字、音频、图像、图形识别等。目前文字识别技术已得到广泛应用，音频识别也在一定范围内使用，但图像识别的准确性还待进一步提高，距实际应用尚有一定的距离。

3. 控制/阻断技术

控制/阻断技术用于对识别出的非法信息内容实施阻止或中断用户对其访问。成功率和实时性是控制/阻断技术的两个重要指标。控制/阻断技术在垃圾邮件剔除、涉密内容过滤、著作权盗用的取证、有害及色情内容的阻断和警告等方面已经投入使用。控制/阻断技术有多种分类方式，从阻断依据上可分为基于 IP 地址的阻断、基于内容的阻断；从实现方式上可分为软件阻断和硬件阻断；从阻断方法上可分为数据包重定向和数据包丢弃；等等。

4. 信息内容分级

网络"无时差、零距离"的特点使得信息内容以前所未有的速度在全球扩散，然而这些信息内容对于受众所产生的影响并不完全一样，甚至对于一类人员而言不良的内容，对于另一类人却并不构成威胁，这是由于不同人群对于信息内容接受的安全等级有所区别，因此需要建立网上内容分级标准，实现特定人群的安全保护。

5. 图像过滤

一些不良网络信息的提供者会采取回避某些敏感词汇，将文本嵌入到图像文件中，或直接以图像文件呈现内容等手段，从而可以轻易地逃过网络过滤和监测系统。为此，需要对信息内容中的图像进行语义分析和理解，实现过滤。然而，目前这一技术还远未达到系统实用的要求。

6. 信息内容审计

信息内容审计的目标就是真实全面地将发生在网络上的所有事件记录下来，为事后的追查提供完整准确的资料。通过对网络信息进行审计，政府部门可以实时监控本区域内互联网的使用情况，为信息安全的执法提供依据。虽然审计措施相对于网上的攻击和窃密行为处于被动地位，但是它对于追查网上发生的犯罪行为还是能起到十分重要的作用的，也能对内部人员犯罪起到威慑作用。

互联网信息流的复杂性决定了没有任何一种技术可以完美地解决互联网信息传播管控中的所有问题，所以在实际部署应用中，必须综合各种技术，实现优势互补，为网络信息社会打造全方位、立体化的综合管控技术体系。

本书将聚焦于信息内容识别技术的 Python 实现。

9.1.3　内容识别原理

信息内容安全的核心问题是对信息内容进行识别，区分出有害和无害内容。根据信息依附的数据形式不同，信息内容识别可以分为文本、图像、语音三类，其识别方法也各不相同。

1. 文本内容识别

传统文本类内容安全识别系统一般由 3 个部分组成，即敏感词库、信息采集、匹配算法。敏感词库一般依照相关法律、法规、行政要求、企业规章和标准规定制订，满足匹配过滤的需求。敏感词库的内容以词语为主，辅以少量短语或句子，此外还包含词语的与或非关系组成的敏感词，以达到更准确地过滤违法违规和不良信息的目的。匹配算法通过规则匹配敏感词库，对信息采集后的文本类数据进行分析，判断其是否为违法违规和不良信息，以及属于哪一类违法违规和不良信息。传统文本类内容安全识别方法的关键在于对采集的文本信息进行词语或词组匹配，但这种方式存在误报漏报的风险。

为了识别出文本的语义，人们还尝试将自然语言处理(Natural Language Processing，NLP)的方法运用于其中。自然语言处理是计算机科学领域与人工智能领域中的一个重要方向。它研究的是能够实现人与计算机之间用自然语言进行有效通信的各种理论和方法。大多数高级文本分析工具也都会使用 NLP 算法进行语言(语言驱动)分析，帮助机器读取文本。NLP 分析单词的相关性，包括应被视为等同的相关单词，即使它们的表达方式不同，也可以捕捉其相同的语义。然而，自然语言处理目前还不够成熟，想让它像人类一样完全理解自然语言的含义，还有很长的一段路要走。

近些年来，随着人工智能技术的快速发展，这项技术也逐渐被文本内容识别所采用。特别是，在文本类内容安全识别中引入基于深度学习的神经网络模型，解决了传统文本类内容安全识别方法中的上下文语义理解缺失的问题，能有效解决敏感词匹配造成的误报和漏报问题，提升识别违法违规和不良信息的准确率。但是，由于神经网络模型的训练需要涵盖每个类别标签的大量样本数据，而违法违规和不良信息的类别标签存在有时效性，不可能完全做到样本库的及时有效更新，所以，仅依赖神经网络模型来识别违法违规和不良信息依然存在漏报的风险。

对于海量的网络数据，词匹配方法应用得更广泛一些，具体实现算法见 9.2.1 小节介绍。

2. 图像内容识别

最初的不良图片/视频识别，主要是通过建立不良图片/视频的 MD5 种子库，并将用户新上传的图片/视频方式进行比较，如果一致，则判断为不良内容。MD5 比对本质上是把图像当作一个二进制文件，通过比对二进制内容来判断是否违规。这种方式忽略了图像本身的表征属性，其短板是无法解决同一张图的变种问题。

为了解决 MD5 库的短板，业界开发了基于传统图像的特征相似度的技术。通过建立不良图片的特征库，能够识别经过旋转、拉伸和裁剪的变种的相似图片，通过这种方式能进一步识别变种的问题。图像特征相似度比对的方法考虑到了图像的底层特征，对同一幅图的几何变换(一般是仿射变换)具有一定的检出鲁棒性，但是它存在恶意图片库更新困难、图像语义理解缺失等问题。

为了尝试从图像/视频中获取客观存在的语义信息,信息内容安全将人工智能最新的技术引入图像内容识别,取得了非常好的效果,这也是目前业界研究的热点,具体实现算法见 9.3.1 小节介绍。

3. 语音内容识别

音频的特点是信息隐蔽和识别都很困难。传统的利用音频指纹等几何校准匹配的方法,可以有效被动拦截互联网的有害内容。而随着技术的不断演绎和迭代,针对音频的识别也变被动为主动。例如,获取到音频后通过音频分类将里面可能含有色情的声音识别出来,之后利用语音切分技术提取有效的语音部分;或是利用说话人识别技术来判断得到的音频是否含有特定人物和语种信息,以决定该音频是否含有不良信息;再有就是利用语音转文字技术,将听见转化为看见(具体模型见 9.4.1 小节介绍),并且实现将段、句、字、音素的文本信息和原始音频进行对齐,得到整段音频对应的文字信息,再通过文本安全技术进行识别。

上述识别技术之间的关系并不是独立、割裂的,有时可以进行综合运用(如对于多媒体数据对象的处理),互相印证。

9.2　文本内容安全

9.2.1　文本内容安全算法

文本内容的计算可以基于不同的语义、语句层面,包括字面、词频、语义,其计算方法也各不相同,除了采用第 2 章介绍的正则式表达检索的方法之外,还可以自行实现字符串匹配、词频计算、潜语义计算、自然语言处理等方法。

1. 字符串匹配

对文本的内容进行安全检测,最简单的方法就是进行字符串匹配,发现检测文本对象中是否出现被认为是不安全的词汇。字符串匹配算法是计算机软件设计的实际工程中经常遇到的问题。该问题通常输入为原字符串(string)和子串(pattern),要求返回子串在原字符串中首次出现的位置。比如,原字符串为"ABCDEFG",子串为"DEF",则算法返回位置 3。

字符串匹配常见的算法包括 BF(Brute Force,暴力检索)、KMP、Horspool、BM(Boyer Moore)、Shift-And、RK(Robin-Karp,哈希检索)、Sunday 等。

1) BF 算法

首先将原字符串(如 ABCDEFG)和子串(如 DEF)左端对齐,逐一比较。如果第一个字符不能匹配,则子串向后移动一位,继续比较;如果第一个字符匹配,则继续比较后续字符,直至全部匹配。BF 算法示意图如图 9-1 所示。

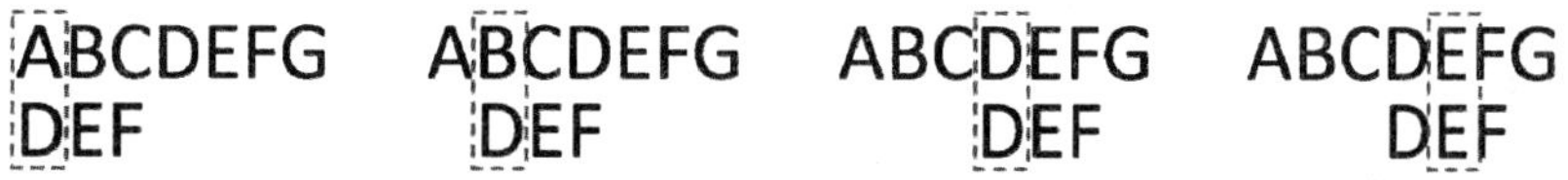

ABCDEFG　　ABCDEFG　　ABCDEFG　　ABCDEFG
DEF　　　　DEF　　　　DEF　　　　DEF

图 9-1　BF 算法示意图

BF 算法的时间复杂度为 O(MN)。

2) KMP 算法

KMP 算法在开始的时候也是将原字符串和子串左端对齐，逐一比较，但是当出现不匹配的字符时，KMP 算法不是向 BF 算法那样向后移动一位，而是按照事先计算好的部分匹配表中记载的位数来移动，从而节省了大量时间。

图 9-2 中，对字符串"ABCDABD"进行匹配，当匹配到第二个"D"时，如果按照 BF 算法计算，则将子串整体向后移动一位，接着从头比较，如果按照 KMP 算法的思想，就要利用已经比较过"ABCDAB"的信息。

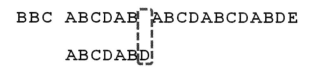

图 9-2　KMP 匹配算法示意图

由于已经匹配的位数为 6，最后一个匹配的字符为"B"，查表得知"B"对应的部分匹配值为 2，那么移动的位数按照公式计算：

$$移动位数 = 已匹配的位数 - 最后一个匹配字符的部分匹配值$$

那么 6−2＝4，子串向后移动 4 位，这样就跳过了 4 位必定不成功的匹配。后续匹配依次类推。

部分匹配表如图 9-3 所示。

搜索词	A	B	C	D	A	B	D
部分匹配值	0	0	0	0	1	2	0

图 9-3　部分匹配表

部分匹配表可以通过 DP(动态规划)算法来计算获得。

3) Horspool 算法

和 KMP 算法相反，Horspool 算法采用的是后缀搜索方法。Horspool 算法可以说是 BM 算法的简化版本。在进行后缀匹配的时候，若发现不匹配字符，则需要将模式向右移动。假设文本中对齐模式的最后一个字符的元素是字符 C，则 Horspool 算法根据 C 的不同情况来确定移动的距离。实际上，Horspool 算法也就是通过最大安全移动距离来减少匹配的次数，从而提高运行效率。

4) BM 算法

BM(Boyer-Moore)算法采用的是后缀搜索方法。BM 算法预先计算出三个函数值 d1、d2、d3，它们分别对应三种不同的情形。当进行后缀匹配的时候，如果模式最右边的字符和文本中相应的字符比较失败，则算法和 Horspool 的操作完全一致。当遇到不匹配的字符并非模式最后的字符时，则算法有所不同。

5) Shift-And 算法

Shift-And 算法较 KMP 简单，其特点是运用了位并行技术来提高程序运行效率。Shift-And 算法首先构造一个表，记录字母表中每个字符的位掩码。然后每读取一个文本字符的时候，通过计算公式，获取新的位向量。

6) RK 算法

RK 算法是对 BF 算法的一个改进。首先计算子串的 HASH 值，之后分别取原字符串中子串长度的字符串计算 HASH 值，比较两者是否相等。如果 HASH 值不同，则两者必定不匹配；如果相同，则由于哈希冲突存在，因此也需要按照 BF 算法再次判定。例如图9-4 中，首先计算子串"DEF"的 HASH 值为 H_d，之后从原字符串中依次取长度为 3 的字符串"ABC""BCD""CDE""DEF"，计算 HASH 值，分别为 H_a、H_b、H_c、H_d。当 H_d 相等时，仍然要比较一次子串"DEF"和原字符串"DEF"是否一致。RK 算法的时间复杂度为 O(MN)，实际应用中往往较快，期望时间为 O(M+N)。

$$\text{DEF} \longrightarrow H_d$$
$$\underset{H_a \quad\quad H_d}{\text{A B C D E F G}}$$

图 9-4　RK 算法举例

此外，在进行文本内容分析时，还会采用近似字符串匹配方法。所谓字符串的近似匹配，就是允许在匹配时有一定的误差，比如在字串"以前高手好久不见"中找"以前是高手"也能成功。具体地说，错误可以有三种类型：加字符(以前也是高手)、漏字符(以前高手)和替换字符(以前是高手)。近似字符串匹配对于文本内容计算也是完全合乎逻辑的，目前主要有四种方法，即动态规划方法、基于自动机算法、位并行方法、不相关文本时间快速搜索，这里不做更多的介绍。

2. 词频计算

在文档中，并不是每个词对于文章含义的贡献都是一样的，而字符串匹配的方法并未考虑这一点。因此，要设计算法来计算文章中词的贡献度，将最能表达文章含义内容的词(关键词)筛选出来再进行比对。TF-IDF 词频计算就是一种解决方案。

TF-IDF 词频计算中的 TF(Term Frequency，词频)是指词在语料中出现的次数。然而，出现次数较多的词并不一定就是关键词，比如常见的对文本内容本身并没有多大意义的停用词(介词、连词)等，因此就需要一个重要性调整权重来衡量一个词是否常见。TF-IDF 词频计算中，IDF(Inverse Document Frequency)就是该权重，即逆文档频率。IDF 的大小与一个词的常见程度成反比。

在得到词频(TF)和逆文档频率(IDF)以后，将两个值相乘，即可得到一个词的 TF-IDF 值，某个词对文章的重要性越高，其 TF-IDF 值就越大，所以按 TF-IDF 值降序排序，排在最前面的几个词就是文本的关键词，最能反映其含义。

基于 TF-IDF 可以对文本进行形式化描述，形成可计算的文档矢量，这样就可以实施更高级的分类、聚类计算了。因篇幅关系，在此不进行赘述。

3. 潜语义计算

在文本的词汇、语法之下，蕴含的是丰富的语义信息。语义信息与词汇之间的关联十分复杂，相似的词语构成的两个文本，其含义可能大相径庭。例如，"Alice 赢了 Bob"和"Bob 赢了 Alice"词汇相同，但反映的事实相反。因此文本的分析并不仅由它们所包含的词直接决定，还要分析隐藏在词之后的语义。

潜语义分析(Latent Semantic Analysis，LSA/LSI)试图去解决这个问题，它把词和文档都映射到一个潜在的语义空间，在这个空间内进行计算分析，以取得良好的效果。潜语义空间的维度个数可以由分析者指定，并且往往比传统向量空间的维度更少，所以 LSA/LSI 也可视为一种降维技术。

4. 自然语言处理

如前所述，为了像人类一样对语言进行理解和运用，文本计算中人们还会采用 NLP。NLP 是利用人类交流所使用的自然语言与机器进行交互通信的技术。通过自然语言处理，计算机对人类自然语言能够可读并理解。NLP 的相关研究始于人类对机器翻译的探索，涉及语音、语法、语义、语用等多维度的操作。简而言之，其基本任务就是基于本体词典、词频统计、上下文语义分析等方式对待处理语料进行分词，形成以最小词性为单位且富含语义的词项单元。目前，NLP 技术距离成熟运用也还有很长的路要走。

本书编程内容涉及字符串匹配、词频计算和潜语义计算，对于 NLP 文本语义计算不做深入探讨。

9.2.2　文本内容分析工具

为进行文本内容分析，Python 第三方库提供了一些方便的工具，下面简单介绍几种常用工具。

1. jieba 库

在英文的行文中，单词之间是以空格作为自然分界符的，而中文只是字、句和段能通过明显的分界符来简单划界，唯独词没有一个形式上的分界符，虽然英文也同样存在短语的划分问题，不过在词这一层上，中文比英文要复杂得多、困难得多。因此，要想对中文进行分析，首先要解决分词的问题。

jieba 库是一款优秀的 Python 第三方中文分词库，它支持三种分词模式：精确模式、全模式和搜索引擎模式。下面是这三种模式的特点。

(1) 精确模式：试图将语句做最精确的切分，不存在冗余数据，适合做文本分析。

(2) 全模式：将语句中所有可能是词的词语都切分出来，速度很快，但是存在冗余数据。

(3) 搜索引擎模式：在精确模式的基础上，对长词再次进行切分。

Python 中，执行"pip install jieba"即可完成 jieba 库的安装。

2. sklearn.feature_extraction.text 库

sklearn.feature_extraction.text 是一个文本特征提取模块。它可以将收集到的文本文档数据集转化成单词矩阵。它主要利用 scipy.sparse.coo_matrix 函数来对单词进行计数，并最终将处理对象表示成一种稀疏矩阵的形式。sklearn.feature_extraction.text 包含在 scikit-learn 中，安装时需执行"pip install scikit-learn"命令。

上述命令所安装的工具包 Scikit-learn(sklearn)是机器学习中常用的第三方模块。该模块还对常用的机器学习方法进行了封装，包括回归(Regression)、降维(Dimensionality Reduction)、分类(Classfication)、聚类(Clustering)等方法。这些方法在进行文本内容分析时也很有用。

3. WordCloud 库

对于一篇文档，若想快速了解其主要内容是什么，可以采用绘制词云图(WordCloud)来显示关键词(高频词)的方式，以了解其含义。

WordCloud 的安装执行"pip install wordcloud"即可完成。

4. Gensim

Gensim 是一款开源的第三方 Python 工具包，用于从原始的非结构化的文本中，无监督地学习到文本隐藏的主题向量表达。它支持包括 TF-IDF、LSA、LDA 和 word2vec 在内的多种主题模型算法，支持流式训练，并提供了诸如相似度计算、信息检索等一些常用任务的 API 接口。

Gensim 安装需要依赖 SciPy、NumPy 库，其自身的安装执行"pip install genism"即可完成。

此外，还有许多其他工具库支持文本内容安全编程，如 NLTK、TextBlob、MBSP、langid.py 、xTAS、Pattern 等，这里不再进行一一介绍。

9.2.3　文本内容安全实现

本节依次介绍具有代表性的字符串匹配、中文词频提取、词云关键词提取、潜语义文本分析的编程实现方法。

1. BF 字符串匹配

如前所述，BF 采用暴力匹配的方法，可以从文本模式中匹配出所查找的关键词，代码如下：

```
import time


t="为了屏蔽这些有害信息的影响，需要使用信息内容安全技术手段。狭义的信息内容安全是研
  究如何在迅速变化且包含海量信息的互联网中，通过计算机对与特定主题相关的数据和信息进
  行自动采集、分析鉴别和响应控制的技术。"
p="安全"
i=0
count=0


start=time.time()
while i<=len(t)-len(p):
    j=0
    while t[i]==p[j]:                    #❶
        i=i+1
        j=j+1
        if j==len(p):
            break
        if j==len(p)-1:
            count=count+1
    i=i+1                                #❷
```

```
        j=0

    print(count)
    print("耗时",time.time()-start,"秒")
```

上述代码对目标串 t 与模式串 p 逐词比较❶，若对应位匹配，则进行下一位比较；若不相同，t 右移 1 位，再从 p 的第 1 位重新开始比较❷。BF 算法的特点体现在：整体移动方向从左向右滑动；匹配比较时，从 p 的最左边位开始向右逐位与 t 串中对应位比较。由于 t 的滑动距离为 1，这导致 BF 算法匹配效率低。

关于 KMP、Horspool、BM 算法，读者可以自行尝试实现。

2. 中文词频提取

词频可以反映出词对文本的贡献程度，下面代码就是利用了 sklearn.feature_extraction.text 库的 TfidfVectorizer 类，对中文的 TF-IDF 提取过程，注意中文处理要先采用 jieba 进行分词。

TF-IDF 的主要思想是如果某个词或者短语在一篇文章中出现的概率高，并且在其他文章中很少出现，则认为此词或者短语具有很好的类别区分能力，适合用来分类。

TF-IDF 算法包括如下三步：

(1) 计算词频：

$$词频 = 某个词在文章中出现的次数$$

考虑到文本有长短之分，以及不同文本之间的比较，将词频进行标准化计算：

$$词频 = 某个词在文本中出现的次数/文本的总词数$$

$$词频 = 某个词在文本中出现的次数/该文出现次数最多的词出现的次数$$

(2) 计算逆文档频率，需要一个语料库(corpus)来模拟语言的使用环境，其计算式为

$$逆文档频率 = \log[语料库的文档总数/(包含该词的文档数+ 1)]$$

(3) 计算 TF-IDF：

$$TF\text{-}IDF = 词频(TF)* 逆文档频率(IDF)$$

TF-IDF 算法的优点是简单快速，结果比较符合实际情况，但是单纯以"词频"衡量一个词的重要性，不够全面，有时候重要的词可能出现的次数并不多，而且这种算法无法体现词的位置信息，无论是出现位置靠前的词还是出现位置靠后的词，都被视为同样重要，这是不合理的。

示例代码如下：

```
from sklearn.feature_extraction.text import TfidfVectorizer
import jieba

def cutWord():
    # ❶中文分词操作
    con1 = jieba.cut("古之立大志者，不惟有超世之才，亦必有坚韧不拔之志。—苏轼")
    con2 = jieba.cut("美是到处都有，对于我们的眼睛，不是缺少美，而是缺少发现。—罗丹")
    con3 = jieba.cut("劳动一日，可得一夜的安眠；勤劳一生，可得幸福的长眠。—达·芬奇")
```

```
    # 词语生成器转换成列表
    content1 = list(con1)
    content2 = list(con2)
    content3 = list(con3)

    # 列表转换成 string
    c1 = ''.join(content1)
    c2 = ''.join(content2)
    c3 = ''.join(content3)
    return c1, c2, c3


def chinVec():
    #   中文特征值化
    c1, c2, c3 = cutWord()
    print(c1, c2, c3)
    tf = TfidfVectorizer()
    # 特征值提取
    data = tf.fit_transform([c1, c2, c3])                   # ❷
    print(data)                 # sparse 格式的权重
    print(data.toarray())   # 输出权重矩阵

    # 统计单词
    print(tf.get_feature_names())
    print(len(tf.get_feature_names()))
    return None


if __name__ == "__main__":
        chinVec()
```

对于中文文本内容，上述代码利用 jieba 的 cut 函数进行分词后❶，再对通过 fit_transform 函数快速实现了 con1、con2、con3 三个字符串中各词的 TF-IDF 词频计算❷。一般而言，基于词频，可以进行更高级的计算。

3. 词云关键词提取

关键词的词频表示，对于人们而言并不是非常直观，为了解决这个问题可以使用 WordCloud 库生成出词云，这样就可以非常容易地发现异常内容，下面代码实现对一段字符串的词云生成(wc.py)。

```
import wordcloud
import jieba
```

```
import matplotlib.pyplot as plt

f = open('content1.txt', encoding='utf-8').read().\
                replace("\n","").replace("\t","").replace("\u3000","")           # ❶

# 中文分词
text = ' '.join(jieba.cut(f))                                                   # ❷

#❸创建 set 集合来保存停用词
stopwords = set()
s = open("baidu_stopwords.txt","r",encoding="utf-8")
line_contents = s.readline()
while line_contents:
    #去掉回车
    line_contents = line_contents.replace("\n","").replace("\t","").replace("\u3000","")
    stopwords.add(line_contents)
    line_contents = s.readline()

w = wordcloud.WordCloud(font_path='msyh.ttf',stopwords=stopwords,background_color="white")#❹
w.generate(text)
w.to_file("pywcloud.png")

# 显示词云
plt.imshow(w, interpolation='bilinear')
plt.axis('off')
plt.show()
```

上述代码首先打开文本文件，读取其内容(需要采用 encoding='utf-8'设置) ❶；接下来对中文进行分词(利用 jieba) ❷；然后创建 set 集合来保存停用词集❸；基于该词集去除停用词并调用 WordCloud 函数生成词云❹，生成效果如图 9-5 所示(字体的大小体现了其在文本中的重要程度)。

图 9-5　基于 WordCloud 的词云

上述代码中，词云的生成过程可以概括为如下三步：

步骤 1：配置对象参数(wordcloud.WordCloud 函数)；

步骤 2：加载词云文本(generate 函数)；

步骤 3：输出词云文件(to_file 函数)。

其中，配置对象参数的函数 wordcloud.WordCloud 各参数的设置如表 9-1 所示。

表 9-1　wordcloud.WordCloud 各参数的设置

width	指定词云对象生成图片的宽度，默认 400 像素
height	指定词云对象生成图片的高度，默认 200 像素
min_font_size	指定词云中字体的最小字号，默认 4 号
max_font_size	指定词云中字体的最大字号，根据高度自动调节
font_step	指定词云中字体字号的步进间隔，默认为 1
font_path	指定字体文件的路径，默认 None
max_words	指定词云显示的最大单词数量，默认 200
stop_words	指定词云的排除词列表，即不显示的单词列表
mask	指定词云形状，默认为长方形，需要引用 imread()函数
background_color	指定词云图片的背景颜色，默认为黑色

由于 WordCloud 库创建词云时缺省的字体不支持中文，解决方法是使用一个能够支持中文的字体，因此需要下载字体 msyh.ttf，并设置 font_path='msyh.ttf'。

4. 潜语义文本分析

如前所述，潜语义分析通过矩阵变化，可以一定程度上发现文本的内在语义，因此要比基于词的计算更能反映文本的主题，下面代码就是潜语义分析的实现。

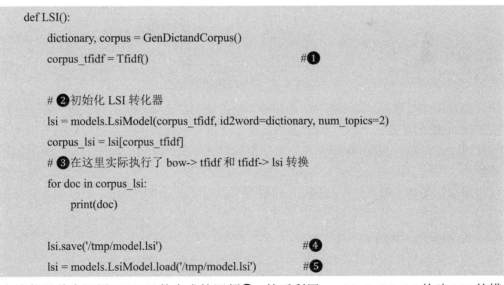

```
def LSI():
    dictionary, corpus = GenDictandCorpus()
    corpus_tfidf = Tfidf()                                          #❶


    # ❷初始化 LSI 转化器
    lsi = models.LsiModel(corpus_tfidf, id2word=dictionary, num_topics=2)
    corpus_lsi = lsi[corpus_tfidf]
    # ❸在这里实际执行了 bow-> tfidf 和 tfidf-> lsi 转换
    for doc in corpus_lsi:
        print(doc)


    lsi.save('/tmp/model.lsi')                                      #❹
    lsi = models.LsiModel.load('/tmp/model.lsi')                    #❺
```

上述代码首先调用 Tfidf 函数生成的词频❶，然后利用 models.LsiModel 构建 LSI 的模型❷，执行从 bow 到 Tfidf，再到 LSI 的转换❸；最后将 LSI 模型进行存储❹。后续调用模型时，可以通过 models.LsiModel.load 函数对存在的模型进行载入❺。

上述文本过滤的各种方法在设计应用时，可以进行有机的结合，效果更好。

9.3　图像内容安全

9.3.1　图像内容安全算法

图像内容安全是内容安全领域相对特殊的领域，其所面对的安全分析目标往往定义并不明确，数据种类繁杂且多变(其分类如图 9-6 所示，具体可分为涉黄、涉政、暴恐、违禁、广告几类)、图像质量差距大，而且还会经常面临对抗攻击(如对图片进行缩放、旋转、裁剪、过滤等)，因此对算法识别能力和鲁棒性的要求较高。图像内容安全的困难性主要体现在两个方面：一方面由于线上数据正常比例较高，且图像类型众多，误判问题非常容易集中出现；另一方面，由于图像质量参差不齐，图像敏感特征往往不够明显，小目标、模糊、形变等问题较常出现，因此实现起来非常困难。

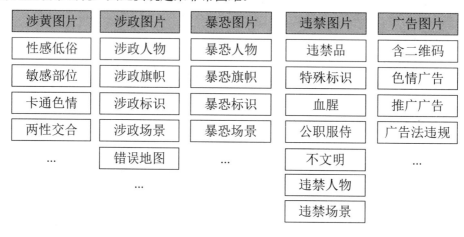

图 9-6　图像内容安全分类

纵观图像内容安全发展的 40 年历程，一般认为经历了三个阶段。第一阶段是建立在关键词(图像标签或上下文文本)、黑白名单、过滤器和分类器上；第二阶段基于内容特征识别(肤色、纹理)、贝叶斯过滤、相似度匹配和规则系统；第三阶段则升级为大数据分析(用户行为、用户分类)、人机识别、人工智能和机器学习(语义识别、图像识别)。第一阶段实际多采用的是文本内容分析的算法，而后两个阶段突出有效的算法，概括起来就是图像比对技术和近些年来兴起的深度学习算法，本节将分别进行编程技术的介绍。

1. 图像比对算法

在实际的应用当中，一些违法图像的样本通常很少，所以很难建立一个识别模型进行识别。如果把这些少量的违法图像样本当作样本库，利用这个样本库对未知的图像进行比对，则问题就会得到解决，这一点非常类似于图像检索中的"以图搜图"。图像比对是一种实用技术，不受样本库规模的限制，使用灵活简单。

图像比对核心的算法包括图像哈希、特征提取、相似度计算三种，对于海量图像的比对，由于面临速度压力，实现方法也稍有不同，下面分别介绍这三种算法，这对于理解后续编程具有重要意义。

1) 图像哈希

图像比对通常采用的是图像哈希算法。

图像哈希从本质上来讲，就是根据某种算法从图像本身提取出来的一串精简的数字或字符序列。简单来说，提取图像哈希的过程可以理解为一种压缩技术(如不压缩，则比对效率会非常低下)。这种压缩是单向的，也就是基于原图像可以获取哈希序列，而通过哈希值无法获取原图像，故图像哈希也可称为"信息摘要"。图像哈希方法和密码学哈希方法(见3.6 节)存在共性的同时，又表现出各自不同的属性，具体体现在：密码学哈希算法对输入数据的改动会表现得十分敏感，鲁棒性和安全性较差，这种哈希对多媒体数据比对基本无效；而图像哈希是关于图像内容的摘要，它不考虑图像内部的数据组合构造情况，因此在正常数字处理操作(压缩、加噪、平滑、缩放、尺度、旋转、剪切等)情况下，图像内容几乎不变，故哈希序列维持不变或微变。

图像哈希的算法有三种，即均值哈希(aHash)、感知哈希(pHash)、差值哈希(dHash)。

(1) 均值哈希算法利用图片的低频信息。一张图片就是一个二维信号，它包含了不同的频率成分。亮度变化小的区域是低频成分，它描述大范围的信息，而亮度变化剧烈的区域(比如物体的边缘)就是高频的成分，它描述具体的细节。简言之高频可以提供图片详细的信息，而低频可以提供一个框架。由此可知一张大的、详细的图片有很高的频率，而小图片缺乏图像细节，所以都是低频的。因而缩小图片的下采样过程，实际上是损失高频信息的过程。

均值哈希处理过程就利用这一原理，它包括以下处理步骤。

第一步，缩小尺寸：缩小图片尺寸，去除图片的细节，只保留结构、明暗等基本信息，摒弃不同尺寸、比例带来的图片差异。

第二步，简化色彩：将缩小后的图片，转为 64 级灰度。

第三步，计算平均值：计算所有像素的灰度平均值。

第四步，比较像素的灰度：将每个像素的灰度，与平均值进行比较，大于或等于平均值记为 1；小于平均值记为 0。

第五步，计算哈希值：将上一步的比较结果组合在一起，就构成了一个 64 位的整数，即这张图片的指纹。组合的次序并不重要，只要保证所有图片都采用同样次序就行了。

(2) 感知哈希算法是一个比均值哈希算法更为健壮的一种算法，与均值哈希算法的区别在于感知哈希算法是通过 DCT(离散余弦变换)来获取图片的低频信息，具体步骤如下：

第一步，缩小尺寸：缩小图片到适合 DCT 计算的尺寸。

第二步，简化色彩：将图片转化成灰度图像，进一步简化计算量。

第三步，计算 DCT：计算图片的 DCT 变换，得到 DCT 系数矩阵。

第四步，缩小 DCT：仅保留左上角的低频部分系数矩阵。

第五步，计算平均值：如同均值哈希一样，计算 DCT 的均值。

第六步，计算 hash 值：每个系数大于等于 DCT 均值的设为 1，小于 DCT 均值的设为 0，组合构成图片的指纹。

(3) 差值哈希算法比感知哈希速度要快得多，它是基于渐变实现的，具体步骤如下：

第一步，缩小尺寸：收缩图像大小。

第二步，转化为灰度图：把缩放后的图片转化为 256 阶的灰度图。

第三步，计算差异值：在相邻像素之间计算差异值。

第四步，获得指纹：如果左边的像素比右边的更亮，则记录为 1，否则为 0。

通过图像哈希可以快速、概略、定量地描述出图像内容。

2) 图像特征提取

研究发现，在进行图像哈希时，采用全局数据作哈希进行比对的做法，既过于严苛也没有必要，特别是在图像遭受多种几何变换时识别准确率就会受到影响。因此，设计基于局部特征的图像哈希算法则更具有现实意义。

局部特征提取意在找出能够包含图像主要内容的数据部分。目前常用的局部特征有 SIFT (Scale Invariant Feature Transform)、SURF(Speeded Up Robust Features)、HOG(Histogram of Oriented Gradient)特征等。

SIFT 特征，即尺度不变特征变换。它由加拿大教授 David G. Lowe 提出，是一种对旋转、尺度缩放、亮度变化等保持不变性、非常稳定的局部特征。

SURF 特征，即加速稳健特征。SURF 是对 SIFT 算法的改进，其基本结构、步骤与 SIFT 相近，但具体实现的过程有所不同，SURF 算法的优点是速度远快于 SIFT 且稳定性好。

HOG 特征，即方向梯度直方图特征。HOG 通过计算和统计图像局部区域的梯度方向直方图来构成特征。HOG 特征结合 SVM 分类器已经被广泛应用于图像识别中，尤其在进行人脸检测中取得了极大的成功。

这里以 SIFT 特征为例进行介绍，其提取分为以下四个步骤：

(1) 尺度空间极值检测：搜索所有尺度上的图像位置。通过高斯微分函数来识别潜在的对于尺度和旋转不变的兴趣点。

(2) 关键点定位：在每个候选的位置上，通过一个拟合精细的模型来确定位置和尺度。关键点的选择依据于它们的稳定程度。

(3) 方向确定：基于图像局部的梯度方向，分配给每个关键点位置一个或多个方向。所有后面的对图像数据的操作都相对于关键点的方向、尺度和位置进行变换，从而提供对于这些变换的不变性。

(4) 关键点描述：在每个关键点周围的邻域内，在选定的尺度上测量图像的局部梯度。这些梯度被变换成一种表示，这种表示允许比较大的局部形状变形和光照变化。关键点描述子提取过程如图 9-7 所示。

描述关键点不仅与其自身有关，还与它周围的像素点有关，所以以该特征点为中心的邻域划分成 4×4 的区域，即特征点周围形成了 16 个小区域。然后利用梯度直方图统计每个小区域内各方向像素点的个数，那么此区域中与关键点有关的信息就是各个方向的像素点数。因为共有 8 个方向，且每个方向的像素点数就是一种信息，因此每个区域内会出现 8 种信息，关键点周围一共形成了 16 个区域，每个区域 8 种信息，一共 128 种信息，而这些信息都要记录在关键点描述子中，所以描述子一共 128 维。

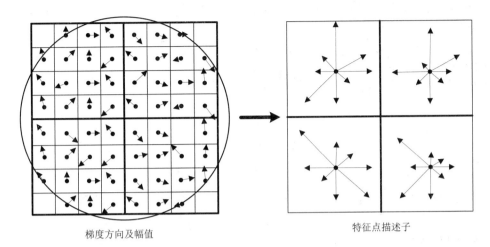

梯度方向及幅值　　　　　　　　　　　　　　　特征点描述子

图 9-7　SIFT 关键点描述子提取过程

上述 SIFT 特征可以通过 CV2 库(见 9.3.2 小节)的 cv2.xfeatures2d.SIFT_create 函数直接获得(见 9.3.3 小节)。由于本书非图像处理类技术书籍,因此对图像特征原理将不作更多介绍。

3) 相似度计算

图像哈希作为一种以视觉内容为基础的压缩形式,可以通过对哈希序列相似度的测量,继而得出图像的相似程度。对哈希序列相似度测量顾名思义,就是通过某种方法来比较两个哈希序列的关联程度。若哈希间的距离超过判定门限值,则图像间关联度就越低,反之关联度越高。

分别用 h_1 和 h_2 代表原图像和待检测图像的哈希序列,其中,h_1 和 h_2 序列中的第 i 个元素分别用 $h_1(i)$ 和 $h_2(i)$ 来表示($1 \leqslant i \leqslant N$,N 为哈希序列长度)。$h_1$ 和 h_2 的相似测度函数用 $d(h_1, h_2)$ 来表示,常见的哈希测度方法有如下几种。

(1) 汉明距离,计算公式为

$$d(h_1, h_2) = \sum_{i=1}^{N} |h_1(i) - h_2(i)|$$

通常距离小于汉明门限范围内的图像判定为相似,反之则不相似。

(2) L2 范数(欧式距离),计算公式为

$$d(h_1, h_2) = \sqrt{\sum_{i=1}^{N} |h_1(i) - h_2(i)|^2}$$

通常 L2 范数取值在阈值范围之内,则判定两幅图像的视觉内容相似,超过阈值,则认为图像视觉内容相差较大,可能存在内容改动。

(3) 夹角余弦。夹角余弦不同于距离测度标准,主要是找出不同哈希在方向上的差异,表达式如下:

$$d(h_1, h_2) = \cos\theta = \sqrt{\frac{(h_1^T h_2)^2}{h_1^T h_1 h_2^T h_2}}$$

式中，向量夹角 $\theta \in [0, \pi/2]$，由此可知 $\cos\theta \in [0, 1]$，通常余弦值越大图像越相似，反之视觉差异较大。

(4) 相关系数。相关系数表示哈希序列的线性相关程度，若是哈希相似性测量选择相关系数作为衡量标准，可以在一定程度上减少噪声干扰，保证哈希序列完整性。表达式如下：

$$\rho(h_1, h_2) = \frac{\sum_{i=1}^{N}[h_1(i)-\gamma_1][h_2(i)-\gamma_2]}{\sqrt{\left\{\sum_{i=1}^{N}\left[h_1(i)-\gamma_1^2\right]\right\} \times \left\{\sum_{i=1}^{N}\left[h_2(i)-\gamma_2^2\right]\right\}}}$$

式中，相关系数 $\rho \in [-1,1]$，γ_1 和 γ_2 代表 h_1 和 h_2 的均值。通常相关系数越接近 1，图像就越相似，反之则认为图像视觉内容相差较大。

以上相似度算法因各应用场合不同，具体使用时视情况而定。

4) 海量图像匹配

仅采用上述三步方法对于海量图像信息的比对仍会存在效率问题。为了提高识别速度，又引入了局部敏感哈希(Locality-Sensitive Hashing，LSH)技术。

局部哈希是一种提高数据比对效率的手段。一般的哈希计算不保证相似的输入产生较近的哈希值。可以找到一种特殊的哈希，将原始数据空间中的两个相邻数据点通过相同的映射或投影变换(projection)后，使这两个数据点在新的数据空间中仍然相邻的概率很大(同一个"桶")，而不相邻的数据点被映射到同一个桶的概率很小(不同的"桶")，这就是局部敏感哈希，原理如图 9-8 所示。

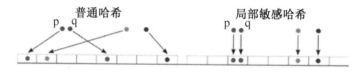

图 9-8　局部哈希原理

图 9-8 中，原始空间的 q、p 距离很近，经过局部敏感哈希计算后的值也很近，落入同一个"桶"中。局部敏感哈希，在降维的同时还保留了数据对象之间的相似度。

目前常用的海量图像比对方法(也是与图像内容安全应用相一致的)是：首先提取图像的特征(如 SIFT)，然后利用 LSH 对 SIFT 特征建立索引。一方面，SIFT 可以保证对图像旋转、尺度、光照等变化的适应性；另一方面，局部敏感哈希通过把样本库中图像的每个 SIFT 特征点划分到不同的桶中，比对时直接找到相应的桶，从中取出里面的数据进行比对，而不用把全部样本点都比对一遍，从而提升了查询比对的效率。实际上，对于图像内容安全应用，只要是图像落入不良图片的桶中，就已经完成了甄别任务，无须再继续判断具体是与桶中哪幅图片相似了。

2. 深度学习算法

使用图像比对的方法，有时出错率很高，其原因是比对内容并不是人脑所理解的图像语义，它只是图像的中、低层特征。虽然还不能达到图像语义理解，但是对于这样一个复杂的分类问题，另一个流行的解决方案就是使用深度学习技术。

下面简略介绍深度学习的概念和机理。

1) 深度学习的概念

深度学习并不是独立的一门科学，而是机器学习的一个分支(如图 9-9 所示)。它是从数据中学习表示的一种新方法，强调从连续的层(layer)中进行学习，这些层对应于越来越有意义的表示。容易混淆的是，"深度学习"中的"深度"指的并不是利用这种方法所获取的更深层次的理解，而是指上面定义中一系列"连续的表示层"即数据模型中包含层的数量，也就是模型的深度(depth)。

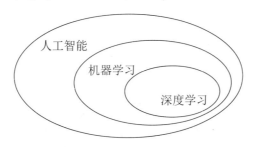

图 9-9 深度学习与机器学习关系

深度学习模型各层以逐层堆叠的结构组成，如图 9-10 中对手写字体识别的深度学习经典模型，好比实施了多级信息蒸馏操作，即信息穿过连续的过滤器(参数可调)，其纯度越来越高，越来越接近实际值。深度学习的关键在于不断"学习"，尝试调整各层过滤器的参数，得到最佳状态，并将其应用于其他测试用例。

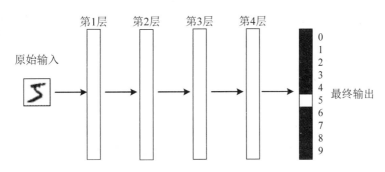

图 9-10 手写字体识别的深度学习模型框图

得益于匹配这种结构的反向传播(back propagation)设计，深度学习除了具有准确度高的显著优势之外，其训练也是完全自主的。在图 9-10 的设计中，模型中每层对输入数据所做的具体操作都保存在该层的权重(weight)中，其本质是一串数字。用术语来说就是，每层实现的变换由其权重来参数化(parameterize)。

所谓学习，就是所有层找到一组权重值，使得该模型能够将每个输入与其目标正确地一一对应。学习的过程就是不断通过损失函数(loss function)计算输出值与预期值之间的距离，并将其作为反馈信号由优化器(optimizer)来对权重值进行微调，这一过程可以用图 9-11 描述。

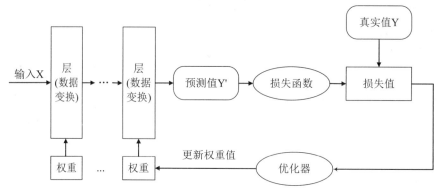

图 9-11   将损失值作为反馈信号来调节权重

2) 神经网络

深度学习采用神经网络(Neural Network，NN)模型实现，神经网络的结构就是采用逐层堆叠，它的核心概念是从人们对大脑的理解中汲取部分灵感而形成的。

如果说深度学习是一个从数据中学习表 ss 征的数学框架的话，实现深度学习的神经网络就是完全由一系列张量(见 2.10 节介绍)运算组成的运算，而这些张量运算都只是输入数据的几何变换。因此，可以将神经网络解释为高维空间中非常复杂的几何变换，这种变换可以通过许多简单的步骤来实现。这似乎难以理解，但《Python 深度学习》一书给出的一个经典神经网络几何解释就将问题解释得很明晰了，即若将红、蓝两张纸一起揉成小球(如图 9-12 所示)，则这个皱巴巴的纸球就好像是神经网络模型的输入数据，每张纸对应于分类问题中的一个类别。神经网络(或者任何机器学习模型)要做的就是找到可以让纸球恢复平整的变换，从而能够再次让两个类别明确可分。通过深度学习，这一过程可以用三维空间中一系列简单的变换来实现，就好像用手指对纸球做的变换，每次做一个"抹平"动作。

图 9-12   解开复杂的数据流形

为了满足分类要求的张量运算，神经网络的训练围绕着四个方面展开：

(1) 层：层是深度学习的基础组件，多个层组合成网络(或模型)。要解决层的选取与组织方式问题。

(2) 输入数据和相应的目标：收集用于训练的数据，并对其进行正确标定。

(3) 损失函数：衡量当前任务是否已成功完成，输出用于学习的反馈信号。

(4) 优化器：决定如何基于损失函数对网络进行更新。

对于上述问题，程序员无须纠结于细节，可以利用 Keras(详见 9.3.2 小节)深度学习框架，方便地定义和训练几乎所有类型的深度学习模型。

3) 卷积神经网络

深度学习神经网络有很多类型，进行图像分析时应用最多的是卷积神经网络(convent，CNN)，并已在大规模图像分类、人脸识别等方面表现出了卓越的性能。卷积神经网络是一类包含卷积计算且具有深度结构的前馈神经网络。卷积神经网络具有表征学习(representation learning)能力，能够按其阶层结构对输入信息进行平移不变分类(shift-invariant classification)，因此也被称为"平移不变人工神经网络"。

卷积神经网络的原理如图 9-13 所示。

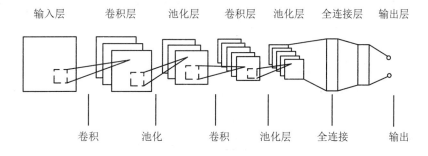

输入层　　卷积层　　池化层　　卷积层　　池化层　　全连接层　输出层

卷积　　　池化　　　卷积　　　池化层　　全连接　　　输出

图 9-13　卷积神经网络示意图

卷积神经网络之所以取得如此良好的效果，其原因之一就是因为引入了卷积层。普通神经网络的密集连接层学习的是全局模式，而卷积层学到的是局部模式，后者具有平移不变性、可识别模式空间层次结构的特点。

卷积神经网络适用于图像内容安全应用。传统的识别方法在解决违法不良图像识别时，每一类识别任务都要建立一个识别模型，在实际的应用中一种识别模型需要一台识别服务器，如果识别任务很多，则成本造价非常高。而利用卷积神经网络进行违法不良图像的识别，只需要收集每一类违法不良图像的样本，参与卷积神经网络的训练即可，最后训练出来的是一个多分类的识别模型。对未知的样本进行分类时，卷积神经网络会计算出该图像属于每一类的概率，通过概率的大小即可以实现识别目的。因此，利用卷积神经网络进行多种违法不良图像的识别将会是一个重要的技术发展方向。

当然，为了简便起见，可以将待检测的图像区分为"安全"和"不安全"两类，形成一个二分类问题。后续内容将介绍具体的编程实现。

9.3.2　图像内容分析工具

为了实现 Python 图像内容安全分析，需要图像操作、深度学习的相关工具库，主要包括以下几种。

1. OpenCV 库

与 5.2.2 小节类似，由于要进行图像处理，因此需要安装 OpenCV 库，安装过程略。注意，由于 CV2 的部分功能(如 SIFT)已经申请了专利，因而在高版本的 OpenCV 中调用会出现错误，所以此处安装版本设定为 OpenCV3.4.2.16。

2. TensorFlow 库

深度学习算法已经成为图像算法中的重要组成部分，相关公开资源已经非常丰富，常见的有 TensorFlow、Keras、Caffe、Microsoft Cognitive Toolkit、PyTorch、Apache MXnet、DeepLearning4J、Theano、TFLearn、Torch、Caffe2、PaddlePaddle、DLib、Chainer、Neon、Lasagne 等。其中，TensorFlow 由谷歌的 Machine Intelligence research organization 中 Google Brain Team 的研究人员和工程师开发，旨在方便研究人员对机器学习的研究，并简化从研究模型到实际生产的迁移的过程，应用相对更加广泛一些，也是本文后续编程实现所采用的深度学习框架。

TensorFlow 的安装基于 Python，最好是 Anaconda 中包含的 Anaconda Python 版本，因为 Anaconda 所预先集成好的库大大简化了 TensorFlow 依赖库的安装工作。由于 TensorFlow 库比较庞大，安装时建议采用命令行的方式，具体如下所述。

1) 创建 TensorFlow 的 vitualenv 环境

这里采用 2.1.4 小节介绍的 Conda 命令行的方式构建 TensorFlow 虚拟环境。在 Anaconda Prompt 中输入 conda create --name tensorflow python=3.5，如图 9-14 所示(创建过程中需要键入一次"y")。

```
(base) C:\Users>conda create --name tensorflow python=3.5
Collecting package metadata (current_repodata.json): done
Solving environment: done
```

图 9-14　利用 Conda 创建 vitualenv

Conda 会到镜像位置下载相关的环境文档(包括指定的 Python)到虚拟环境目录(缺省为 .\.conda\envs\下面)，在回显的最后部分显示了激活 TensorFlow 的 vitualenv 的命令说明，如图 9-15 所示。

```
# To activate this environment, use
#
#     $ conda activate tensorflow
#
# To deactivate an active environment, use
#
#     $ conda deactivate
```

图 9-15　vitualenv 的激活与退出激活命令提示

为了验证安装是否成功，通过输入命令可查看目前创建了哪些环境变量。执行命令 conda info --envs，如图 9-16 所示。

```
C:\Users>conda info --envs
# conda environments:
#
base                  *   C:\ProgramData\Anaconda3
tensorflow                C:\Users\MacBook\.conda\envs\tensorflow
```

图 9-16　查看系统 Conda 已创建的 vitualenv

图 9-16 中，检测到 TensorFlow 的环境添加到了 Anaconda 里面。

在 CMD 或 Anaconda Prompt 窗口中输入 conda activate tensorflow，则激活 TensorFlow

的环境。

执行效果如图 9-17 所示(出现 TensorFlow 的标识头，就表示环境激活成功)。退出
TensorFlow 的环境，输入 conda deactivate。

```
C:\Users\MacBook>conda activate tensorflow
(tensorflow) C:\Users\MacBook>conda deactivate
C:\Users\MacBook>
```

图 9-17　激活与退出激活 TensorFlow 的 vitualenv

2) 安装 TensorFlow

TensorFlow 有 GPU 版(安装有英伟达指定显卡的机型才支持)和 CPU 版，CPU 版的安
装以管理员身份运行 CMD 窗口，激活上一步建立的 TenserFlow 的 vitualenv 环境，然后执
行以下命令即可(此处以 Win 10 64 位机安装为例)：

pip install tensorflow

由于安装文件非常大，如果从国外网站下载则非常慢，因此可以选取国内镜像来实现
安装(见 2.1.4 小节)。这里采用中科大镜像，命令如下(部分机器可能需要升级工具，需要
先执行 pip install --upgrade -i setuptools)：

pip install -i https://pypi.mirrors.ustc.edu.cn/simple/ tensorflow

执行效果如图 9-18 所示。

```
(base) C:\Users\MacBook>conda activate tensorflow
(tensorflow) C:\Users\MacBook>pip install -i https://pypi.mirrors.ustc.edu.cn/simple/ tensorflow
Collecting tensorflow
  Cache entry deserialization failed, entry ignored
  Downloading https://mirrors.bfsu.edu.cn/pypi/web/packages/39/91/b50b8850094bc47edc3590d646b92949e25d75dfb571354fecb4eb
db99dd/tensorflow-2.3.1-cp35-cp35m-win_amd64.whl (342.5MB)
    100% |████████████████████████████████| 342.5MB 3.2kB/s
Collecting termcolor>=1.1.0 (from tensorflow)
```

图 9-18　安装 TensorFlow

3) 验证安装

安装完成后验证是否安装成功：首先，按照上面 activate 方式切换到 TensorFlow 的环
境；然后输入“python” 进入 Python 编辑环境；最后编写一个使用 TensorFlow 的代码。
例如：

importtensorflow

如果没有提示出错，则表示安装成功，如图 9-19 所示。

```
C:\Users\MacBook>conda activate tensorflow
(tensorflow) C:\Users\MacBook>python
Python 3.5.4 |Continuum Analytics, Inc.| (default, Aug 14 2017, 13:41:13) [MSC v.1900 64
bit (AMD64)] on win32
Type "help", "copyright", "credits" or "license" for more information.
>>> import tensorflow
2021-01-29 19:18:15.191924: W tensorflow/stream_executor/platform/default/dso_loader.cc:
59] Could not load dynamic library 'cudart64_101.dll'; dlerror: cudart64_101.dll not fou
nd
2021-01-29 19:18:15.214969: I tensorflow/stream_executor/cuda/cudart_stub.cc:29] Ignore
above cudart dlerror if you do not have a GPU set up on your machine.
>>>
```

图 9-19　验证 TensorFlow 安装

最新版的 TensorFlow2.1 默认安装 CPU 和 GPU 两个版本，GPU 不能运行时则退回

到 CPU 版本。由于本机没有 GPU 处理器，所以上述警告可以忽略，至此 TensorFlow 安装成功。

3. Keras 库

进行 Python 深度学习编程还需要 Keras 库，它是一个纯 Python 编写而成的高层神经网络 API，具有简易和快速的原型设计(Keras 具有高度模块化、极简和可扩充特性)、支持 CNN 和 RNN(或二者的结合)、无缝完成 CPU 和 GPU 切换的特点。Keras 使用的依赖包包括 NumPy、SciPy、pyyaml、HDF5/h5py(可选，仅在模型的 save/load 函数中使用)，并且在 TensorFlow、Theano 和 CNTK 三种后端(backend，指的是 Keras 依赖于完成底层的张量运算的软件包)中必须至少选择一种，一般建议选择 TensorFlow。另外，如果使用 CNN，推荐安装 cuDNN。

在 TensorFlow 安装成功之后，激活 TensorFlow，执行命令 pip install keras，即可安装 Keras 库，如图 9-20 所示。

```
C:\Users\MacBook>conda activate tensorflow

(tensorflow) C:\Users\MacBook>pip install keras
Collecting keras
  Cache entry deserialization failed, entry ignored
  Cache entry deserialization failed, entry ignored
  Downloading https://files.pythonhosted.org/packages/44/e1/dc0757b20b56c980b5553c1b5c4c
32d378c7055ab7bfa92006801ad359ab/Keras-2.4.3-py2.py3-none-any.whl
Collecting scipy>=0.14 (from keras)
  Cache entry deserialization failed, entry ignored
  Downloading https://files.pythonhosted.org/packages/ef/ae/78bbaf498bba92e5ce5903b096b7
5b5e1f9f82a742fc37a6595892f1ffca/scipy-1.4.1-cp35-cp35m-win_amd64.whl (30.8MB)
     12% |████▏                           | 3.9MB 30kB/s eta 0:14:51
```

图 9-20　安装 Keras 库

若要验证安装，输入命令 python，然后输入 import keras，如果没有报错，则安装成功，如图 9-21 所示。

```
(tensorflow) C:\Users\MacBook>python
Python 3.5.4 |Continuum Analytics, Inc.| (default, Aug 14 2017, 13:41:13) [MSC v.1900 64
bit (AMD64)] on win32
Type "help", "copyright", "credits" or "license" for more information.
>>> import keras
2021-01-30 23:05:17.819715: W tensorflow/stream_executor/platform/default/dso_loader.cc:
59] Could not load dynamic library 'cudart64_101.dll'; dlerror: cudart64_101.dll not fou
nd
2021-01-30 23:05:17.842994: I tensorflow/stream_executor/cuda/cudart_stub.cc:29] Ignore
above cudart dlerror if you do not have a GPU set up on your machine.
>>>
```

图 9-21　验证 Keras 安装成功

图 9-21 中的回显警告与 TensorFlow 情况类似，可以忽略。

4. Pillow 库

PIL(Python Imaging Library)为 Python 解释器添加了图像处理功能，该库还提供了广泛的文件格式、高效的内部表示和相当强大的图像处理功能，为快速访问以几种基本像素存储格式的数据而设计，为通用图像处理工具提供了坚实的基础。PIL 只支持到 Python 2.7，而 Pillow 是 PIL 的一个派生分支，可以支持更高 Python 版本，因此需要单独安装。其安装执行命令 pip install pillow，即可完成。

9.3.3　图像内容安全实现

1. 基于比对的图片内容安全检测的编程

对两幅图片(已知不安全图片和待检测图片)进行相似性比较,当相似度超过某个阈值,则认定为不安全图片。基于该思路,其实现过程如下所述。

1) 提取图像的 SIFT 特征

提取图像的 SIFT 特征代码如下(sift.py):

```python
import cv2
import matplotlib.image
import matplotlib.pyplot as plt
import time


def sift(image):
    #计算特征点提取&生成描述时间
    start = time.time()
    sift = cv2.xfeatures2d.SIFT_create()
    #❶使用 SIFT 查找关键点 key points 和描述符 descriptors
    kp, des = sift.detectAndCompute(image, None)
    end = time.time()
    print("特征点提取&生成描述运行时间:%.2f秒"%(end-start))
    # 将特征点保存到文件
    np.savetxt(".\SIFT.txt", des, fmt='%d')


    return kp,des


def show_sift(kp, des):
    #  查看关键点
    print("关键点数目:", len(kp))


    # 打印关键点参数
    for i in range(2):
        print("关键点", i)
        print("数据类型:", type(kp[i]))
        print("关键点坐标:", kp[i].pt)
        print("邻域直径:", kp[i].size)
        print("方向:", kp[i].angle)
        print("响应程度:", kp[i].response)
        print("所在的图像金字塔的组:", kp[i].octave)
```

```
        print("==================")

    #   查看描述
    print("描述的 shape:", des.shape)
    # SIFT 关键点描述子为 128 维的向量，所以输出为描述的 shape: (关键点个数, 128)
    # 128 维的每一维都是一个双精度浮点型数
    for i in range(2):
        print("描述", i)
        print(des[i])


    kp_image = cv2.drawKeypoints(image, kp, None)


    plt.figure()
    plt.imshow(kp_image)
    plt.savefig('kp_image.png', dpi = 300)
    plt.show()


if __name__ == "__main__":
    # 读取图像
    image = matplotlib.image.imread("building.jpg")
    #缩放以减少描述子数量(可选)
    #image=cv2.resize(image,(64,64),interpolation=cv2.INTER_CUBIC)
    #❷转换灰度图以减少描述子数量(可选)
    #image=cv2.cvtColor(image,cv2.COLOR_BGR2GRAY)
    kp0,des0=sift(image)
    show_sift(kp0, des0)
```

上述代码利用 cv2 库的函数 detectAndCompute 获取图像的 SIFT 特征❶，如图 9-22 所示。

图 9-22　获取图像的 SIFT 特征

代码中 detectAndCompute 函数调用只需要两个参数，其中 image 指向要处理的图像，调用方式如下：

```
kps, features =cv2.xfeatures2d.SIFT_create().detectAndCompute(image，None)
```

其中，返回值的 kps 是 KeyPoint 类(定义如下)，而 features 是描述子的数组，其大小是关键点数目乘以 128。

```
class KeyPoint{ Point2f    pt;   //坐标
                float    size;  //特征点邻域直径
                float    angle; //特征点的方向，值为[零,三百六十)，负值表示不使用
                float    response;
                int    octave;  //特征点所在的图像金字塔的组
                int    class_id; //用于聚类的 id
}
```

程序中为了减少后续计算量，可以对原始图像进行缩小和灰度化的操作，从而减少描述子的数量❷。

基于 SIFT 特征，就可以进行相似度比较了。相似度计算可以通过统计两幅图相互匹配的特征点的个数来实现，匹配的个数越多则越相似，可以利用 cv2.drawMatchesKnn 函数将匹配点用颜色线连接起来，实现代码如下(match.py)：

```
import cv2
import matplotlib.image
import matplotlib.pyplot as plt
import time

def match(image1,image2,ratio = 0.85):
    sift = cv2.xfeatures2d.SIFT_create()

    kp1, des1 = sift.detectAndCompute(image1, None)
    kp2, des2 = sift.detectAndCompute(image2, None)

    #   计算匹配点匹配时间
    start = time.time()
    #   K 近邻算法求取在空间中距离最近的 K 个数据点，并将这些数据点归为一类
    matcher = cv2.BFMatcher()
    raw_matches = matcher.knnMatch(des1, des2, k = 2)            #❶
    good_matches = []
    for m1, m2 in raw_matches:
        #   如果最接近和次接近的比值大于一个既定的值，匹配点为 good_match
```

```
            if m1.distance < ratio * m2.distance:
                good_matches.append([m1])
    end = time.time()
    print("匹配点匹配运行时间:%.2f 秒"%(end-start))


    matches = cv2.drawMatchesKnn(image1, kp1, image2, kp2, good_matches, None, flags = 2)#❷
    plt.figure()
    plt.imshow(matches)
    plt.savefig('matches.png', dpi = 300)
    plt.show()


if __name__ =="__main__":
    img1 = matplotlib.image.imread("building1.jpg")
    img2 = matplotlib.image.imread("building2.jpg")
    match(img1,img2)
```

匹配方法可以用欧氏距离来判断两幅图像特征点的相似性。上面代码利用了 CV2 的 BFMatcher 类中的 knnMatch 方法❶。BFMatcher 总是尝试所有可能的匹配，这使得它总能够找到最佳匹配。knnMatch 方法设置 K = 2 时，即对每个匹配返回两个最近邻描述符，仅当第一个匹配与第二个匹配之间的距离足够小时，才认为这是一个正确匹配，然后删除一部分错误匹配。使用该方法可以调用 drawMatchesKnn 方法绘制匹配点❷。

图 9-23 显示了两幅图对应的特征点。

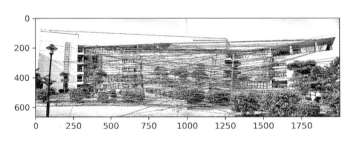

图 9-23   两幅图对应特征点

2) 局部敏感哈希计算

由上步获得的 SIFT 特征是 128 维的(如果采用的是 SURF 特征则是 64 维)，若直接进行比对，对于单独两张图片而言是容易实现的，但是在内容安全应用中，通常要与图像样本库中的所有图进行比对，则计算量是巨大的。以每张图 500～1000 个特征点为例，10 万张图的总特征点数量是 5000 万个，那么比对问题就转换成：从 5000 万个 128 维的特征点中找到测试图所包含的大约 500～1000 个特征点。因为求的是最近距离，所以每两个点之间都要进行计算。如果算法不做优化，则一次查询至少需要在 128 维坐标系中计算 500 亿次两点间距离，这是应用无法容忍的。

为了解决这个问题可以采用 LSH 降维。

对图像检索的这一类任务，在对哈希函数的构造过程中，通常会有"相似的样本经编码后距离尽可能近，不相似的样本编码后则尽可能远"这一基本要求，也就是说：哈希函数是局部敏感的，即相近的样本点对比相远的样本点对更容易发生碰撞。

LSH 最简单的实现就是 MinihashLSH。第三方库 datasketch 提供哈希接口，下面代码 (minihash_sim.py)实现了 LSH 计算。

```python
from datasketch import MinHash, MinHashLSH

set1 = ['minhash', 'is', 'a', 'probabilistic', 'data', 'structure', 'for',
            'estimating', 'the', 'similarity', 'between', 'datasets']
set2 = ['minhash', 'is', 'a', 'probability', 'data', 'structure', 'for',
            'estimating', 'the', 'similarity', 'between', 'documents']
set3 = ['minhash', 'is', 'probability', 'data', 'structure', 'for',
            'estimating', 'the', 'similarity', 'between', 'documents']

m1 = MinHash(num_perm=128)                                    # ❶
m2 = MinHash(num_perm=128)
m3 = MinHash(num_perm=128)

for d in set1:
    m1.update(d.encode('utf8'))
for d in set2:
    m2.update(d.encode('utf8'))
for d in set3:
    m3.update(d.encode('utf8'))

# 创建 LSH 索引
lsh = MinHashLSH(threshold=0.5, num_perm=128)
lsh.insert("m2", m2)                                          #❷
lsh.insert("m3", m3)
result = lsh.query(m1)                                        #❸
print("Approximate neighbours with Jaccard similarity > 0.5", result)
```

上述代码首先对三个列表变量进行 minihash 计算❶，然后建立 LSH 索引，并将 m2、m3 加入其中❷，最后用 m1 的哈希值在索引中查询❸，输出相似度大于 0.5 的标签。

3) 图像比对

利用(1)中获得的图片 SIFT 特征，导入(2)的 LSH 哈希就可以得到特征的哈希值了。通过比较不同图片的 SIFT 哈希值，就可以获得二者的相似度，具体代码(img_minihash.py)如下：

```python
from datasketch import MinHash

def read_file(path):
    list=[]
    f = open(path, "r")
    while True:
        str = f.readline()
        line=str.split()
        list.append("".join(line))
        if not str:
            break
    f.close()
    return list

if __name__ == "__main__":
    sift1=read_file("./sift1.txt")                          # ❶
    sift2=read_file("./sift2.txt")

    m1, m2 = MinHash(), MinHash()                           # ❷
    for d in sift1:
        m1.update(d.encode('utf8'))
    for d in sift2:
        m2.update(d.encode('utf8'))

    print("Estimated Jaccard for data1 and data2 is", m1.jaccard(m2))   # ❸
```

上述代码读入两个 sift 特征❶，然后将它们导入 minihash 函数❷，再利用 jaccard 函数计算相似度❸。

2. 深度学习内容安全编程

实践已经证明，深度学习支持图像、文本、视频检测，可自动进行涉黄、广告、涉政涉暴、涉政敏感人物等内容检测，帮助客户降低业务违规风险。下面结合 9.3.1 小节介绍的理论讨论图像深度学习内容安全编程的方法。

深度学习内容安全编程的代码参考了图像深度学习二分类问题的设计思想，搜集安全与不安全的图像样本训练模型，对测试样本进行分析。这一过程包括数据准备、构建模型、模型训练(含数据预处理)和预测几个步骤，如果样本太少还需要进行数据增强，其流程图如图 9-24 所示。

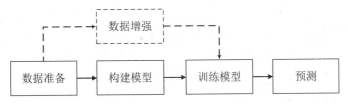

图 9-24 深度学习模型训练流程图

主程序如下(CNN_img_detc.py):

```
if __name__ == '__main__':
    # ❶数据分组整理构建数据文件夹
    (train_dir,validation_dir)=mk_dir(base_dir)

    # ❷创建并配置模型
    my_model=mk_model()

    #❸模型训练并保存模型
    start_time = time.time()
    hst=train(my_model,train_dir,validation_dir)
    end_time = time.time()
    run_time = (end_time - start_time) / 60
    print("训练时间为(秒): ",run_time)
```

mk_dir 函数(具体定义见后续内容)完成对数据文件夹的构建❶,mk_model 函数实现对
CNN 模型的创建与配置❷,train 函数实现模型的训练(还包含数据增强部分) ❸,输出".h5"
格式的模型文件,并利用 test 文件实现测试。下面对各部分代码的实现进行详细介绍。

1) 数据准备

模型训练需要准备数据集和验证集,只有足够的图片才能训练出更精准的分析模型。
数据将被分为训练集和验证集部分,分别放在对应的文件夹下,这项工作是由 mk_dir 这
个自定义函数完成的。代码如下:

```
def mk_dir(b_dir):
    os.mkdir(b_dir)

    train_dir = os.path.join(b_dir, 'train')
    os.mkdir(train_dir)
    validation_dir = os.path.join(b_dir, 'validation')
    os.mkdir(validation_dir)
    test_dir = os.path.join(b_dir, 'test')
    os.mkdir(test_dir)

    train_legal_dir = os.path.join(train_dir, 'legal')
```

```
    os.mkdir(train_legal_dir)
    train_illegal_dir = os.path.join(train_dir, 'illegal')
    os.mkdir(train_illegal_dir)
    validation_legal_dir = os.path.join(validation_dir, 'legal')
    os.mkdir(validation_legal_dir)
    validation_illegal_dir = os.path.join(validation_dir, 'illegal')
    os.mkdir(validation_illegal_dir)
    test_legal_dir = os.path.join(test_dir, 'legal')
    os.mkdir(test_legal_dir)
    test_illegal_dir = os.path.join(test_dir, 'illegal')
    os.mkdir(test_illegal_dir)


    fnames = ['legal.{}.jpg'.format(i) for i in range(1000)]
    for fname in fnames:
        src = os.path.join(original_dataset_dir, fname)
        dst = os.path.join(train_legal_dir, fname)
        shutil.copyfile(src, dst)
    fnames = ['legal.{}.jpg'.format(i) for i in range(1000, 1500)]
    for fname in fnames:
        src = os.path.join(original_dataset_dir, fname)
        dst = os.path.join(validation_legal_dir, fname)
        shutil.copyfile(src, dst)
    fnames = ['legal.{}.jpg'.format(i) for i in range(1500, 2000)]
    for fname in fnames:
        src = os.path.join(original_dataset_dir, fname)
        dst = os.path.join(test_legal_dir, fname)
        shutil.copyfile(src, dst)


    fnames = ['illegal.{}.jpg'.format(i) for i in range(1000)]
    for fname in fnames:
        src = os.path.join(original_dataset_dir, fname)
        dst = os.path.join(train_illegal_dir, fname)
        shutil.copyfile(src, dst)
    fnames = ['illegal.{}.jpg'.format(i) for i in range(1000, 1500)]
    for fname in fnames:
        src = os.path.join(original_dataset_dir, fname)
        dst = os.path.join(validation_illegal_dir, fname)
        shutil.copyfile(src, dst)
```

```
        fnames = ['illegal.{}.jpg'.format(i) for i in range(1500, 2000)]
        for fname in fnames:
            src = os.path.join(original_dataset_dir, fname)
            dst = os.path.join(test_illegal_dir, fname)
            shutil.copyfile(src, dst)


        print('make directory OK!')
        return train_dir,validation_dir
```

上述代码将样本数据分为 train、test、validation 三个文件夹，各文件夹下又有 "legal"、"illegal" 两个文件夹，分别放置对应的图片文件。

划分好的文件结构如图 9-25 所示。

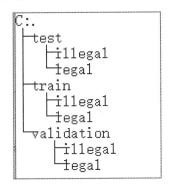

图 9-25　样本数据文件结构

2) 构建网络

将准备好的数据输入到设计好的卷积神经网络模型中，这个模型如 9.3.1 小节所述，是由多层逐层堆叠起来的(即 keras.Sequential 模型)，这里的层分为卷积层、池化层、平坦层、全连接层。

在主体框架上，卷积神经网络由 Conv2D 层(使用 relu 激活)和 MaxPooling2D 层交替堆叠构成。由于，这里要处理的是复杂的图像问题，因此会采用多个这样的 Conv2D+MaxPooling2D 组合，在本例中出现了三组。当然，越复杂的结构也意味着越多的实践代价，关于构建模型的技巧可以参阅专门的书籍。代码如下：

```
    def mk_model():
        model = models.Sequential()                          #❶创建 model 对象
        model.add(layers.Conv2D(32, (3, 3), activation='relu',
                            input_shape=(150, 150, 3)))       #❷加入层，第一层卷积层 1
        model.add(layers.MaxPooling2D((2, 2)))               # 池化层 1
        model.add(layers.Conv2D(64, (3, 3), activation='relu'))  # 卷积层 2
        model.add(layers.MaxPooling2D((2, 2)))               # 池化层 2
        model.add(layers.Conv2D(128, (3, 3), activation='relu'))# 卷积层 3
        model.add(layers.MaxPooling2D((2, 2)))               # 池化层 3
```

```
        model.add(layers.Conv2D(128, (3, 3), activation='relu'))         # 卷积层 4

        model.add(layers.MaxPooling2D((2, 2)))                           # 池化层 4

        model.add(layers.Flatten())                                     # 平坦层

        model.add(layers.Dense(512, activation='relu'))                 # 全连接层 1 激活

        model.add(layers.Dense(1, activation='sigmoid'))                # 全连接层 2


        #model.summary()


        model.compile(loss='binary_crossentropy',                       #❸编译模型
                        optimizer=optimizers.RMSprop(lr=1e-4),
                        metrics=['acc'])
        print("model compile finished")


        return model
```

上述代码在创建模型后❶，向模型中加入层❷(各层的解释见下文，将结合图 9-26 进行详细说明)，各层的实现都使用 Keras 库的 model 对象 add 方法来添加，最后调用 model.compile 进行编译❸后返回该模型。下面给出各层接口的定义解释。

(1) layers.Dense 是全连接层，在整个卷积神经网络中起到"分类器"的作用，层函数定义如下：

```
    tf.keras.layers.Dense(units,                     # 输出空间的维数，可以理解为过滤器(filter)数量
        activation=None,                             # 激活功能，将其设置为"None"以保持线性激活;
                                                     # 对输入数据进行激活操作(实际上就是一种函数变
                                                     # 换)，是逐元素进行运算的，常用的激活函数有
                                                     # sigmoid,tanh,relu 等。
        use_bias=True,                               # 表示该层是否使用偏置参数
        kernel_initializer='glorot_uniform',         # 权重矩阵的初始化函数，默认为 None
        bias_initializer='zeros',                    # 偏置的初始化函数
        kernel_regularizer=None,                     # 权重矩阵的正则化函数
        bias_regularizer=None,                       # 正规函数的偏差
        activity_regularizer=None,                   # 输出的正则化函数
        kernel_constraint=None,                      # 优化器更新后内核的可选投影函数
        bias_constraint=None,                        # 优化器更新后偏置的可选投影函数
        **kwargs)
```

在本程序中，Dense 只用到了 units 和 activation 参数。

(2) layers.Conv2D 是 2D 卷积层(用于图像上的空间卷积)，该层可创建卷积内核，该卷积内核与层输入卷积混合(实际上是交叉关联)以产生输出张量，具体层函数定义如下：

```
    conv2d(filters,                                  # 即卷积过滤器的数量
        kernel_size,                                 # 卷积窗的高和宽，如果是一个整数，则宽高相等;
```

```
                strides=(1, 1),                    # 卷积纵和横向步长, 如果是一个整数, 则横纵步长相等
                padding='valid',                   # "valid" 或 "same": "valid" 表示不够卷积核大小的块
                                                   # 就丢弃, "same" 表示不够卷积核大小的块就补 0;
                data_format='channels_last',       # 输入维度的排序
                dilation_rate=(1, 1),              # 使用扩张卷积时的扩张率
                activation=None,                   # 激活函数, 如果是 None 则为线性函数
                use_bias=True,                     # Boolean 类型, 表示是否使用偏差向量
                kernel_initializer=None,           # 卷积核的初始化
                bias_initializer=<tensorflow.python.ops.init_ops.Zeros object at 0x000002596A1FD898>,
                                                   # 偏差向量初始化, 如果是 None, 则使用默认的初始值
                kernel_regularizer=None,           # 卷积核的正则项
                bias_regularizer=None,             # 偏差向量的正则项
                activity_regularizer=None,         # 输出的正则函数
                kernel_constraint=None,            # 映射函数, 当核被 Optimizer 更新后应用到核上
                bias_constraint=None,              # 映射函数, 当偏差向量被 Optimizer 更新后应用
                trainable=True,                    # 训练开关
                name=None,                         # 层的名字
                reuse=None)                        # 表示是否可以重复使用具有相同名字的前一层的权重
```

在本程序中, Conv2D 只用到了 filters、kernel_size 和 activation 参数, 如果要将此层用作模型中的第一层时, 还需提供关键字参数 input_shape 的参数设定。

(3) MaxPool2D 层可对卷积层输出空间数据进行池化, 采用的池化策略是最大值池化, 层函数定义如下:

```
    layers.MaxPool2D(pool_size=(2, 2),   #配置池化窗口的维度, 包括长和宽的列表或者元组
                     strides=None,       #配置卷积核在做池化时移动步幅的大小
                     padding='valid',    #配置处理图像数据进行池化在边界补零的策略
                     data_format=None,   #配置输入图像数据的格式
                     **kwargs)
```

在本程序中, MaxPool2D 只用到了 pool_size 参数。

由于本程序面对的是一个二分类问题, 所以网络的最后一层是使用 sigmoid 激活的单一单元(大小为 1 的 Dense 层), 这个单元将对某个类别的概率进行编码。

根据卷积神经网络的设计, Dense 层学习的是图像的全局特征, 而 CONV 层学习的是图像的局部模式, 通过两种层的配合可以捕捉图像的特征。之所以采用多层卷积层是因为, 前一层的卷积层可以学习简单的线条特征, 基于这些线条特征可以由后一层卷积层组成更复杂的特征, 依次类推, 多层卷积层就可以学习更为复杂的图像特征。在实现时, Conv2D 层和 MaxPooling2D 层需要堆叠起来工作。

可以使用 model.summary()打印生成出的模型结构信息(该步骤为可选), 如图 9-26 所示, 可以看到模型各个层的组成(Layer, 其中 dense 表示全连接层), 也能看到数据经过每个层后, 输出的数据维度(output shape), 还能看到每个层参数的个数的 Param。

```
Model: "sequential"

Layer (type)                   Output Shape            Param #
================================================================
conv2d (Conv2D)                (None, 148, 148, 32)    896

max_pooling2d (MaxPooling2D)   (None, 74, 74, 32)      0

conv2d_1 (Conv2D)              (None, 72, 72, 64)      18496

max_pooling2d_1 (MaxPooling2    (None, 36, 36, 64)     0

conv2d_2 (Conv2D)              (None, 34, 34, 128)     73856

max_pooling2d_2 (MaxPooling2    (None, 17, 17, 128)    0

conv2d_3 (Conv2D)              (None, 15, 15, 128)     147584

max_pooling2d_3 (MaxPooling2    (None, 7, 7, 128)      0

flatten (Flatten)              (None, 6272)            0

dense (Dense)                  (None, 512)             3211776

dense_1 (Dense)                (None, 1)               513
================================================================
Total params: 3,453,121
Trainable params: 3,453,121
Non-trainable params: 0
```

图 9-26　模型结构信息图

模型名为 Sequential。

第一层为卷积层 1，根据上面构建网络代码"Conv2D(32, (3, 3), activation='relu', input_shape=(150, 150, 3))" ❷，也就是说卷积过滤器的数量是 32，过滤器尺寸为 3×3，输入为深度为 3 的彩色图像，因此输出 Param=(3×3×3+1)×32 = 896，即有 896 个参数。

由于输入图片为 150×150 像素，而过滤器的尺寸为 3×3，以向右、向下步长(stride)为 1 移动，分析图片的局部特征，同时受"边界效应"的影响，所以得到的是 148×148，深度为 32 的输出(Output Shape)，如图 9-27 所示。

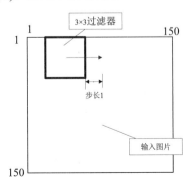

图 9-27　"边界效应"输出示意图

第二层紧接着是一个池化层，根据上面代码为"model.add(layers.MaxPooling2D((2, 2)))"，该池化层以 2×2 子窗口对上面输出进行不重叠的处理，导致上述输出尺寸减半，因此得到 74×74，深度为 32 的输出。

第三层为第二个卷积层，代码为"model.add(layers.Conv2D(64, (3, 3), activation='relu'))"，卷积过滤器的数量是 64，过滤器尺寸为 3×3，输入为上一层 74×74，深度为 32 的输出，因此该层输出：Param=(3×3×32+1)×64 = 18 496 个参数，得到的是 72×72，深度为 64 的输出(Output Shape)。

第四层的池化层对上述输出也进行减半处理，得到 36×36，深度为 64 的输出。

第五层为第三个卷积层，代码为"model.add(layers.Conv2D(128, (3, 3), activation='relu'))"，卷积过滤器的数量是 128，过滤器尺寸为 3×3，输入为上一层 36×36，深度为 64 的输出，因此输出：Param=(3×3×64+1)×128 = 73 856 个参数，得到的是 34×34，深度为 128 的输出(Output Shape)。

第六层的池化层对上述输出也进行减半处理，得到 17×17，深度为 128 的输出。

第七层为第四个卷积层，代码为"model.add(layers.Conv2D(128, (3, 3), activation='relu'))"，卷积过滤器的数量是 128，过滤器尺寸为 3×3，输入为上一层 17×17，深度为 128 的输出，因此输出：Param=(3×3×128+1)×128 = 147 584 个参数，得到的是 15×15，深度为 128 的输出(Output Shape)。

第八层的池化层对上述输出也进行减半处理，得到 7×7，深度为 128 的输出。

经过上面 CNN 网络的过滤，使原图变得尺寸很小，厚度很厚。

接着将得到的结果摊平，调用"model.add(layers.Flatten())"，得到输出 7×7×128=6272 个参数。

再使用全连接层进行处理，调用"model.add(layers.Dense(512, activation='relu'))"使用 512 个神经元进行处理，得到(512+1)×512=321 176 个参数。

最后接入输出层处理，调用"model.add(layers.Dense(1, activation='sigmoid'))"使用 512 个神经元进行处理，得到(512+1) =513 个参数。

上述代码❸处，对生成的模型还要进行损失函数、优化器的配置，代码如下：

```
model.compile(loss='binary_crossentropy',
                optimizer=optimizers.RMSprop(lr=1e-4), metrics=['acc'])
```

上述代码将优化器、损失函数和指标作为字符串导入，优化器(optimizer)选择"RMSprop"，损失函数(loss)选择"二进制交叉熵"、度量指标(metrics)选择"精度"。

这里二进制交叉熵的形式化描述如下：

$$\text{loss} = -\sum_{i=1}^{n} \hat{y}_i \log y_i + (1 - \hat{y}_i) \log(1 - \hat{y}_i),$$

$$\frac{\partial \text{loss}}{\partial y} = -\sum_{i=1}^{n} \frac{\hat{y}_i}{y_i} - \frac{1 - \hat{y}_i}{1 - y_i}$$

式中，$\hat{y}_i$ 是样本标签，y_i 为样本输出。只有 y_i 和 $\hat{y}_i$ 是相等时，loss 才为 0，否则 loss 就是一个正数。并且概率相差越大时，loss 就越大。这个度量概率距离的方式称为交叉熵。

除了 RMSprop，Kersa 的优化器还有 SGD、Adagrad、Adadelta、Adam 等。

3) 训练模型

在训练模型之前，首先要将图片文件读入进行预处理，其过程包括：读取图像文件，将 JPEG 文件解码为 RGB 像素网格，将这些像素网格转换为浮点数张量，将像素值(0~255 范围内)缩放到[0,1]区间。

这些预处理工作可以由 ImageDataGenerator 类的方法完成，很方便地实现将硬盘上的图像文件自动转换为预处理好的张量批量。实现代码如下：

```
def train(model,t_d,v_d):
    # ❶进行数据准备
    train_datagen = ImageDataGenerator(rescale=1./ 255)
    test_datagen = ImageDataGenerator(rescale=1./ 255)

    train_generator = train_datagen.flow_from_directory(t_d, target_size=(150, 150), \    #❷
                        batch_size=20, class_mode='binary')    #该函数需要安装 pillow 库
    validation_generator = test_datagen.flow_from_directory(v_d, target_size=(150, 150), \
                        batch_size=20, class_mode='binary')

    # ❸训练并保存模型
    history = model.fit_generator(train_generator,\
        steps_per_epoch=100,epochs=30, validation_data=validation_generator,validation_steps=50)
    model.save('cats_and_dogs_small_1.h5')

    return history
```

上述代码分别创建了两个 ImageDataGenerator 类对象(用于训练和测试)，在对象生成时调用构造函数，设置缩放系数为 1./255❶。接着调用 ImageDataGenerator 类对象的 flow_from_directory 方法对训练和测试验证样本进行整理❷，整理时设置以下参数：指定读入文件夹(t_d和 v_d)内的图像数据；将导入的图像尺寸统一剪裁为150×150(target_size)；文件夹下的样本并不是依次性导入训练，而是分批次导入，这里从文件夹中每批导入 20 个样本(batch_size=20)；因为使用了二进制交叉熵损失函数(见 model.compile)，所以采用二进制标签('binary')。最后，经过上述数据整理后(整理完成后，本程序回显"Found 2000 images belonging to 2 classes.")，就可以调用了 fit_generator 方法进行模型的训练❸。

这里所使用的训练方法 fit_generator 非常适合训练数量很大的 CNN 模型训练场合，该函数定义如下：

```
fit_generator(generator,           # 生成器，可以不停地生成输入和目标组成的批量
        steps_per_epoch=None,       # 训练每轮从生成器中抽取样本数
                                    # 通常为样本总数/batch_size，batch_size 为每轮的样本个
        epochs=1,                   # 数，即训练的迭代次数
        verbose=1,                  # 日志显示模式，0＝安静模式，1＝进度条，2＝每轮一行
        callbacks=None,             # 在训练时调用的一系列回调函数
```

```
            validation_data=None,          # 与 generator 类似，只是这个是用于验证的，不参与训练
            validation_steps=None,         # 与 steps_per_epoch 类似
            class_weight=None,             # 可选，将类索引(整数)映射到权重(浮点)值的字典
            max_queue_size=10,             # 生成器队列的最大尺寸，默认为 10
            workers=1,                     # 训练使用的最大进程数量
            use_multiprocessing=False,     # 是否使用多线程
            shuffle=True,                  # 是否在每轮迭代之前打乱 batch 的顺序
            initial_epoch=0)               # 开始训练的轮次
```

图 9-28 所示是 CNN_img_detc.py 训练过程中的一部分回显图。

```
Epoch 1/30
 1/100 [.............................] - ETA: 0s - acc: 0.4500 - loss: 0.6958
 2/100 [.............................] - ETA: 31s - acc: 0.5000 - loss: 0.6893
 3/100 [.............................] - ETA: 42s - acc: 0.5333 - loss: 0.6805
 4/100 [>............................] - ETA: 47s - acc: 0.5250 - loss: 0.6960
 5/100 [>............................] - ETA: 50s - acc: 0.5300 - loss: 0.6951
 6/100 [>............................] - ETA: 51s - acc: 0.5083 - loss: 0.6969
 7/100 [=>...........................] - ETA: 52s - acc: 0.4786 - loss: 0.6977
 8/100 [=>...........................] - ETA: 53s - acc: 0.5063 - loss: 0.6928
```

图 9-28　训练过程回显信息

图 9-28 中的"Epoch1/30"表示迭代(epochs)30 次中进行的第 1 次，"1/100""2/100"等中分母是总批次，分子是当前批次(每个批次进行 20 个样本)，"acc"为精度，"loss"为损失值。可以看出，随着训练的深入，精度在不断提高，损失值在逐步下降。

然而，如果对精度进行观察则会发现，经过一段时间训练，精度可能在相对较低的一个水平就无法提高了，为了解决这个问题，需要使用数据增强技术。

当训练数据太少时(即使几千个样本，对于真实世界还是太少)，容易出现过拟合 (即模型在训练集上表现得很好，但由于泛化能力较差，对未知样本的预测表现一般) 的现象。可以假设，如果系统拥有无限的训练数据，那么模型就能够观察到数据分布的所有内容，这样就避免了过拟合。基于这样的想法，我们采用数据增强方法，利用现有的训练样本模拟生成出更多的训练数据，从而有助于解决过拟合问题。对于图像分类，可以通过生成可信图像的随机变换来实现上述样本增加。数据增强的目标是，模型在训练时不会两次查看到完全相同的图像，让模型能够观察到数据的更多内容，从而使模型具有更好的泛化能力。

对于本程序代码，可以通过对 ImageDataGenerator 实例读取的图像执行多次随机变换来实现。为了配合该调整，相应地还需在模型中增加一个 Dropout 层，因此对 CNN_img_detc.py 的代码修改如下：

(1) 在 mk_model 函数中添加 Dropout 层：

```
def mk_model():
    ...
    model.add(layers.Flatten())                     # 平坦层
    model.add(layers.Dropout(0.5))                  # Dropout 层，用于数据增强
    model.add(layers.Dense(512, activation='relu')) # 全连接层
```

```
    ...
```

(2) 在 train 函数中，进行如下修改：

```
def train(model,t_d,v_d):
    ...
    train_datagen = ImageDataGenerator(rescale=1. / 255,
                            rotation_range=40,        # 图像随机旋转的角度范围
                            width_shift_range=0.2,    # 图像在水平方向上平移范围
                            height_shift_range=0.2,   # 图像在垂直方向上平移范围
                            shear_range=0.2,          # 随机错切变换的角度
                            zoom_range=0.2,           # 图像随机缩放的范围
                            horizontal_flip=True,     # 随机将一半图像水平翻转
                            fill_mode='nearest')      # 填充新创建像素的方法
    ...
```

通过随机数据增强生成的图像效果如图 9-29 所示(用 data_prep.py 文件绘制得到)。

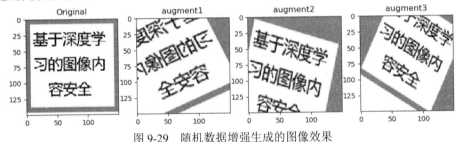

图 9-29　随机数据增强生成的图像效果

　　增加数据增强代码后，生成器对 train 数据进行增强处理(注意，不能增强验证数据)，相应地还可以在 flow_from_directory 修改参数，令 batch_size=32 增加每批次的样本数，以及 fit_generator 函数中的迭代次数，令 epochs=100，则训练的结果精度将得到大幅提高。

　　训练结束后，将训练好的模型存入".h5"文件待用。

4) 预测

　　有了上述训练的模型，就可以对未知样本进行预测了。预测需要使用 Keras 的 model 类的 predict()方法。下面是 predict 方法的定义：

```
def predict( x,                    # 输入数据，Numpy 数组或 Numpy 数组的列表
             batch_size=None,      # 每次将 batch_size 个数据传入进行预测
             verbose=0,            # 日志显示模式，0 或 1
             steps=None)           # 声明预测结束之前的总步数(批次样本)
```

　　当使用 predict()方法进行预测时，返回值是数组(Numpy)列表，表示样本属于每一个类别的概率，可以使用 numpy.argmax()方法找到样本最大概率所属的类别作为样本的预测结果，代码 CNN_pridict.py 如下：

```
from keras import models
import tensorflow as tf
```

```
def get_img(img_path):

    img = tf.io.read_file(img_path)# 根据路径读取图片
    img = tf.image.decode_jpeg(img, channels=0)# 解码图片为 jpg 格式
    img = tf.image.resize(img, [150, 150])# 图像大小缩放
    img = tf.cast(img, dtype=tf.float32) / 255.# 转换成张量
    img = tf.expand_dims(img, 0)

    return img

if __name__=='__main__':
    img=get_img("./test.png")
    predict_model = models.load_model('legal_and_illegal_1.h5')
    result = predict_model.predict(img)
    print("类别： ",result.argmax(axis=1),"\n 概率： ",result)
```

该段代码中，对输入的"./test.png"文件(也可选择 test 文件夹中的文件)进行基于神经网络模型的预测，并将预测类别打印出来。

由上述程序的编程实践可知，基于神经网络深度学习的图像内容分析的准确性，对于训练样本数量质量，以及算力都具有严重的依赖。本例仅以 150×150 像素的少量训练图片为例进行了方法说明。

3. 在线深度学习内容审核工具

上述基于深度学习的模型训练与使用，对于没有人工智能专业基础的程序员而言是相对困难的，尤其是在缺乏大量数据的条件下，更是难以实施。因此，可以借助华为云(https://support.huaweicloud.com/)提供的"内容审核-图像 Moderation (Image)"模型(https://support.huaweicloud.com/moderation/index.html)，直接利用华为已经训练好的模型对图像进行识别。

该内容审核-图像 Moderation (Image)，是基于深度学习的图像智能审核方案，它能够准确地识别图片中的涉黄、涉暴、政治敏感、广告、不良场景等内容，且识别快速准确，极大地帮助企业降低人力审核成本。

该方案使用步骤如下：

步骤一：通过 Token 或 AK/SK 获取认证信息(https://support.huaweicloud.com/apimoderation/moderation_03_0003.html)。

步骤二：下载获取内容审核 SDK 软件包(https://developer.huaweicloud.com/sdk?MODERATION)。

步骤三：环境配置及 SDK 工程导入。

在 PyCharm 界面，单击"File > Open File or Project"，选择解压后 SDK 工具包的存放路径，即可导入该 SDK，如图 9-30 所示。

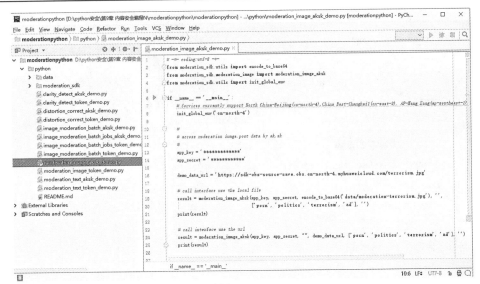

图 9-30 导入 Moderation SDK

步骤四：使用 SDK 提供的 API。内容审核服务所提供的 API 包括文本审核、扭曲校正、清晰度检测。图像内容审核代码为 moderation_image_aksk_demo.py(ak/sk 方式)和 moderation_image_token_demo.py(token 方式)，图像 Moderation SDK 文件结构如图 9-31 所示。

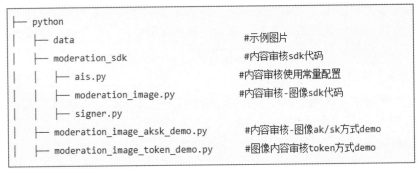

图 9-31 图像 Moderation SDK 文件结构

打开 moderation_image_aksk_demo.py 修改代码如下，就可以完成检测了。

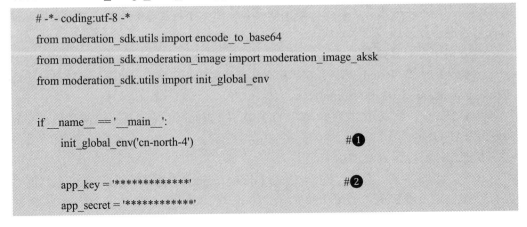

```
# ❸本地文件方式
result = moderation_image_aksk(app_key,\
                    app_secret, encode_to_base64('data/moderation-terrorism.jpg'), '',
                              ['porn', 'politics', 'terrorism', 'ad'], '')
print(result)


demo_data_url = 'https://sdk-obs-source-save.obs.cn-north-4.myhuaweicloud.com/terrorism.jpg'
# ❹url 方式
result = moderation_image_aksk(app_key, app_secret, "", demo_data_url, \
                              ['porn', 'politics', 'terrorism', 'ad'], '')

print(result)
```

上述代码中，首先进行初始化❶，通过认证后(正确填入"app_key"和"app_secret"值)❷，图像内容审核就可以采用文件❸和 URL❹两种调用方式，使用时需在"moderation_image_token_demo.py"文件中修改图片文件的本地路径或 URL 路径，即将"demo_data_url"的图片 URL 路径替换为需要检测的图片 URL 路径或将 "encode_to_base64"的"data/moderation-terrorism.jpg"替换为需要检测的图片路径。Token 认证方式编程略。

目前，华为云内容检测仅支持部分地区使用。

9.4　语音内容安全

9.4.1　语音内容安全模型

进行语音转换的技术属于语音识别的范畴。语音识别的本质是一种基于语音特征参数的模式识别，即通过学习，系统把输入的语音按一定模式进行分类，进而依据判定准则找出最佳匹配结果。

一般的语音模式识别包括预处理，特征提取，模式匹配等基本模块。

音频的预处理，采用对输入语音进行分帧，加窗，预加重等方法实现，然后进行特征提取。常用的特征参数包括基音周期，共振峰、短时平均能量或幅度、线性预测系数(LPC)、感知加权预测系数(PLP)、短时平均过零率、线性预测倒谱系数(LPCC)、自相关函数、梅尔倒谱系数(MFCC)、小波变换系数、经验模态分解系数(EMD)、伽马通滤波器系数(GFCC)等。本书第 6 章已经对 MFCC 进行了介绍。

帧是语音特征的最基本单位，每帧的长度为 25 ms，称为帧长。每两帧之间有 25−10 = 15 ms 的交叠。分帧后，语音就变成了很多小段。以 MFCC 为例，连续的声音经过特征提取的帧序列就成了一个 12 行(假设声学特征选取 12 维)、N 列的一个矩阵(N 为总帧数)。对于得到的特征，会将其按照帧、状态、音素的尺度顺序组合，最后经过模式匹配合成单词/词，如图 9-32 所示。

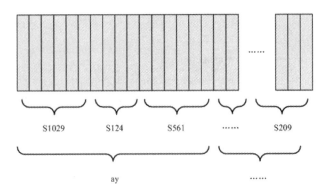

图 9-32　MFCC 语音特征分析

这个过程可分为三个步骤：

第一步，把帧识别成状态；

第二步，把状态组合成音素；

第三步，把音素组合成单词。

图 9-32 中，每个小竖条代表一帧，若干帧语音对应一个状态，每三个状态组合成一个音素，若干个音素组合成一个单词。也就是说，只要知道每帧语音对应哪个状态了，语音识别的结果也就出来了。帧到状态的识别基于声学模型。声学模型的输入是由特征提取模块提取的特征，输出是概率最大的那个状态。声学模型是通过大量的语音数据训练得到的。当前主流系统的声学模型多采用隐马尔科夫模型进行建模。

9.4.2　语音内容分析工具

目前，已经有很多 Python 语音识别工具提供语音转换功能，其中最具代表性的就是 Google 的 SpeechRecognition 和百度的 AipSpeech 库，下面分别进行介绍。

1. SpeechRecognition

SpeechRecognition 由 Google 推出，专注于语音向文本的转换。SpeechRecognition 库的优势在于：满足几种主流语音 API，且灵活性高。Google Web Speech API 支持硬编码到 SpeechRecognition 库中的默认 API 密钥，无须注册就可使用。SpeechRecognition 也无须构建访问麦克风和从头开始处理音频文件的脚本，只需几分钟即可自动完成音频输入、检索并运行，因此易用性很高。

SpeechRecognition 的核心就是识别器类。它一共有七个 Recognizer API，包含多种设置和功能来识别音频源的语音。这七个 Recognizer API 分别是：

```
recognize_bing()：Microsoft Bing Speech
recognize_google()：Google Web Speech API
recognize_google_cloud()：Google Cloud Speech - requires installation of the google-cloud-speech package
recognize_houndify()：Houndify by SoundHound
recognize_ibm()：IBM Speech to Text
recognize_sphinx()：CMU Sphinx- requires installing PocketSphinx
```

recognize_wit()：Wit.ai

以上七个中只有 recognition_sphinx()可与 CMU Sphinx 引擎脱机工作，其他六个都需要连接互联网。

另外，SpeechRecognition 附带 Google Web Speech API 的默认 API 密钥，可直接使用它。其他六个 API 都需要使用 API 密钥或用户名/密码组合进行身份验证。

SpeechRecognition 的安装很简单。

如果需要使用麦克风输入音频，需要先安装 pyaudio 模块，执行命令：pip install pyaudio。

如果需要使用 Sphinx 语音识别器，安装 pocketsphinx 模块，执行命令：pip install pocketsphinx。

如果需要调用谷歌的云语音 API 接口，需要安装云语音模块，执行命令：pip install Google-api-python-client。

安装 SpeechRecognition 语音识别模块，需执行命令：pip install SpeechRecognition。

以上调用模块没有报错的话，则安装成功。

2. AipSpeech

AipSpeech 是语音识别的 Python SDK 客户端，为使用语音识别的开发人员提供了一系列的交互方法。语音识别 Python SDK 目录结构如图 9-33 所示。

```
├── README.md
├── aip                    //SDK目录
│   ├── __init__.py        //导出类
│   ├── base.py            //aip基类
│   ├── http.py            //http请求
│   └── speech.py  //语音识别
└── setup.py               //setuptools安装
```

图 9-33　AipSpeech 结构图

AipSpeech 的安装执行"pip install baidu-aip"即可，如图 9-34 所示。

```
C:\Users\Administrator>pip install baidu-aip
Collecting baidu-aip
  Downloading https://files.pythonhosted.org/packages/bf/de/0e770c421bd70b0b59d59d1bcf70139cf0ad4263102
Requirement already satisfied: requests in c:\python\python36\lib\site-packages (from baidu-aip)
Requirement already satisfied: urllib3!=1.25.0,!=1.25.1,<1.26,>=1.21.1 in c:\python\python36\lib\site-p
Requirement already satisfied: chardet<3.1.0,>=3.0.2 in c:\python\python36\lib\site-packages (from requ
Requirement already satisfied: idna<2.9,>=2.5 in c:\python\python36\lib\site-packages (from requests->b
Requirement already satisfied: certifi>=2017.4.17 in c:\python\python36\lib\site-packages (from request
Installing collected packages: baidu-aip
  Running setup.py install for baidu-aip ... done
Successfully installed baidu-aip-2.2.18.0
You are using pip version 9.0.3, however version 20.3.3 is available.
You should consider upgrading via the 'python -m pip install --upgrade pip' command.

C:\Users\Administrator>python
Python 3.6.5 (v3.6.5:f59c0932b4, Mar 28 2018, 17:00:18) [MSC v.1900 64 bit (AMD64)] on win32
Type "help", "copyright", "credits" or "license" for more information.
>>> from aip import AipSpeech
>>>
```

图 9-34　AipSpeech 库安装命令

调用模块没有报错的话，则安装成功。

AipSpeech 的使用需要在注册百度开发者的基础上(http://developer.baidu.com/user/reg#app/project)申请相关的 API ID、API Key、Secret Key，并以申请的参数代入到文件中。

其界面如图 9-35 所示。

图 9-35　注册百度开发者页面

此操作可以参考官方的开发说明(https://ai.baidu.com/ai-doc/SPEECH/Bk4o0bmt3#%E6%96%B0%E5%BB%BAaipspeech)。

9.4.3　语音内容安全实现

本节采用两种方法实现语音转文本，然后将结果值导入到 9.2 节的文本内容安全函数进行识别，实现代码如下所示。

1. 采用谷歌 SpeechRecognition 进行英文识别

谷歌提供的英文语音识别例程如下：

```python
import speech_recognition as sr


r = sr.Recognizer()
mic = sr.Microphone()


while 1:
    print("\nPlease try to speak something...")
    with mic as source:
        r.adjust_for_ambient_noise(source)
        audio = r.listen(source)
        audio_data = audio.get_wav_data(convert_rate=16000)
        print("\nGot you, now I'm trying to recognize that...")
        text = get_text(audio_data)
```

```
print(f"\n{text}")
```

上述代码基于 speech_recognition 的 Recognizer 类，该类对象具有多种功能，上面代码展示了去噪(adjust_for_ambient_noise)、接收数据(listen)、语音转文字的功能(get_wav_data)。另外，speech_recognition 的 Microphone 类还可以连接本地麦克风资源，作为音频输入源。

2. 采用百度 AipSpeech 进行中文识别

百度提供免费的语音转换技术，其开发例程如下：

```python
from aip import AipSpeech


""" 你的  APPID AK SK """
APP_ID = '你的  App ID'
API_KEY = '你的  Api Key'
SECRET_KEY = '你的  Secret Key'


client = AipSpeech(APP_ID, API_KEY, SECRET_KEY)


# 读取文件
def get_file_content(filePath):
        os.system(f"ffmpeg -y   -i {filePath} -acodec pcm_s16le -f s16le -ac 1 -ar 16000 {filePath}.pcm")
        with open(f"{filePath}.pcm", 'rb') as fp:
        return fp.read()


# 识别本地语音文件
res = client.asr(get_file_content('jttqhbc.m4a'), 'pcm', 16000, {
 'dev_pid': 1536,
})
print(res.get("result")[0])
```

上述代码读取本地音频文件后，将其转换为文字打印输出，其中最关键的就是 AipSpeech 类的 asr 函数，该函数需要四个参数(第四个参数可以忽略)，函数定义与各参数的含义如下：

asr(speech, format, rate, dev_pid);

其中，speech 是音频文件流；format 表示文件的格式，包括 pcm(不压缩)、wav、amr；　rate 是音频文件采样率，如果使用刚刚的 FFmpeg 命令转换，你的 pcm 文件就是 16000；dev_pid 值代表语种，其中"1536"为普通话(支持简单的英文识别)，"1537"(默认)为普通话(纯中文识别)，"1737"为英语，"1637"为粤语。

完成了语音到文本的转换后，就可以利用 9.2 节介绍的文本内容安全进行分析识别了。

思 考 题

1. 什么是内容安全？内容安全保护有什么意义？
2. 信息内容安全技术有哪些？
3. 简要介绍文本内容安全的实现方法。
4. 简要介绍图像内容安全的实现方法。
5. 简要介绍语音内容安全的实现方法。
6. 比较主要的文本匹配方法的优缺点。
7. 解释什么是词频分析。
8. 解释什么是潜语义分析。
9. 什么是自然语言处理？
10. 介绍中英文语言处理的异同点。
11. 介绍图像内容安全的分类。
12. 介绍图像均值哈希处理过程。
13. 介绍 SIFT 特征步骤。
14. 什么是局部哈希？
15. 解释深度学习和卷积神经网络。
16. 解释 MFCC 语音特征分析原理。
17. 结合语音识别与文本内容实现语音内容安全检测。
18. 思考分析内容安全未来发展的主要方向。

参 考 文 献

[1] 肖军模，周海刚，刘军. 网络信息对抗[M]. 2 版. 北京：机械工业出版社，2011.

[2] 胡建伟. Python 安全实践[M]. 西安：西安电子科技大学出版社，2019.

[3] 王晓东. Python 安全应用程序开发方法研究[J]. 福建电脑，2020，36(07):70-72.

[4] 约翰·策勒. Python 程序设计 [M]. 3 版. 北京：人民邮电出版社，2018.

[5] 纳瓦罗. 柔性字符串匹配[M]. 北京：电子工业出版社，2007.

[6] 张思民. Python 程序设计案例教程 从入门到机器学习[M]. 北京：清华大学出版社，2020.

[7] PyPi 官方文档. https://pypi.org.

[8] 埃里克·马瑟斯. Python 密码学编程[M]. 2 版. 北京：人民邮电出版社，2017.

[9] ANACONDA 官方文档. https://www.anaconda.com.

[10] 吉米·宋. 区块链编程[M]. 北京：机械工业出版社，2020.

[11] Face Recognition 官方文档. https://www.face-rec.org.

[12] tensorflow 官方文档. http://tensorflow.org.

[13] Librosa 官方文档. http://librosa.github.io/librosa/index.html.

[14] Python 实现 Windows 监控 agent[2014-03-25]. https://github.com/kevinjs/wmiagent.

[15] 恶意软件分析汇总[2019-2-26].https://www.ddosi.com/b132.

[16] 约书亚·萨克斯，希拉里·桑德斯. 基于数据科学的恶意软件分析[M]. 北京：机械工业出版社，2020.

[17] IDAPro 官方文档. https://hex-rays.com/wp-content/static/products/ida/support/idapython_docs.

[18] Fuzzing 技术总结 2018-08-26. https://blog.csdn.net/wcventure/article/details/82085251.

[19] Scapy 官方文档. http://www.scrapyd.cn.

[20] clamav 官方文档. https://sourceforge.net/projects/clamav.

[21] Snort 官方文档. https://www.snort.org.

[22] 孟平，龙华秋. 基于 Python 的机器学习入侵检测的研究[J]. 网络安全技术与应用，2019(08):40-42.

[23] Jieba 官方文档. https://pypi.org/project/jieba.

[24] 崔鹏飞，裘玥，孙瑞.面向网络内容安全的图像识别技术研究[A]. 第 30 次全国计算机安全学术交流会论文集[C]，2015.

[25] 弗朗索瓦·肖莱. Python 深度学习[M]. 北京：人民邮电出版社，2018.

[26] 百度官方文档. http://developer.baidu.com.